《水利工程建设标准强制性条文》
（2020年版）
实施指南

水利部水利水电规划设计总院
中水北方勘测设计研究有限责任公司
长江勘测规划设计研究有限责任公司　编
中水东北勘测设计研究有限责任公司
北京川流科技开发中心

中国水利水电出版社
www.waterpub.com.cn
·北京·

内 容 提 要

为了方便建设各方理解和掌握水利工程建设标准强制性条文并配合强制性条文监督检查，水利部水利水电规划设计总院组织中水北方勘测设计研究有限责任公司、长江勘测规划设计研究有限责任公司等单位的专家编写了本指南。

本指南包含了2020年版《水利工程建设标准强制性条文》所有条文内容，并结合实际工程经验对条文进行了摘编说明，阐述了作为强制性条文的缘由，针对条文执行过程中应注意的问题编写了检查要点和方法，并对部分条文进行了案例分析。

本指南是一部体系完备、资料翔实的“工具书”和“培训教材”。

图书在版编目（CIP）数据

水利工程建设标准强制性条文（2020年版）实施指南/水利部水利水电规划设计总院等编. -- 北京 : 中国水利水电出版社, 2020.1
ISBN 978-7-5170-8359-7

Ⅰ. ①水… Ⅱ. ①水… Ⅲ. ①水利工程－工程施工－国家标准－中国－指南 Ⅳ. ①TV5-65

中国版本图书馆CIP数据核字(2019)第297720号

书　　名	**《水利工程建设标准强制性条文》（2020年版）实施指南** 《SHUILI GONGCHENG JIANSHE BIAOZHUN QIANGZHIXING TIAOWEN》（2020 NIAN BAN）SHISHI ZHINAN
作　　者	水利部水利水电规划设计总院 中水北方勘测设计研究有限责任公司 长江勘测规划设计研究有限责任公司　编 中水东北勘测设计研究有限责任公司 北京川流科技开发中心
出版发行	中国水利水电出版社 （北京市海淀区玉渊潭南路1号D座　100038） 网址：www.waterpub.com.cn E-mail：sales@waterpub.com.cn 电话：（010）68367658（营销中心）
经　　售	北京科水图书销售中心（零售） 电话：（010）88383994、63202643、68545874 全国各地新华书店和相关出版物销售网点
排　　版	中国水利水电出版社微机排版中心
印　　刷	清淞永业（天津）印刷有限公司
规　　格	210mm×297mm　16开本　19印张　439千字
版　　次	2020年1月第1版　2020年1月第1次印刷
印　　数	00001—15000册
定　　价	**98.00**元

凡购买我社图书，如有缺页、倒页、脱页的，本社营销中心负责调换

前　言

水利工程建设标准强制性条文的内容，是直接涉及人的生命财产安全、人身健康、水利工程安全、环境保护、能源和资源节约及其他公众利益，且必须执行的技术条款。强制性条文的发布和实施是水利部贯彻落实国务院《建设工程质量管理条例》的重要措施，是水利工程建设全过程中的强制性技术规定，是参与水利工程建设活动各方必须执行的强制性技术要求，也是对水利工程建设实施政府监督的技术依据。

经过十几年的实践证明，水利工程建设标准强制性条文对提高水利工程建设质量发挥了重要作用，也进一步促进了水利标准化工作改革。我国经济社会的高质量发展，对水利技术标准保障水利工程质量安全的要求不断提高，为适时推进水利技术标准制、修订工作，水利部于2012年印发了《水利工程建设标准强制性条文管理办法（试行）》（水国科〔2012〕546号），对强制性条文的制定、实施和监督检查做出了具体规定，明确水利工程建设各方应严格执行强制性条文。为了方便工程建设各方理解和掌握强制性条文以及实施强制性条文的监督检查，水利部水利水电规划设计总院组织中水北方勘测设计研究有限责任公司、长江勘测规划设计研究有限责任公司和中水东北勘测设计研究有限责任公司、北京川流科技开发中心等单位的专家编写了2020年版《水利工程建设标准强制性条文实施指南》（以下简称《实施指南》）。《实施指南》以2020年版《水利工程建设标准强制性条文》为依据，收录的水利工程建设标准发布日期截至2019年11月30日，在2016版《实施指南》的基础上进行补充与修订。2020年版《实施指南》，共涉及94项水利工程建设标准、557条强制性条文。

《实施指南》编写过程中，还参考了2010年版和2016年版水利工程建设标准强制性条文宣贯辅导教材、相关技术标准条文说明、其他行业强制性条文宣贯教材等资料，结合实际工程经验对条文进行了摘编说明，阐述了作为强制性条文的缘由，针对条文执行过程中应注意的问题编写了检查要点和方法，并对部分条文进行了案例分析。

在本书的编写中，得到水利部国际合作与科技司等部门的指导，以及有关专家的支持和帮助，在此谨表感谢。因编写者水平有限，《实施指南》编写中难免有不足或不当之处，敬请提出宝贵意见和建议，我们深表感谢。水利部水利水电规划设计总院联系方式：010－63206755（传真），jsbz@giwp.org.cn（E－mail）。

编写单位：

水利部水利水电规划设计总院

中水北方勘测设计研究有限责任公司

长江勘测规划设计研究有限责任公司

中水东北勘测设计研究有限责任公司

北京川流科技开发中心

主　编： 王志强　温续余

副主编： 何定恩　杜雷功　覃利明　苏加林

主要编写人员：

水　　文： 赵学民　郑永良　费永法

工程勘测： 王志强　司富安　马贵生　高玉生

工程规划： 侯传河　蒋　肖　李小燕　何华松　郑永良　肖昌虎

工程设计： 温续余　杜雷功　陆宗磐　张军劳　李现社　汪庆元　何定恩　邵剑南　王　伟　雷兴顺　王化翠　刘德宇　黄站峰

机电与金属结构： 龚长年　覃利明　李润芝　游　超　李　伟　徐立洲

环境保护、水土保持和征地移民： 潘尚兴　史晓新　王治国　刘卓颖　朱　文

水利工程施工： 王跃峰　崔金铁　陈立秋

劳动安全与卫生： 覃利明　龚长年　杜　威

水利工程验收： 王跃峰　汪庆元

目　　录

第一篇

水 利 工 程 设 计

本篇主要包括与水利工程前期工作中相关的强制性技术要求，分为水文，工程勘测，工程规划，工程设计，机电与金属结构，环境保护、水土保持和征地移民等六部分。

1 水　　文

本章分水文测验和水文计算两节，涉及5项技术标准，强制性条文共19条，详见表1-1。主要技术内容涉及河流流量测验、水文基础设施建设及技术装备、水文缆道测验、水利水电工程水文计算、设计洪水计算等。

表1-1　　　　水文部分涉及技术标准汇总表

序号	标 准 名 称	标准编号	强条数
1	河流流量测验规范	GB 50179—2015	2
2	水利水电工程设计洪水计算规范	SL 44—2006	8
3	水文基础设施建设及技术装备标准	SL 276—2002	5
4	水利水电工程水文计算规范	SL 278—2002	3
5	水文缆道测验规范	SL 443—2009	1

1-1 水 文 测 验

1-1-1　《河流流量测验规范》GB 50179—2015

a)　2.1.2　测验河段必须避开易发生滑坡、坍塌和泥石流的地点。

〖**摘编说明**〗

本条主要从以下几点考虑：

（1）从人员、设施和设备安全考虑。易发生滑坡、坍塌和泥石流的地点，对测验人员和测验设施设备存在极大的安全隐患。

（2）从测站控制条件的稳定性方面考虑。滑坡、坍塌和泥石流发生后测验河段的断面控制、河槽控制等特征都会发生巨变，不利于测验工作的正常开展和资料系列的延续。

为保证测验人员和测验设施的安全、保证正常的测验工作，将该条文列入强制性条文十分必要。

〖**检查要点和方法**〗

本条主要检查：

（1）测验河段是否有地形、地貌、地质条件查勘资料或记录。

（2）水文站设站设计文件中是否有关于测验河段地形地貌和地质情况介绍及地质条件适宜性相关的评价内容。

（3）必要时检查人员可对流量测验河段进行实地勘查。

〖案例分析〗

长江一级支流某水文站，位于高山峡谷河段，建于1985年10月。原站址由于地质构造运动原因，存在山体滑坡、泥石流威胁。特别是在2008年、2009年水文站背面山坡多次出现大量裂缝，有大范围滑坡的可能；或因连续下雨，山体岩石松动，被雨水冲刷后发生滑坡，大量的岩石从山上滚落，严重威胁水文站测验人员及房屋设施的安全。2010年，便开展迁建查勘选址工作，将水文站迁移至上游1km地势较开阔、地质条件相对稳定的新站址。

b)　4.5.2　各种高洪流量测验方案使用前必须进行演练，确保生产安全。

〖摘编说明〗

高洪流量是防汛调度、规划设计十分重要的依据。发生高洪流量时，可能因水位上涨过快、水位太高、水流太急、水面飘浮物多等各种原因，不能按中小水常规的测流方案进行测流。高洪流量测验方案是水文站根据各自水流特点、常规测验方案、现有技术条件制定的高洪水、超标准洪水测验方案，平常很少使用；特别是超标准洪水方案，一般未实际使用过。

在高洪条件下，如不预先进行演练，临时确定观测路线、观测点位置等，可能存在观测人员安全隐患。高洪流量测验精度不仅取决于方案的设计精度，同时还取决于设施设备的可靠性（适用范围）、测验人员的熟练程度（测验历时）等，不经过演练来加以检验和熟悉，整个方案的预期目标就无法得到保证。

高洪流量测验方案演练的目的主要是通过真实模拟实施，来检验流量测验方式方法的安全性、可行性、可靠性、适用性。通过演练来提高水文站应对高洪的能力，保障测验方案的顺利实施和测验人员的安全；同时可以发现方案的不足和缺陷，加以调整完善。

〖检查要点和方法〗

本条主要检查：

（1）高洪测验方案预案，检查测验路线、观测点位和施测过程人员的安全性，人员和设备配备的实用性，实施步骤的可行性。

（2）演练记录、总结评估报告等。

〖案例分析〗

高洪流量测洪预案：1950年6月设站，流速仪测流断面与基本水尺断面重合，电波流速仪测流断面位于基本水尺断面上游95m，基本水尺断面兼比降上断面，比降下断面位于基本水尺断面下游1760m。历年最高水位10.72m，历年最大流量

6500m³/s。

（1）桥＋电波流速仪。

1）启用条件。当水位在7.00～9.00m时首先启用该方案。

2）测洪方案断面。桥测断面位于基上95m，东经118°20′09″，北纬29°42′23″。

3）比测分析情况。电波流速仪测流系数采用分析值0.88。

4）所需工具及配件。电波流速仪法所需工具及配件：手持电波流速仪1台、记载簿30张、雨衣2套、雨伞2把、救生衣2件、反光背心2件等。

5）施测人员配备。电波流速仪法人员分工：电波流速仪操作1人，电波流速仪断面水位观测1人，测流记载1人，取单沙1人，发报、上传下达、统一指挥1人。

（2）中泓浮标法

1）启用条件。当水位在7.00～9.00m，桥＋电波流速仪测洪方案不能使用时，启用该方案。

2）测洪方案断面情况。浮标上断面位于基下5m，东经118°19′53″，北纬29°42′33″；浮标下断面位于基下125m，东经118°19′56″，北纬29°42′36″。

3）比测分析情况。中泓浮标水面系数选用0.86。

4）所需工具及配件。中泓浮标法所需工具及配件：水壶30个、大号垃圾袋30个、秒表1个、雨衣2套、雨伞2把、救生衣2件等。

5）施测人员配备。中泓浮标法人员分工：投掷中泓浮标1人，上、下游浮标观测2人，取单沙1人，发报、上传下达、统一指挥1人。

（3）比降—面积法。

1）启用条件。当水位在9.00～11.00m时启用该方案。

2）测洪断面。比降上断面与基本水尺断面重合，东经118°19′50″，北纬29°42′33″；比降下断面位于基下1760m，东经118°20′54″，北纬29°43′06″。

3）比测分析情况。根据历年比测分析资料，屯溪水文站糙率选用0.027。

4）所需工具及配件。所需工具及配件：记载簿20张、手电筒2个、对讲机2部、雨衣2件、雨伞2把、救生衣2件等。

5）施测人员配备。比降—面积法人员分工：上、下比降断面水位观测2人，取单沙1人，发报、上传下达、统一指挥1人。

1-1-2 《水文基础设施建设及技术装备标准》SL 276—2002

a) 4.1.1 水文测站设施建设应分别满足防洪标准和测洪标准的要求。当出现防洪标准相应洪水时，应能保证设施设备、建筑物不被淹没、冲毁，人身安全有保障。当发生测洪标准相应洪水时，水文（水位）设施设备应能正常运行。测站测报工作应能正常开展。

〖**摘编说明**〗

本条对测站的防洪、测洪建设标准的制定主要依据GB 50201《防洪标准》、《国务院批转水利部关于加强长江近期防洪建设若干意见的通知》（国发〔1999〕12号）、《国务院办公厅转发水利部关于加强嫩江松花江近期防洪建设若干意见的通知》（国办发〔2000〕31号）、《关于颁发〈水文基础设施建设意见〉的通知》（水资文〔1999〕38号）等文件。

测站水文基础设施作为防护对象应保证其防洪安全，尽可能避免受洪水灾害而造成难以挽回的损失。技术装备在发生不大于测洪标准洪水时，应保证能开展正常工作。防洪标准和测洪标准主要以洪水的重现期或出现频率表示。

〖检查要点和方法〗

本条检查时重点了解测验河道段的不同重现期洪水位、最大流速、最大流量及洪水发生时漂浮物的类型，北方河流封、开河的形式及冰塞冰坝情况，流冰尺寸和冰流速，河势演变和断面冲淤情况；复核水文站站房及基础设施的建设高程，涉水建筑物的抗冲能力等；检查缆道基础混凝土的碳化情况，缆道支架的锈蚀情况，主缆和循环索的断丝情况，测船的使用年限，相关使用证书；检查自记水位台的基础、结构、外观。

〖案例分析〗

（1）2006年7月，北江流域一级支流武江水系遭遇了超100年一遇的特大暴雨洪水，武江流域普降大到暴雨，局部地区特大暴雨，其中乐昌市白石镇10h内降水达到334mm。坪石、乐昌、韶关等地受灾严重，供水、供电和交通、通信中断，房屋倒塌。在“06·7”特大暴雨洪水过程中，坪石（二）站于7月16日11时42分出现165.43m的洪峰水位，比实测历史最高水位高出5.05m，比查测的1853年洪水位高出3.74m；塘角站（乐昌峡水利枢纽工程专用水文站）于16日10时出现115.30m的洪峰水位，与2005年9月设站以来97.11m的最低水位相比，变幅达18.19m；乐昌（二）站于7月16日14时出现93.96m的洪峰水位，比实测历史最高水位高出2.91m，比查测1853年洪水位高出2.42m；犁市（二）站于17日1时出现64.86m的洪峰水位，比实测历史最高水位高出2.78m，比查测1853年洪水位高出1.63m；赤溪（四）水文站于7月15日16时12分出现199.71m的洪峰水位，比实测历史最高水位高出0.93m。这场洪水的规模远远超过了坪石（二）站、塘角站、乐昌（二）站、犁市（二）站、赤溪（四）站基本的水文测洪能力，各站纷纷启动非常规的测洪方案来完成高洪测验任务。由于洪水来势猛，涨率大，坪石（二）站16日5时左右，洪水已漫过缆道室屋顶，自记台被冲塌，水位自记仪、测流缆道等测验设施已全部摧毁，开始设置临时水尺，人工观测水位。乐昌（二）站在这场超历史记录的稀遇洪水中站舍受淹，水尺受破坏，自记水位计台过顶倒塌，观测人员人身安全受到威胁。

（2）黄河防洪花园口以上按22000m^3/s设防，艾山以下按11000m^3/s设防。1982年黄河大水花园口水文站洪峰流量15300m^3/s，洪水量级小于1958年的22300m^3/s（该次洪水没有分洪），启用了东平湖滞洪区，造成了一定的经济损失。原因之一是某水文站断面上游生产堤决口，部分流量从滩地行洪，测验断面只测到主河道流量，滩地流量估计不准。决策部门为安全起见，决定分洪。

b) **4.1.2 水文（水位）站的防洪、测洪建设标准应根据水文测站级别划分原则和水文（水位）站的重要性，按表4.1.2的规定执行。**

表4.1.2 水文（水位）站防洪、测洪建设标准

等级	防洪标准	测洪标准
大河重要控制站	高于100年一遇，或不低于近50年以来发生的最大洪水	50年一遇至100年一遇，或不低于当地和下游保护区防洪标准
大河一般控制站	50年一遇至100年一遇，或不低于近30年以来发生的最大洪水	高于30年一遇，或不低于当地和下游保护区防洪标准
区域代表站	30年一遇至50年一遇	20年一遇至30年一遇
小河站	30年一遇至50年一遇	10年一遇至20年一遇

〖摘编说明〗

我国水文测站分布极其广泛，有很大的地理位置差异，其测站规模大小、重要性和功能也有较大差异，根据本标准第3章水文测站级别划分原则，对不同级别的水文（水位）站选定不同的防洪、测洪建设标准。大河重要控制站的防洪标准原则上应高于100年一遇，若受地形条件限制确实无法达到100年一遇，同时近50年以来也未发生过100年一遇洪水，其防洪标准应不低于近50年以来发生过的最大洪水。大河一般控制站的防洪标准无法达到50年一遇，同时近30年以来也未发生过50年一遇的洪水，其防洪标准应不低于近30年以来发生的最大洪水；大河重要控制站和大河一般控制站的测洪标准不能低于当地和测站下游保护区的防洪标准；测洪标准内的洪水一般情况下应尽可能采用常规测验方法实测，特殊情况下可以采用应急测洪方案。

〖检查要点和方法〗

本条检查时，主要检查水文站的站类、相应站类的防洪标准和测洪标准。了解对应标准的洪水水位、流速、含沙量以及洪水发生时漂浮物的情况。对比防洪水位高程，分析站房和其他设施的位置；河道冲刷变化趋势对水位台和缆道以及其他设施的基础是否有影响；北方河流的流冰情况、冰塞冰坝发生情况以及应急对策；对于超标准的洪水防洪和测洪的预案情况应进行检查。

〖案例分析〗

2000年8月—2010年8月，长江水利委员会的“长江中下游宜昌—大通河段水文测报工程”项目是1998年长江洪水的重要水文基础设施建设项目，采用的水文设施防洪标准，即大河控制站为高于100年一遇，或不低于近50年以来发生的最大洪水；大河一般控制站为50年一遇至100年一遇，或不低于近30年以来发生的最大洪水。

（1）岸上观测设施应高于有实测资料以来最高洪水水位1.0m以上，测验河段有堤防的测站应高于堤顶高程。

（2）受测验河道洪水影响的专用变压器应高于历年最高水位3.0m以上，专用供电线路及通信天线应高于历年最高洪水位5.0m以上。

(3) 跨河缆道最大垂度点的高程满足河道相应通航标准的航道净空高度要求。

采用的测洪标准，即：大河控制站为50～100年一遇，或不低于当地和下游保护区防洪标准；大河一般控制站为高于30年一遇，或不低于当地和下游保护区防洪标准。

(1) 水位观测设施能测记到本站最高洪水位以上1.0m，水位自记设施能测记到本站有实测资料以来的最高洪水位。

(2) 长江干流及重要支流控制站流量观测设施能较准确地施测有实测资料以来的最大洪水；测验河段有堤防的站，应测到堤防设计洪水。超标准洪水发生时应有应急措施，获取洪水流量过程信息。

c)　**4.1.3　水文测站岸上观测设施和站房防洪建设应符合下列要求：**

1　非平原河网地区，测站岸上观测设施和站房应建在表4.1.2规定的防洪标准洪水水位1.0m以上；测验河段有堤防的测站，应高于堤顶高程；平原河网地区按需建设；雨量、蒸发及其他气象要素观测场地高程宜设置在相应洪水水位以上。

3　测站专用变压器、专用供电线路、专用通信线路及通信天线应建在历年最高洪水位3.0m以上。

4　测验河段、码头应有保护措施，确保出现高洪水位时不因崩岸或流冰而导致岸边设施和观测道路被毁。

5　沿海地区的水文基础设施应能抵御十二级台风。

〔摘编说明〕

水文测站岸上观测设施和站房防洪建设十分重要。过去由于条件限制一些测站站房建在大堤之内，站房防洪标准低于堤防标准。相应的供水供电防洪标准等均不能达到标准。对水文测站岸上观测设施和站房防洪建设提出强制要求是必要的。

〔检查要点和方法〕

主要检查内容包括：测站岸上观测设施一般包括雨量气象场、码头、自记台的仪器房、缆道基础支架、报汛天线等。应检查其防洪高程与最高洪水位的情况；供电线路在近河侧要考虑河道最高洪水位，在背河侧要注意涝水位的影响；北方河流注意了解流冰情况，并检查设施的防冰能力；沿海的水文测站包括潮位站，应检查天线、太阳能极板安装的牢固度。

d)　**4.1.4　水文测站测洪标准与报汛设施设备应符合下列要求：**

1　水位监测应能观测到历史最高最低水位。测验河段有堤防的测站，应能测记到高于堤防防洪标准的水位。水位自记设施应能测记到表4.1.2规定测洪标准相应的水位。

〔摘编说明〕

本条主要是水文测站测洪能力与报汛的技术要求。

〔检查要点和方法〕

主要检查内容包括：水文站和水位站的水位观测能力是否测到历史最高和最低水

位，在水库的坝上水位自计台设计中，要求测到校核洪水位和水库死水位以下；检查水文站和水位站的应急测验措施，在超标准洪水出现以及由于漂浮物较多等特殊情况，水位观测和流量确定的方案；检查报汛水文站的报汛设备的完好情况及其畅通率。

e) 6.9.4 对于水文测站从事水上作业人员，应配备救生衣等。

〔摘编说明〕

水文测站从事水上作业应配备救生设备，在实际生产过程中很多作业人员在测船上没有严格执行，存在安全隐患。

〔检查要点和方法〕

主要检查内容包括：水文站在吊箱上和船上作业要求作业人员穿着救生衣，船上配备救生圈等设备；应检查测船上救生设备配备情况，吊箱测流的水文站救生衣配备情况和安全生产制度。

〔案例分析〕

水文站在吊箱上和船上作业命令要求作业人员穿着救生衣，船上配备救生圈等设备。在20世纪60—70年代吊箱的控制系统没有现在完善，在雨天测流时，滑轮和升降索之间摩擦力减小，某水文站曾出现测流吊箱落水的问题，两名测验人员落水，其中一名穿了救生衣，另一名未穿救生衣，穿救生衣的在下游获救，未穿救生衣的失踪。

1-1-3 《水文缆道测验规范》SL 443—2009

a) 3.1.5 为确保缆道操作与运行安全，测站应根据需要配备下列装置：

1 水平、垂直运行系统的制动装置。

2 极高、极远、极近的标志或限位保护装置，限位保护装置应独立于正常操作系统。

3 在通航河流进行测验时，应按航道部门的规定设置明显的测量标志。

4 夜间测验时的照明装置。

〔摘编说明〕

水文缆道制动和保护装置对水文缆道的安全运行至关重要。

〔检查要点和方法〕

主要检查内容包括：对上述制动装置的状况进行检查；通航河道的保护设施应明显和完整，尤其是夜间测验活动时灯光配置要切实配置。除此以外，河道的断面清障非常重要，如遮住操作间与测流铅鱼的通视，测验安全无法保障。

〔案例分析〕

除以上制动要求外，河道的断面清障非常重要，某水文站滩地杨树高大，遮住操作间与测流铅鱼的通视。测验安全无法保障。

1－2　水　文　计　算

1－2－1　《水利水电工程设计洪水计算规范》SL 44—2006

a)　1.0.9　对设计洪水计算过程中所依据的基本资料、计算方法及其主要环节、采用的各种参数和计算成果，应进行多方面分析检查，论证成果的合理性。

〖摘编说明〗

设计洪水成果是水利水电工程设计的重要依据，若成果偏小，将造成工程失事；若成果偏大，将造成经济上的浪费。在同一条河流的上、下游或同一地区的洪水具有一定的水文共性，因而应对采用的各种计算参数和计算成果进行地区上的综合分析，多方面检查、论证其合理性。

〖检查要点和方法〗

主要检查内容包括：在审查过程中要检查采用成果合理性分析内容；应对采用的各种计算参数和计算成果进行地区上的综合分析；比较同流域和邻近流域的已建和拟建工程采用的洪峰模数等成果，或点绘集水面积与洪峰流量的对数关系线进行分析。

〖案例分析〗

某防洪工程，参证站1964年和1994年发生大洪水，为实测资料最大洪水，两次洪峰流量成果对设计频率曲线定线作用很大。设计报告直接应用水文年鉴成果，未对原成果进行复核。审查要求，了解两次洪水测验方式，如采用浮标法测流，应了解使用的浮标系数和借用断面情况，并分析采用成果的可靠性和一致性。

b)　2.1.2　对计算设计洪水所依据的暴雨、洪水、潮位资料和流域、河道特征资料应进行合理性检查；对水尺零点高程变动情况及大洪水年份的浮标系数、水面流速系数、推流借用断面情况等应重点检查和复核，必要时还应进行调查和比测。

〖摘编说明〗

计算设计洪水所依据的暴雨、洪水资料一般为不同历史时期所积累，其精度各异，因此对有关资料进行合理性检查是必要的，特别是应重点检查和复核测验精度较差的资料、大暴雨洪水资料及明显受自然和人为因素影响时期的资料。当大洪水采用浮标测流、且缺乏高水流速仪比测资料时，应组织进行比测，以分析所采用的浮标系数的合理性。大暴雨洪水资料应着重进行地区上的暴雨洪水的综合分析比较，以论证观测成果的合理性。明显受自然和人为因素影响时期的资料，应分析影响因素和程度。

计算设计洪水采用的水（潮）位、流量资料其重点复核内容如下：

（1）水（潮）位观测资料。由于不同时期引用的水准基面、水尺断面、水尺零点高程可能不完全一致，以至影响水（潮）位精度。在汛期，特别是大洪水时，有时存在缺测、漏测以及失真等问题，因此对上述情况应逐项进行了解复查，对存在的问题应进行改正。

（2）流量测验资料。由于受测站控制条件、测验设施及方法的影响，存在的问题比较复杂。如高水测洪能力不够，采用浮标测流，浮标系数往往是假定或者根据中低水位的系数加以外延确定；采用水面一点法测流，也存在水面流速系数的确定问题；还有计算流量断面的借用问题等，因此大洪水的浮标系数、水面流速系数、借用断面、水位流量关系曲线的高水延长及其变化规律等问题应作为复查重点。

〖检查要点和方法〗

主要检查内容包括：检查不同时期引用的水准基面、水尺断面、水尺零点高程；检查缺测、漏测资料插补方法和成果合理性，对存在的问题应进行改正。对大洪水采用浮标测流包括人工浮标和天然浮标的测流方法，重点检查采用的浮标系数、借用断面的合理性，水位流量关系曲线的高水延长及其变化规律等问题应作为复查重点。一些水文站在不同时期浮标系数采用值不同，应检查对这些资料的处理。

c)　2.2.1　洪水系列应具有一致性。当流域内因修建蓄水、引水、提水、分洪、滞洪等工程，大洪水时发生堤防溃决、溃坝等，明显改变了洪水过程，影响了洪水系列的一致性；或因河道整治、水尺零点高程系统变动影响水（潮）位系列一致性时，应将系列统一到同一基础。

〖摘编说明〗

洪水系列的一致性是必要，对不同时期的资料如不加分析的直接采用势必造成系列资料的混乱，严重时会直接影响到设计洪水成果的质量。

〖检查要点和方法〗

影响洪水系列一致性的因素复杂多变，应重点检查洪水系列的一致性。具体处理方式和方法应根据影响因素的特点和工程设计需要确定。

（1）水库溃坝、堤防溃决、分蓄洪工程启用等都具有突发性，对下游洪水影响较大，应将受这些因素影响的洪水还原到天然状况。

（2）实测洪水系列受上游已建的大、中型蓄水工程、引水和提水工程等影响较大时，应将受这些工程影响的洪水还原至天然状况。设计洪水计算时，一般都有历史洪水，而历史洪水发生时往往上游还没有已建工程的影响，属天然洪水，与还原的洪水系列组成不连序系列，以保持洪水系列的一致性。

（3）对已建水库工程进行设计洪水复核时，建库前的坝址洪水系列和建库后的入库洪水系列不一致，应将两者处理为具有一致性的洪水系列。处理的基本原则是水量平衡，常用的处理方法是假定建库前后入库与坝址的某一时段洪量相等，分别建立坝址洪峰流量、入库洪峰流量与该时段洪量的相关关系，利用两者洪量相等，从相关线上分别获得入库与坝址洪峰流量或者短时段洪量，从而插补出入库洪峰、短时段洪量的入库或坝址洪水系列。

（4）随着堤防防洪标准及防洪能力的逐步提高，原来堤防遇一般洪水就漫溃，目前遇超标准洪水才有可能漫溃，在时间序列中，洪水系列就存在不一致性。因此，一方面，应将漫溃洪水还原为受堤防约束的归槽洪水，其还原方法可采用马斯京根法或槽蓄曲线法，将上游入流演进至设计断面，演算时应选用归槽洪水时的参数；另一方面，也应将归槽洪水按一定的堤防标准或全部漫溃的堤防水平，将洪水系列还原为无堤防约束的天然洪水，具体还原时，可将演算河段的槽蓄量当作有一定调蓄能力的调蓄容积曲线，用水量平衡方法或马斯京根法演算成天然洪水。事实上，需要还原为归槽洪水或天然洪水的年份一般不多，只有比较大的洪水才存在归槽与不归槽的问题，中小洪水可不考虑归槽与还原问题。

d)　2.3.5　对插补延长的洪水、暴雨和潮位资料，应进行多方面的分析论证，检查其合理性。

〖摘编说明〗

对插补的暴雨、洪水和潮位资料应进行合理性分析。插补延长的暴雨、洪水和潮位资料的可靠程度，受基本资料的精度、实测点据的数量及变幅、相关程度以及外延幅度等多种因素的影响，因此任何一种因素都可能影响插补延长的成果质量。为保证所采用资料的精度，应对相关关系的突出点据进行分析，合理采用。对插补延长的洪水成果应从上、下游的水量平衡，上、下游洪峰流量或时段洪量相关关系，上、下游相应水位相关关系，本站洪峰流量和洪量、长短时段洪量相关关系，以及降雨径流关系的变化规律等方面进行综合分析，检查插补成果的合理性。对插补的暴雨成果应从暴雨成因、暴雨地区分布规律等方面进行合理性分析。对插补延长的潮位资料应从潮汐过程、逐日、逐月、逐年高低潮位的变化规律、涨落潮差等方面进行合理性分析。

〖检查要点和方法〗

对于暴雨和洪水资料的插补和延长应重点关注（特）大暴雨和（特）大洪水资料，由于特大洪水发生时，水文设施可能发生破坏，资料的连续过程不完整，断面的冲刷和淤积过程不能施测到，对特大洪水的成果应做认真分析，不宜直接采用水文年检的刊印成果。由于特大洪水和特大暴雨的采用成果可能对频率曲线产生影响。因此，分析确定洪水和暴雨的重现期是十分重要的。潮位站资料的插补延长应检查与参证站的关系，并分析滩涂工程和岸线调整等工程对潮位站系列的影响。

〖案例分析〗

当前随着经济发展，沿海的海堤和入海河口的堤防和防潮闸建设项目增多，用到潮位站资料较多，但水利部门的站点不足，需要延长插补潮位系列。某工程用到潮位资料，其中依据站只有3个月潮位资料，相关站具有1957年以来资料。两者建立相关认为相关系数0.932。审查认为，因相同时段资料太短，相关线代表性只能说明当时的河口情况、相应时段的潮位情况，随着工程影响的变化、潮位尺度的限制，不能确定其很好的相关性。建议加强调查和高潮位的观测，并了解堤防、滩涂开发等工程对潮位相关线的影响。

e)　2.4.1　对搜集的历史洪水、潮位、暴雨资料及其汇编成果，应进行合理性检查；对历史洪水洪峰流量应进行复核，必要时应补充调查和考证；对近期发生的特大暴雨、洪水及特大潮，应进行调查。

〔摘编说明〕

设计洪水分析计算要求具有较长系列的水文资料作基础。用短期资料计算设计洪水，成果可靠度较差，当充分考虑历史洪水资料后，计算成果可以得到显著改善。根据我国早期50座大型水库统计，在使用了历史洪水以后的设计洪水数据经多次复核计算，始终比较稳定。在设计洪水计算中应充分运用历史洪水资料，这是我国水利水电工程实践所得到的一条重要经验。

全国大多数河流都进行过历史洪水调查，并取得了大量的调查成果。1979年后，水利电力部组织有关单位将以往调查的洪水资料进行了全面的搜集、整理、汇编。经筛选、率定，全国共有6500个河段的调查洪水成果，并由各省（自治区、直辖市）和流域机构分别刊布。

在使用调查洪水资料汇编成果时，应当注意不同河段或同一河段不同年份，洪峰流量的精度往往不同，因此在使用之前应对河段资料整编情况进行全面了解，对重大的历史洪水调查成果应作进一步检查、核实。复核的重点应侧重在所选用估算流量的方法及各项计算参数是否适当和合理。有条件时，应根据近期所发生的大洪水，对原采用的水位流量关系曲线、高水糙率、比降等参数进行率定。

除掌握调查洪水资料外，还应通过历史文献、文物资料的考证，进一步了解更长历史时期内大洪水发生的情况和次数，以便合理确定历史洪水的重现期。

由于我国雨量站网密度总体较稀，且分布不均匀，暴雨中心的雨量往往不易观测到，尤其是在干旱地区，经常发生局地性大强度暴雨，而这些地区站网密度更稀，因此用暴雨计算设计洪水时，暴雨调查更有必要。国内一些点暴雨极值也是通过调查获得的。因此，对近期发生的大暴雨进行调查是非常必要的。对近期发生的大洪水，在没有水文测站的河段或由于水文测验设施等限制没有观测到时，还应及时进行洪水调查。对滨海地区近期发生的特大潮也应及时进行调查。

〔检查要点和方法〕

各省（自治区、直辖市）大多开展过历史洪水、潮位、暴雨资料调查并汇编成册，但调查成果在量级、重现期和可靠性方面可能存在矛盾和差异。主要检查使用的历史洪水成果量级和重现期的可靠性。对于近期发生的大暴雨、大洪水、风暴潮是否进行了调查，以及采用情况。

〔案例分析〕

历史洪水的加入可以提高设计洪水的可信度，但对历史特大洪水的重现期确定以及实测系列特大洪水的处理问题应引起重视。同一次洪水根据不同考证期提出不同的重现期，如福建沙溪沙县水文站调查1800年洪峰流量9880m^3/s，报告提供了3个起点：①1556—2009年，1556年大于1800年，考证期454年，重现期223年；②1800—2009年，1800年最大，考证期210年，重现期210年；③1764—2009年，1800年最大，考证期246年，重现期246年。

报告采用重现期220年，审查认为根据分析，采用了合理的重现期成果。

f)　3.4.5　分期设计洪水计算时，历史洪水重现期应在分期内考证，其重现期不应短于在年最大洪水系列中的重现期。

〖摘编说明〗

历年分期洪水选样原则为分期内最大值，因此在考虑历史洪水时，其重现期应遵循分期洪水系列的选样原则，在分期内考证。分期考证的历史洪水重现期应不短于其在年最大洪水系列中的重现期。

〖检查要点和方法〗

首先应分析分期洪水分期的合理性，检查分期内历史洪水的重现期及在年最大洪水系列中的重现期。检查是否满足上述条文要求。

g)　4.3.1　由设计暴雨计算设计洪水或由可能最大暴雨计算可能最大洪水时，应充分利用设计流域或邻近地区实测的暴雨、洪水对应资料，对产流和汇流计算方法中的参数进行率定，并分析参数在大洪水时的特性及变化规律。参数率定与使用方法应一致；洪水过程线的分割与回加应一致。不同方法的产流和汇流参数不应任意移用。

〖摘编说明〗

在由设计暴雨计算设计洪水或由可能最大暴雨计算可能最大洪水时，参数率定方法应与使用方法一致。例如在率定瞬时单位线的滞时 m 时，采用汇流时间内的平均雨强与 m 建立关系，在使用时，就不能根据其他时段的雨强查用 m 值。不同方法中的产流和汇流参数不得任意移用，如经验单位线的滞时不能移用瞬时单位线的滞时。暴雨洪水的量级会对计算参数产生影响，故应重视分析大洪水的参数。在评估参数时，应当着重考虑较大洪水的拟合程度，即使在采用流域模型进行连续模拟时，亦应着重检查较大洪峰的拟合程度。

当发现流域内水利与水保措施对参数有明显影响时，则应利用近年内发生的较大洪水分析确定参数。

〖检查要点和方法〗

设计暴雨计算设计洪水或可能最大暴雨计算可能最大洪水时，用到设计暴雨资料，对使用的雨量站应检查是否在流域内或邻近流域，并检查下垫面条件，如：海拔，迎风坡背风坡等是否接近。在做水汽放大时，应考虑不同地区的天气和下垫面影响条件。

h)　4.3.7　由设计暴雨计算的设计洪水或由可能最大暴雨计算的可能最大洪水成果，应分别与本地区实测、调查的大洪水和设计洪水成果进行对比分析，以检查其合理性。

〖摘编说明〗

由暴雨计算设计洪水或由可能最大暴雨推算可能最大洪水受到多因素及多环节的影响，如雨量与洪水资料的代表性、暴雨与洪水同频率的假定、设计雨型的选定、设计暴雨发生前的流域下垫面干湿程度的确定等。这样计算出来的设计洪水成果难免带有误差，因此应强调将当地和邻近地区的实测和调查的特大洪水以及地区内设计洪水，与本流域设计洪水成果进行对比分析，以检验其合理性。

〔检查要点和方法〕

设计暴雨计算的设计洪水或由可能最大暴雨计算的可能最大洪水成果，应分别与本地区实测、调查的大洪水和设计洪水成果进行对比分析，以检查其合理性。应从设计暴雨和设计洪水两个方面进行分析，最大可能最大暴雨取值，是否大于当地实测降雨量成果，如果小于实测值，则采用设计最大可能降雨成果可能偏小。最大可能洪水应大于实测或调查的设计洪水成果。一般情况下1000年一遇的洪峰流量不应小于考证期在500年以内的调查洪水或实测系列中的最大洪水。

1-2-2 《水利水电工程水文计算规范》SL 278—2002

a) 2.2.1 水文计算依据的流域特征和水文测验、整编、调查资料，应进行检查。对重要资料，应进行重点复核。对有明显错误或存在系统偏差的资料，应予改正，并建档备查。对采用资料的可靠性，应作出评价。

〔摘编说明〕

流域特征和水文测验、整编、调查等资料是水文计算的依据，对有明显错误或存在系统偏差的资料，应会同有关单位共同分析研究，必要时应到现场调查，以取得改正依据。

〔检查要点和方法〕

主要检查内容包括：检查分析用于水文分析的依据站和参证站的代表性，资料条件，测站断面的变化情况，高程系统的采用和变更情况，水文站流量测验方式，水位流量关系，悬移质含沙量测验方式和分析方法，上下游已建蓄水、引水工程分布和蓄水引水能力信息。对分析历年资料发现问题应及时处理修正，如个别年份水位流量关系不合理、采用浮标测流或比降法测流时相关参数不合理、冰期的流量测验不合理、缺测资料插补方法使用不当、水准点基准发生变动未及时修正、上游工程对下游水沙条件产生影响未进行改正、测站迁站前后资料衔接出现不合理等。

〔案例分析〕

河北双峰寺水库水文分析的依据站是武烈河承德站由于近年断面上游修建橡胶坝，造成泥沙观测成果较小，系列明显不一致，为推求水库断面输沙量，采用未受橡胶坝影响的泥沙系列进行推算。

b) 5.3.1 根据工程设计要求，应拟定设计断面工程修建前天然河道的水位流量关系。水位高程系统应与工程设计采用的高程系统一致。

〔摘编说明〕

设计断面天然河道的水位流量关系是水利水电工程规划设计的基本依据。我国各地水位观测和洪、枯水调查采用的高程系统较多，同一水准点基面平差前后的数值也有差异，水文站、水位站多采用冻结基面和假定基面。拟定水位流量关系曲线时，要查明水位高程的基面系统、平差情况及其换算关系，如与工程设计采用的基面不一致，要予以转换。

〖检查要点和方法〗

主要检查内容包括：除个别工程点恰在水文站断面附近，绝大部分工程断面需要新建专用水文站或临时水位站，率定工程设计断面的水位流量关系成果；工程修建前的天然断面和工程修建过程及修建后的水位流量关系；水文测验采用的高程系在工程勘测设计前可能采用假定基面，应检查与工程采用高程系是否一致；应检查换算关系。

c) **5.3.7 水位流量关系曲线的高水外延，应利用实测大断面、洪水调查等资料，根据断面形态、河段水力特性，采用多种方法综合分析拟定。低水延长，应以断流水位控制。**

〖摘编说明〗

实测水位流量关系曲线的范围不能满足工程设计要求而需要高水外延时，可用史蒂文斯法、水位面积与水位流速关系曲线法、水力学法、顺趋势外延等方法。低水延长时，断流水位可用图解法、试算法推求，也可从河道纵断面图上的河床凸起处的高程确定，低水延长产生的相对误差一般较大，应特别慎重。

〖检查要点和方法〗

主要检查内容包括：工程断面水文测验一般是专用水文站或水位站，设站时间一般较短，测验范围不能满足设计要求，需要进行高水和低水外延，应检查外延方法和采用成果的合理性。尤其是高水外延一般采用两种以上方法进行分析，合理确定采用成果。

2 工 程 勘 测

本章涉及6项标准，强制性条文共43条，详见表2-1。

表2-1　　工程勘测部分涉及技术标准汇总表

序号	标 准 名 称	标准代号	强条数
1	水利水电工程地质勘察规范	GB 50487—2008	25
2	中小型水利水电工程地质勘察规范	SL 55—2005	2
3	堤防工程地质勘察规程	SL 188—2005	6
4	水利水电工程钻探规程	SL 291—2003	1
5	水利水电工程施工地质勘察规程	SL 313—2004	8
6	水利水电工程物探规程	SL 326—2005	1

工程地质勘察部分主要是涉及工程地质勘察质量的条文，这些条文对工程安全至关重要。水利水电工程失事造成的人民生命财产和环境损失都是不可估量的，如：1963年意大利瓦依昂坝因水库滑坡造成库水漫坝，死亡近2000人；1976年美国提堂坝失事，直接损失4.0亿～4.5亿美元；1976年巴基斯坦博郎坝失事，淹没土地$21km^2$。根据1988年以前注册的世界大坝统计资料，共有216座坝失事，其中，由于地质原因失事的占36%。

2-0-1　《水利水电工程地质勘察规范》GB 50487—2008

a)　5.2.7　工程场地地震动参数确定应符合下列规定：

1　坝高大于200m的工程或库容大于$10\times10^9m^3$的大（1）型工程，以及50年超越概率10%的地震动峰值加速度大于或等于0.10*g*地区且坝高大于150m的大（1）型工程，应进行场地地震安全性评价工作。

5　场地地震安全性评价应包括工程使用期限内，不同超越概率水平下，工程场地基岩的地震动参数。

〖摘编说明〗

本条涉及地震作用下水利水电工程的安全运行，是保证大坝安全、保护大坝下游人民生命财产与环境的强制性条文。可行性研究阶段的一项重要任务是对水利水电工程区域构造稳定性进行评价，对地震危险性进行分析。20世纪70年代以来，区域构造稳定性研究有了较大的发展，主要是从区域地质构造、深部构造和挽近期地壳活动、断层活动、地震活动、现代地壳应力场等方面，预测地震危险性，以确定工程建筑物抗震的必要性。早期是以确定地震基本烈度为主要任务，20 世纪 90 年代以后则以进行地震危险性分析、确定不同超越概率水平条件下地震动参数为主要任务。

关于地震安全性评价，近几年国家颁布了一系列法规和条例，如 GB 18306—2001《中国地震动参数区划图》,《地震安全性评价管理条例》(2001 年）等。

国内一些特大型、大型水利水电工程，如三峡、小浪底、二滩、构皮滩、彭水、小湾、大柳树、溪洛渡、拉西瓦等均进行过地震的专题论证，有的还建立了地震和地形变监测网。地震危险性分析应根据工程的规模、等级、坝高等，确定是进行专门地震危险性分析还是地震动参数复核。

〖**检查要点和方法**〗

是否按要求做了地震安全性评价；承担地震安全性评价的单位是否具备相应的资质要求；地震安全性评价的内容是否符合国家法规以及本条文的要求，地震安全性评价成果是否已通过评审。

〖**案例分析**〗

由于地震而遭受损坏的典型水利工程当属美国的帕卡伊玛拱坝，该坝位于加利福尼亚州帕卡伊玛峡谷，于 1929 年建成，坝高 113m，坝顶长 180m，总库容 $750\times10^4m^3$。坝基为片麻质石英闪长岩，岩体受节理和剪切带切割严重，坝址 6km 范围内分布 7 条大断层。坝址区历史上很少发生地震，仅有的几次地震震级也不大，因此，设计时未考虑地震荷载。1971 年 2 月 9 日，在坝址西北 6.4km 处发生里氏 6.6 级地震，发震断层从坝址下 5km 处通过，强震持续时间 8s，地震对坝体及两岸拱座造成一定损坏。

我国已建大坝由于地震而遭受破坏的也不乏其例。据统计，1970 年 1 月云南省通海地震，在烈度 7～10 度区的 73 座土坝中，发生轻重不同震害的有 41 座；1975 年 2 月辽宁海城地震，在烈度 7～9 度区的 54 座土坝中，有震害的 36 座；1976 年 7 月河北唐山地震，在烈度 7～9 度区的 48 座土坝中，有震害的 36 座。震害的主要表现形式为裂缝、沉陷、渗漏和坝基砂土液化。

b)　6.2.2　可溶岩区水库严重渗漏地段勘察应查明下列内容：

1　可溶岩层、隔水层及相对隔水层的厚度、连续性和空间分布。

4　主要渗漏地段或主要渗漏通道的位置、形态和规模，喀斯特渗漏的性质，估算渗漏量，提出防渗处理范围、深度和处理措施的建议。

〖**摘编说明**〗

在可溶岩地区，岩溶洞穴常常成为渗漏通道，是主要工程地质问题之一。一方面，库水通过岩溶通道渗漏，使水库的效益不能正常发挥；另一方面，库水通过岩溶通道渗漏，可能造成出逸地区边坡失稳、大面积浸没等次生灾害。

可行性研究阶段对水库渗漏问题已经作出初步评价，初步设计阶段是针对严重渗漏地段的进一步勘察。

喀斯特渗漏问题比较复杂，在本阶段仍应对可溶岩、隔水层或相对隔水层、喀斯特发育特征和洞穴系统，喀斯特水文地质条件、地下水位及动态进行勘察研究，确定渗漏通道的位置、形态和规模，估算渗漏量。喀斯特发育程度是根据可溶岩岩性、岩层组合和喀斯特化程度的差异等确定，可分强、中、弱三类，同时应特别注意弱喀斯化地层的作用及空间分布。对于喀斯特水文地质条件，要特别重视喀斯特水系统（泉、暗河）的勘察研究，对代表稳定地下水的泉和暗河，要尽可能查明补给、径流、水量、水化学及其动态，分析泉水之间的相互关系。最后，根据勘察成果及地质评价结论，提出防渗处理的范围、深度和措施的建议。

〖检查要点和方法〗

隔水层或相对隔水层的分布范围，可溶岩层的分布与喀斯特发育特征；渗漏分析是否合理。

〖案例分析〗

由于水库渗漏问题而造成损失的国内外水利水电工程实例较多。例如：土耳其凯班坝 1965 年动工，原计划 1971 年投产发电，后因坝基下发现巨大溶洞被迫改变工程设计和施工安排，使工期延长了 3 年，投资由原定的 3.37 亿美元增加到 5.0 亿美元，1973 年 11 月蓄水后又发现水库大量漏水，最大漏水量达 $26m^3/s$，接着又进行了复杂的处理；西班牙蒙特热克坝，高 72m，因渗漏导致水库不能蓄水。我国猫跳河四级水电站，坝高 73m，左岸河湾岩溶发育，初期漏水量达 $20m^3/s$；水槽子水库，向邻谷娜姑盆地漏水 $1.8m^3/s$，造成当地农田农舍浸没，处理后减少到 $0.3m^3/s$；桃曲坡水库，坝高 61m，初期平均漏水量 $0.67m^3/s$，经过 4 年处理后，减少到 $0.075m^3/s$。

c)　6.2.3　非可溶岩区水库严重渗漏地段勘察，应查明断裂带、古河道、第四纪松散层等渗漏介质的分布及其透水性，确定可能发生严重渗漏的地段、渗漏量及危害性，提出防渗处理范围和措施的建议。

〖摘编说明〗

水库渗漏可能导致水库周边地区地下水位抬升，造成环境水文地质问题，影响人民的生产、生活，甚至导致建筑物破坏，是重要的工程地质问题。可行性研究阶段已对水库渗漏问题作出了初步评价，如对非可溶岩的单薄分水岭、强透水大断层、大断层破碎带和古河道等的渗漏量作出估算。初步设计阶段主要是提高勘察精度。

〖检查要点和方法〗

根据地层岩性与地质构造等条件，判定是否查明了各可能的漏水地段。

d)　6.2.5　水库浸没勘察应包括下列内容：

4　对于农作物区，应根据各种现有农作物的种类、分布，查明土壤盐渍化现状，确定地下水埋深临界值。

5　对于建筑物区，应根据各种现有建筑物的类型、数量和分布，查明基础类型和埋深，确定地下水埋深临界值。查明黄土、软土、膨胀土等工程性质不良岩土层的分布情况、性状和土的冻结深度，评价其影响。

6 确定浸没的范围及危害程度。

〖**摘编说明**〗

对农作物区，水库浸没可以导致土壤盐渍化或影响农作物生长；对建筑物区，轻者造成建筑物内潮湿无法居住，重者对建筑物造成破坏，如沉陷、开裂、倾斜，直至倒塌。

农作物区的地下水临界埋深有两个标准：一是适宜于作物生长的地下水最小埋深；二是防止土壤次生盐渍化的地下水最小埋深。

（1）适宜于作物生长的地下水最小埋深。

不同农作物在生长期要求保持一定的地下水适宜深度，即土壤中的水分和空气状况适宜于作物根系生长的地下水深度。

我国幅员辽阔，各地区自然条件差异较大，而影响地下水适宜埋深的因素又很多，如农作物种类、品种，以及气候、土壤、生育阶段、农业技术措施等，难以定出统一标准。

确定适宜于作物生长的地下水最小埋深的合理方法是对当地农业管理和科研部门以及农民进行调研，针对实际农作物类型因地制宜地确定适当的地下水埋深标准。

用传统的公式（土的毛管水上升高度加农作物根系深度）确定适宜的地下水最小埋深，难以反映不同农作物的实际情况和需求，且据此确定的浸没范围往往偏大，因此只用于初判。

（2）防止土壤次生盐渍化的地下水最小埋深。

土壤次生盐渍化的影响因素较多，其中气候（主要是降雨量和蒸发量）是基本因素，干旱、半干旱地区易于产生土壤次生盐渍化，而湿润性气候区不会出现盐渍化。土壤质地和地下水矿化度是影响次生盐渍化的主要因素。砂性土的毛管水上升高度虽比黏性土低，但其输水速度却大于黏性土，上升的水量多，更易于产生盐渍化。地下水矿化度低，土壤积盐作用就小；反之，地下水矿化度高，土壤积盐作用就大。

各地区的防止盐渍化地下水最小埋深各不相同，应根据实地调查和观测试验资料确定。总体而言，防止土壤次生盐渍化所要求的地下水最小埋深要大于作物适宜生长的地下水最小埋深。

无资料地区，防止土壤次生盐渍化的地下水最小埋深及盐渍化程度分级可参考表2－2、表2－3确定。

表2－2 几种土在不同矿化度下防止次生盐渍化的地下水最小埋深

地下水矿化度/(g/L)	地下水最小埋深/m			
	砂土	砂壤土	黏壤土	黏土
1～3	1.4～1.6	1.8～2.1	1.5～1.8	1.2～1.9
3～5	1.6～1.8	2.1～2.2	1.8～2.0	1.2～2.1
5～8	1.8～1.9	2.2～2.4	2.0～2.2	1.4～2.3

表 2-3 土壤盐渍化程度分级

成分	轻度盐渍化	中度盐渍化	重度盐渍化	盐土
苏打（$CO_3^{2-}+HCO_3^-$）	0.1～0.3	0.3～0.5	0.5～0.7	＞0.7
氯化物（Cl^-）	0.2～0.4	0.4～0.6	0.6～1.0	＞1.0
硫酸盐（SO_4^{2-}）	0.3～0.5	0.5～0.7	0.7～1.2	＞1.2

建筑物区因地下水上升引起的环境恶化主要表现为：

(1) 地面经常处于潮湿状态，无法居住。

(2) 房屋开裂、沉陷以致倒塌。

第一种情况，表明地下水位或毛管水带到达地面，导致生态环境恶化，应判定为浸没区。这种情况的浸没地下水埋深临界值为地下水的毛管水上升高度。

第二种情况，房屋开裂、沉陷、倒塌的原因有：冻胀作用（北方地区）；地基持力层饱水后强度大幅度下降，承载力不足或持力层饱水后产生大量沉降变形或不均匀变形。上述这些情况是否会出现，与现有建筑物的类型、层数、基础型式、砌置深度、持力层性质（特别是有无湿陷性黄土、淤泥、软土、膨胀土等工程性质不良岩土层）密切相关。因此应针对具体情况进行相应调查、勘察和试验研究工作，在掌握充分资料后进行建筑物区浸没可能性评价。当地基持力层在饱水后出现承载力不足或大量沉陷时，浸没地下水埋深临界值为土的毛管水上升高度加基础砌置深度。

不做任何调查分析，简单地采用土的毛管水上升高度加基础砌置深度作为临界值进行建筑物区浸没评价，实际上是认为任何建筑物的持力层，只要含水量达到饱和，就必然承载力不足或产生过量沉陷，而实际情况显然不完全都是如此，结果将造成预测的浸没范围偏大。

当判定的浸没区面积较大时，宜将浸没影响程度划分为严重浸没区和轻微浸没区。目前，划分严重浸没区和轻微浸没区尚没有统一的标准。各工程在实际研究中，均根据当地条件而确定。如汉江兴隆水利枢纽是根据预测的地下水位将浸没影响程度划分为严重（预测地下水埋深 $d\leqslant0.5$m）、较严重（0.5m$\leqslant d<$1.0m）、轻微（1.0m$\leqslant d<$1.5m）3 个区。

进行浸没程度分区前，应根据勘察区的具体情况和勘察结果，确定严重浸没区和轻微浸没区相应的地下水埋深临界值。

〖检查要点和方法〗

地下水埋深临界值的确定是否合理；浸没影响程度分区是否正确。

e) 6.2.7 水库库岸滑坡、崩塌和坍岸区的勘察应包括下列内容：

1 查明水库区对工程建筑物、城镇和居民区环境有影响的滑坡、崩塌的分布、范围、规模和地下水动态特征。

2 查明库岸滑坡、崩塌和坍岸区岩土体物理力学性质，调查库岸水上、水下与水位变动带稳定坡角。

3 查明坍岸区岸坡结构类型、失稳模式、稳定现状，预测水库蓄水后坍岸范围及

危害性。

4　评价水库蓄水前和蓄水后滑坡、崩塌体的稳定性，估算滑坡、崩塌入库方量、涌浪高度及影响范围，评价其对航运、工程建筑物、城镇和居民区环境的影响。

〖**摘编说明**〗

水库蓄水可能使库区的大坍滑体和潜在不稳定岸坡失稳，不仅危及大坝的安全，也危及附近城镇和居民点、交通线路的安全。

查明大型不稳定岸坡，尤其是近坝库段的岸坡稳定性是水利水电工程地质勘察的一项十分重要的任务。

水库坍岸预测理论最早来源于苏联。在20世纪40—50年代，苏联萨瓦连斯基、卡丘金、佐洛塔廖夫等研究了水库坍岸问题，提出了坍岸预测的基本计算方法和图解法。目前水库坍岸预测常用的方法有：工程地质类比法、动力法、统计法、卡丘金法、佐洛塔廖夫法、平衡剖面法、图解法等。

滑坡涌浪初始浪高一般用经验公式计算，主要有潘家铮方法、无量纲组合方法和无量纲动能方法。

〖**检查要点和方法**〗

是否查明了对工程建筑物、城镇和居民区环境有影响的滑坡、崩塌在水库蓄水前后的稳定性；是否对水库蓄水后坍岸范围进行了预测；是否估算了滑坡涌浪高度。

〖**案例分析**〗

1963年10月9日，意大利瓦依昂拱坝就是因滑坡造成库水漫坝，死亡近2000人。滑体长1800m，宽1600m，滑体体积2.7亿m^3，水库在30～45s内几乎全部被滑体材料填没，滑体水平移动了400m，越过宽80m的河谷，冲上对岸山坡，爬高达140m。滑坡形成高125m的浪，漫过坝顶，横扫下游河谷，整个失事过程历时仅7min。

瓦依昂枢纽库岸由侏罗系和白垩系石灰岩、白云岩组成，其中下白垩系石灰岩中夹有绿色黏土，断层发育并有岩溶现象，滑动面大多位于这一岩层内。从20世纪20年代规划到1959年开工，对两岸的地质勘查认为：两岸岸坡处于稳定状态，只可能存在局部坍滑。1959年对这一地区进行了详细的工程地质测绘，认为左岸存在一史前古滑坡，据此进行了地球物理勘探，结果认为左岸山体由坚实的未扰动岩体组成，弹性模量很高，不存在古滑坡。1960年5月在左岸山坡上发现糜棱岩，补充的3个钻孔未发现滑动面（孔深未达到）。1960年7月大坝竣工前，再次对库岸稳定进行了检查，认为只可能在表面的松散岩层附近有小的坍滑，过去未曾发生过滑坡，将来也不可能有大规模的滑坡发生。1960年底，当库水位升高到高程635m时，左岸山坡出现M形大裂缝并伴有小的坍滑体，随后对以往的资料进行了系统的分析，并进行了地震波测量，然而对滑坡的规模仍存在分歧。1961年布置了2个探洞和4个水位观测孔，结果认为地下水的影响并不严重。1962年6月进行了滑坡模型试验，认为库水位蓄至高程700m是安全的。1963年9月28日—10月9日，连降大雨，库水位上升至高程700～710m，左岸山体突然失稳下滑。

1961年3月6日，我国湖南省柘溪水库近坝库区右岸，发生塘岩光滑坡，$165\times10^4m^3$的滑坡体以高达25m/s的速度滑入深50余米的水库中，激起巨大涌浪，最大高度达21m，坝前的涌浪高度达2.5m，至上游15km处浪高仍达0.3～0.5m。涌浪漫过坝顶，造成60人死亡，延误工期达1年之久。

汉江支流黄龙滩水库，近百处滑坡在蓄水后变形失稳，殃及众多水库移民，之后耗资7000万元将受灾的居民迁出滑坡区重新安置。

f) 6.2.10 泥石流勘察应包括下列内容：

2 查明可能形成泥石流固体物质的组成、分布范围、储量及流通区、堆积区的地形地貌特征。

〖摘编说明〗

泥石流具有突然性，以及流速快，流量大，物质容量大和破坏力强等特点，常对建筑物和人民生命财产造成巨大损失。

按水源成因，可分为暴雨（降雨）泥石流、冰川（冰雪融水）泥石流、溃决（含冰湖溃决）泥石流。按物源成因，可分为坡面侵蚀型泥石流、崩滑型泥石流、冰碛型泥石流、火山泥石流、弃渣泥石流、混合型泥石流。按集水区地貌特征，可分为沟谷型泥石流和坡面型泥石流。按暴发频率，可分为高频泥石流、中频泥石流、低频泥石流和极低频泥石流。按物质组成，可分为泥流型、水石型、泥石型。按流体性质，可分为黏性泥石流、稀性泥石流。按泥石流一次性暴发规模，可分为特大型、大型、中型和小型泥石流。

泥石流的形成需要三个基本条件：有陡峭便于集水集物的适当地形；上游堆积有丰富的松散固体物质；短期内有突然性的大量流水来源。

〖检查要点和方法〗

是否查明泥石流的物质组成、分布范围、储量及流通区、堆积区的地形地貌特征。

〖案例分析〗

泥石流对人类的生存与工程活动危害极大。据统计，我国每年有近百座县城受到泥石流的直接威胁和危害；有20条铁路干线的走向经过1400余条泥石流沟分布范围内，1949年以来，先后发生中断铁路运行的泥石流灾害300余起，有33个车站被淤埋。在我国的公路网中，以川藏、川滇、川陕、川甘等线路的泥石流灾害最严重，仅川藏公路沿线就有泥石流沟1000余条，先后发生泥石流灾害400余起，每年因泥石流灾害阻碍车辆行驶时间长达1～6个月。泥石流还对一些河流航道造成严重危害，如金沙江中下游、雅砻江中下游和嘉陵江中下游等，泥石流活动及其堆积物是这些河段通航的最大障碍。泥石流还对修建于河道上的水电工程造成很大危害，如云南省近几年受泥石流冲毁的中、小型水电站达360余座、水库50余座；上千座水库因泥石流活动而严重淤积，造成巨大的经济损失。

1969年8月云南省大盈江流域弄璋区南拱泥石流，使新章金、老章金两村被毁，97人丧生，经济损失近百万元。1978年7月，甘川公路394km处对岸的石门沟暴发泥石流，堵塞白龙江，公路因此被淹1km，白龙江改道使长约2km的路基变成了主河道，公路、护岸及渡槽全部被毁，该段线路自1962年以来，由于受对岸泥石流的影响已3次被迫改线。2010年8月7—8日，甘肃省舟曲爆发特大泥石流，造成1270人遇难474人失踪，舟曲5km长、500m宽区域被夷为平地。

g)　**6.2.12　水库诱发地震预测应符合下列规定：**

1　当可行性研究阶段预测有可能发生水库诱发地震时，应对诱发地震可能性较大的地段进行工程地质和地震地质论证，校核可能发震库段的诱震条件，预测发震地段、类型和发震强度，并应对工程建筑物的影响作出评价。

2　对需要进行水库诱发地震监测的工程，应进行水库诱发地震监测台网总体方案设计。台网布设应有效控制库首及水库诱发地震可能性较大的库段，监测震级（M_L）下限应为0.5级左右。台网观测宜在水库蓄水前1～2年开始。

〖摘编说明〗

水库诱发地震一般震级不大，但可以恶化基本稳定岸坡，对库周农房造成不同程度的破坏等。常见的水库诱发地震有构造型（断层破裂型）、浅表应力局部调整型（微破裂型）和岩溶型三种类型。水库诱发地震主要与水库规模、岩性条件、构造条件、渗透条件、地应力状态以及区域地震活动水平有关，并具有下列特点：

（1）震中仅分布在水库及其周围5km范围内，震源深度多在5km以内，少有超过10km的。

（2）在水库蓄水的初期，地震活动与库水位升降变化有较好的相关性，较强的地震多出现在第一、第二个蓄水的高水位期，有些出现在水位回落或低水位期，也有的当水库达到一定水位时即发震。

（3）水库诱发地震的频度和强度随蓄水时间的延长而呈明显下降的趋势。

（4）水库诱发地震以弱震和微震为主。

（5）与天然地震相比，水库诱发地震具有较高的地震动频率和较高的地面峰值加速度、震中烈度。

监测台网设计一般包括台网技术要求、台网布局和台站选址、台网信道、系统设备选型及配置、资料分析与预测、运行与管理等内容。

为了掌握水库区的地震活动的本底情况，便于和蓄水后地震活动情况进行对比，地震观测起始时间宜在水库蓄水前1～2年。根据统计资料，当蓄水后地震活动没有变化，观测时限宜延续至水库达设计正常蓄水位后2～3年；水库蓄水后，地震活动有变化，观测时限宜延续至地震活动水平恢复到原活动水平后2～3年。

〖检查要点和方法〗

可行性研究阶段工程地质勘察报告对水库诱发地震的预测结论；初步设计阶段工程地质勘察报告中对诱发地震可能性较大的地段是否进行了论证；水库诱发地震监测台网总体方案设计。

〖案例分析〗

水库诱发地震的预测主要有经验判断法、统计分析法和数值分析法。三峡工程水库诱发地震预测结果显示：库首结晶岩库段水库诱发地震最大震级小于4级；断裂穿过水库区部位可能诱发构造型地震，诱发地震为5.0～5.5级，最大不超过6级；碳酸盐岩分布的库段，可能诱发地震的震级不超过4级；碎屑岩分布库段诱发地震的可能性小。

h)　6.3.1　土石坝坝址勘察应包括下列内容：

2　查明坝基河床及两岸覆盖层的层次、厚度和分布，重点查明软土层、粉细砂、湿陷性黄土、架空层、漂孤石层以及基岩中的石膏夹层等工程性质不良岩土层的情况。

4　查明坝基水文地质结构，地下水埋深，含水层或透水层和相对隔水层的岩性、厚度变化和空间分布，岩土体渗透性。重点查明可能导致强烈漏水和坝基、坝肩渗透变形的集中渗漏带的具体位置，提出坝基防渗处理的建议。

7　查明坝区喀斯特发育特征，主要喀斯特洞穴和通道的分布规律，喀斯特泉的位置和流量，相对隔水层的埋藏条件，提出防渗处理范围的建议。

〖摘编说明〗

本条涉及对土石坝安全有影响的主要工程地质问题，如渗漏、渗透变形、大坝沉降变形等，也是初步设计阶段要重点查明的。

土石坝坝址包括第四纪地层坝址和基岩坝址，由于当地材料坝对坝基强度的要求相对较低，基岩坝基一般都可以满足要求，故条文内容侧重于第四纪地层坝基。对于可溶岩坝基，条文中只强调了相对隔水层、喀斯特情况等的勘察。

软土层、粉细砂、湿陷性黄土、架空层、漂孤石层以及基岩中的石膏夹层等工程性质不良岩土层对坝基的渗漏、渗透稳定、不均匀变形等影响较大，是土石坝坝基勘察的重点内容。

〖检查要点与方法〗

工程地质勘察报告中对影响坝基沉降、渗透变形、渗漏等的特殊土（岩）层论述与评价，喀斯特发育规律与防渗处理建议等。

〖案例分析〗

美国提堂坝最大坝高126m，总库容3.18亿m^3。该坝于1972年初动工，1975年10月开始蓄水，1976年6月失事，造成14人死亡，40万亩农田被淹，全部损失达4亿美元。失事原因，一是坝基岩石中发育张开的节理，二是设计决策存在缺陷。

i)　6.4.1　混凝土重力坝（砌石重力坝）坝址勘察应包括下列内容：

3　查明断层、破碎带、断层交汇带和裂隙密集带的具体位置、规模和性状，特别是顺河断层和缓倾角断层的分布和特征。

4　查明岩体风化带和卸荷带在各部位的厚度及其特征。

5　查明坝基、坝肩岩体的完整性、结构面的产状、延伸长度、充填物性状及其组合关系。确定坝基、坝肩稳定分析的边界条件。

9　查明地表水和地下水的物理化学性质，评价其对混凝土和钢结构的腐蚀性。

〖摘编说明〗

对重力坝而言，坝基抗滑稳定、坝基变形、渗透稳定等是主要工程地质问题，因此在初步设计阶段要重点查明其影响因素。

确定建基岩体质量标准和可利用岩面高程，是本阶段混凝土重力坝的重要勘察内容。影响建基岩体质量标准的主要因素有岩体风化程度、岩体完整程度、岩体强度、透水性等。

地表水和地下水对混凝土和钢结构的腐蚀性会影响到混凝土坝体质量，缩短混凝土坝使用寿命，因此也是混凝土坝勘察中应重点关注的内容之一。

由以往的经验可知，其中的易溶岩层、软弱岩层、软弱夹层和蚀变带、断层、破碎带、断层交汇带和裂隙密集带等，是造成大坝失事的直接原因。

〖**检查要点和方法**〗

工程地质勘察报告中对影响坝基抗滑稳定、坝基变形、渗透稳定等主要工程地质问题的分析与评价，水文地质中对地表水和地下水腐蚀性评价内容。

〖**案例分析**〗

美国圣弗兰西斯混凝土重力坝的溃决就是因为对坝基断层和岩体认识不足而导致的。圣弗兰西斯坝位于圣弗兰西斯溪上，坝高62.5m，控制流域面积95.8km^2。水库从1926年3月1日开始蓄水，1928年3月5日库水位升至高程559.23m（此时库容0.47亿m^3），并保持此水位直至3月12日溃坝。水库突然泄降，引起库岸大滑坡。波涛汹涌的洪水从坝址至入海84.5km，沿途河谷内的居民几乎无法逃生，死亡236人，失踪200人，直接经济损失达几百万美元。

沿圣弗兰西斯溪分布一与河谷近似平行的断层，倾向北西，倾角30°～45°。下盘为前寒武系片岩，组成河谷的东南岸；上盘为第三系砾岩，组成河谷的西北岸。断层上下盘相对运动致使片岩磨碎形成厚20cm的断层泥，由磨碎的砾岩形成的断层泥厚120cm。片岩形成的断层挤压破碎带宽3m。片岩的片理与河谷近乎平行，东南岸为顺向坡，是坝溃决后产生大滑坡的主要原因之一；靠近断层一定距离内，干燥时砾岩的强度中等，但浸水后会很快崩解，几乎丧失掉岩石的特性。

j)　6.5.1　混凝土拱坝（砌石拱坝）坝址的勘察内容除应符合本规范第6.4.1条的规定外，还应包括下列内容：

2　查明与拱座岩体有关的岸坡卸荷、岩体风化、断裂、喀斯特洞穴及溶蚀裂隙、软弱层（带）、破碎带的分布与特征，确定拱座利用岩面和开挖深度，评价坝基和拱座岩体质量，提出处理建议。

3　查明与拱座岩体变形有关的断层、破碎带、软弱层（带）、喀斯特洞穴及溶蚀裂隙、风化、卸荷岩体的分布及工程地质特性，提出处理建议。

4　查明与拱座抗滑稳定有关的各类结构面，特别是底滑面、侧滑面的分布、性状、连通率，确定拱座抗滑稳定的边界条件，分析岩体变形与抗滑稳定的相互关系，提出处理建议。

〖**摘编说明**〗

拱坝的主要工程地质问题除坝基抗滑稳定、坝基变形、渗透稳定等外，还有拱座稳定，本条规定主要是针对这些工程地质问题，在拱坝初步设计阶段勘察中应重点查明。

拱坝承受的荷载大部分传向两岸，在这一推力作用下，拱座的稳定性备受关注。两岸岩体的质量直接影响拱座开挖深度、抗滑稳定、变形稳定等问题的评价。拱肩嵌入深度取决于岩体风化、卸荷、喀斯特发育强度及工程荷载等因素。拱座抗滑稳定与各类结构面有关，一般来说，缓倾结构面构成底滑面，与河流呈小锐角相交的结构面构成侧滑面，而岩体中厚度较大的软弱（层）带构成压缩变形的“临空面”。

拱座变形稳定评价中，要注意拱座不同部位岩体质量的不均一性，还应注意两岸岩体质量的差异。

〖检查要点和方法〗

工程地质勘察报告中对影响拱座抗滑稳定、变形稳定等主要工程地质问题的分析与评价。

〖案例分析〗

法国马尔帕塞拱坝，最大坝高 66.0m，坝底宽 6.78m，宽厚比仅 0.11，坝基岩体为带状片麻岩。

大坝于 1952 年开工，1954 年建成，初期蓄水缓慢，历时 4 年尚未蓄满，1959 年 12 月初，连降大雨，库水位迅速上升接近坝顶时，大坝突然溃决失事，共死亡失踪 500 余人，财产损失达 300 亿法郎。

马尔帕塞坝是第一座失事的现代双曲拱坝，因而引起了世界各国坝工界的极大重视，法国政府曾三次组织调查委员会进行事故调查鉴定，并由法院进行审理，官方和非官方的调查勘探实验和分析研究历时 5 年，最后未下定论，世界各国的坝工专家工程地质专家不断参与研究，持续 20 多年至今不衰。

虽然各种调查报告对马尔帕塞拱坝的失事原因未做十分明确肯定的结论，但有几点是一致的：

（1）坝址的工程地质勘察工作做得太少，直到大坝施工前总共只在河床打了 2 个钻孔，孔深分别为 10.4m 和 25m，坝线较原地质报告所研究的坝线下移 200m，坝型也由原推荐的空心重力坝改为双曲拱坝，而这些变动却没有做相应的补充地质工作。

（2）几乎所有的人都同意，马尔帕塞坝失事的根本机制是坝基岩体沿下游的断层产生了滑动，在设计和施工阶段没有查明位于坝基开挖面以下 15～40m 存在的断层和坝后 20m 以外的断层露头。

k）　6.6.1　溢洪道勘察应包括下列内容：

1　查明溢洪道地段地层岩性，特别是软弱、膨胀、湿陷等工程性质不良岩土层和架空层的分布及工程地质特性。

2　查明溢洪道地段的断层、裂隙密集带、层间剪切带和缓倾角结构面等的性状及分布特征。

〖摘编说明〗

溢洪道是水利水电枢纽工程中重要的泄洪建筑物，洪水季节水库中的超额洪水通过溢洪道排泄出水库，从而防止漫坝、损坝或溃坝。应选择有利的地形将溢洪道布置在岸边或垭口，并应避免深挖形成高边坡（特别是对于不利的地质条件），以免造成边坡失稳或处理困难。应将溢洪道布置在稳定的地基上，并应考虑岩体结构特征、地质构造以及建库后水文地质条件的变化对建筑物和边坡稳定的不利影响。

〔检查要点和方法〕

工程地质勘察报告中对溢洪道渗漏、防冲、边坡等问题的分析与评价。

l)　**6.7.1　地面厂房勘察应包括下列内容：**

2　查明厂址区地层岩性，特别是软弱岩类、膨胀性岩类、易溶和喀斯特化岩层以及湿陷性土、膨胀土、软土、粉细砂、架空层等工程性质不良岩土层的分布及其工程地质特性。

厂址地基为可能地震液化土层时，应进行地震液化判别。

3　查明厂址区断层、破碎带、裂隙密集带、软弱结构面、缓倾角结构面的性状、分布、规模及组合关系。

〔摘编说明〕

地面厂房的边坡主要包括厂址区的天然边坡和厂房地基开挖边坡。其中，厂址区的天然边坡，特别是厂房后山坡的高边坡，常常是地面厂房的主要工程地质问题。因此，条文规定要查明厂址区地质构造和岩体结构特征，评价厂址区边坡和厂基开挖边坡稳定条件。

〔检查要点和方法〕

工程地质勘察报告中对地面厂房地基与边坡稳定性等问题的分析与评价。

m)　**6.8.1　地下厂房系统勘察应包括下列内容：**

3　查明厂址区岩层的产状、断层破碎带的位置、产状、规模、性状及裂隙发育特征，分析各类结构面的组合关系。

4　查明厂址区水文地质条件，含水层、隔水层、强透水带的分布及特征。可溶岩区应查明喀斯特水系统分布，预测掘进时发生突水（泥）的可能性，估算最大涌水量和对围岩稳定的影响，提出处理建议。

8　查明岩层中的有害气体或放射性元素的赋存情况。

〔摘编说明〕

地下厂房掘进时如发生突水（泥）影响施工安全和施工进度，岩层中如存在有害气体或放射性元素，不仅影响施工安全而且对长期运行会造成不利影响，必须予以重视。

地下厂房的地质勘察除应布置顺厂房轴线的主勘平洞外，还应布置相应的横向平洞，目的是控制厂房两侧边墙的地质条件，正确评价边墙稳定性，为确定施工方法和支护措施提供地质资料。勘探平洞最好能结合施工和总体布置，使之（或扩大后）能在施工中或作为永久建筑加以利用。

〔检查要点和方法〕

工程地质勘察报告中对地下厂房洞室稳定性、施工过程中突水涌泥以及有害气体等问题的分析与评价。

n) 6.9.1 隧洞勘察应包括下列内容：

3 查明隧洞沿线岩层产状、主要断层、破碎带和节理裂隙密集带的位置、规模、性状及其组合关系。隧洞穿过活断层时应进行专门研究。

4 查明隧洞沿线的地下水位、水温和水化学成分，特别要查明涌水量丰富的含水层、汇水构造、强透水带以及与地表溪沟连通的断层、破碎带、节理裂隙密集带和喀斯特通道，预测掘进时突水（泥）的可能性，估算最大涌水量，提出处理建议。提出外水压力折减系数。

5 可溶岩区应查明隧洞沿线的喀斯特发育规律、主要洞穴的发育层位、规模、充填情况和富水性。洞线穿越大的喀斯特水系统或喀斯特洼地时应进行专门研究。

10 查明压力管道地段上覆岩体厚度和岩体应力状态，高水头压力管道地段尚应调查上覆山体的稳定性、侧向边坡的稳定性、岩体的地质结构特征和高压水渗透特性。

11 查明岩层中有害气体或放射性元素的赋存情况。

〖摘编说明〗

地下洞室施工过程中，常常发生的和地质有关的事故主要有岩爆、冒顶、涌水、有害气体和放射性辐射等，常威胁施工人员的生命安全和身体健康。

近年来西部地区隧洞工程往往要跨越活动断裂带，需要评价活动断裂带的活动情况及其对工程的影响，并据此采取工程措施。当隧洞穿越喀斯特水系统、喀斯特汇水盆地时，地质条件复杂，勘察难度大，根据多年实践经验，需要扩大测绘范围，并应进行专题研究，提高预测评价的准确性。根据多年实践经验，隧洞洞径大于15m时，需分部位研究结构面的组合及其对围岩稳定的影响。

隧洞掘进时如发生突水（泥）影响施工安全和施工进度，岩层中如存在有害气体或放射性元素，不仅影响施工安全而且对长期运行会造成不利影响，必须予以重视。

〖检查要点和方法〗

工程地质勘察报告中对隧洞围岩稳定性、施工过程中突水涌泥以及有害气体等问题的分析与评价。

〖案例分析〗

地下洞室发生坍方的事故屡见不鲜，表2-4列出了坍方量较大的几个工程实例。可见，洞室发生坍方的各种原因中，地下水起着非常重要的作用。

表2-4 隧洞坍方实例

工程名称	断面形式	跨度/m	坍方规模/m^3	坍方原因
下马岭引水隧洞	圆形	7.02	600	围岩为薄层灰岩和玢岩，C_{69}断层宽1～3m，充填亚黏土；断层宽1～2m，充填碎石、断层泥，断层有水流出。支撑不及时，施工时放炮震动，坍方沿断层发生
		7.62	300	围岩为薄层灰岩，产状近水平，破碎。两条断层，宽0.1～0.5m，渗水量0.1～0.3L/s。在断层流水处发生坍方
		6.62	500	C_1断层宽1.6m，C_6断层宽2～3m，雨季滴水增加

续表

工程名称	断面形式	跨度/m	坍方规模/m^3	坍方原因
刘家峡厂房	方圆形	31×60	450	围岩为云母石英片岩，倾向厂房，受挤压破碎带及裂隙切割。坍方发生在边墙
建溪导流洞	椭圆形	18～20	300	围岩为半风化花岗岩，裂隙发育，岩体被切割成块状，裂隙中有水渗出。施工时支撑不及时，放炮震动导致洞顶坍方
官厅输水洞	马蹄形	8	1000	围岩为含燧石条带灰岩，断层宽1.5m，节理破碎带极发育。钻孔压水使岩层恶化，导致坍方
龙亭引水洞	圆形	7.5	600	围岩为花岗斑岩，有宽1m的大裂隙，裂隙内充填风化土和块石，沿裂隙左侧涌水。施工时放炮导致坍方
碧口左岸泄洪洞	圆形	10.5	500	围岩为千枚岩，扭曲破碎，层面与洞轴线交角小于20°。由于锚杆浅，混凝土层太薄，在右拱角发生坍方
	城门洞形	10×12	5000	围岩为千枚岩、凝灰岩，多组断层斜穿洞身，宽9m，断层间夹泥，沿断层有渗水。未及时支护，长期暴露导致全面冒顶
碧口排砂洞	圆形	6.8	500	围岩为千枚岩，与洞轴线近乎平行，层厚0.3m，破碎。应力释放导致两侧向洞内鼓肚，连同锚杆与钢架破坏
南桠河三级引水洞	城门洞形	5.5	1000	围岩为全强风化花岗岩，岩体破碎，F_{150}断层宽6m，斜穿洞身，沿断层有水渗出
			约1000	围岩为花岗岩，F_{241}断层与洞正交，宽1m，F_{239}断层渗水量450～500L/s
			1500	围岩为花岗岩，F_{241}断层与洞轴线交角小于45°，高6m，渗水量很大。先掉碎块，后有大块崩塌
乌江渡导流洞	马蹄形	11	200	围岩为页岩，发育F_{116}、F_{306}断层和NWW向裂隙，断层泥化，渗水量2L/s。开挖3个月未支撑，顶拱坍方

o)　6.10.1　导流明渠及围堰工程勘察应包括下列内容：

2　查明地层岩性特征。基岩区应查明软弱岩层、喀斯特化岩层的分布及其工程地质特性；第四纪沉积物应查明其厚度、物质组成，特别是软土、粉细砂、湿陷性黄土和架空层的分布及其工程地质特性。

〖**摘编说明**〗

导流明渠、施工围堰虽然是水利水电工程施工建设的临时性工程，但对枢纽布置、施工组织设计、工程施工安全影响很大。因此，要重视导流明渠及围堰工程的勘察。

基岩区导流明渠一般存在挖方边坡稳定问题和岩溶渗漏问题；而在第四系沉积物区则存在沉陷、边坡稳定、冲刷等问题。围堰虽然是临时性挡水建筑物，但其沉陷、稳定，渗漏与渗透破坏等与大坝同样重要。

〖**检查要点和方法**〗

工程地质勘察报告中对导流明渠与围堰地质条件的分析与评价。

p)　6.11.1　通航建筑物的工程地质勘察应包括下列内容：

2　岩基上的通航建筑物应查明软岩、断层、层间剪切带、主要裂隙及其组合与地

基、边坡的关系，提出岩土体的物理力学性质参数，评价地基、开挖边坡的稳定性。

3 土基上的通航建筑物应对地基的沉陷、湿陷、抗滑稳定、渗透变形、地震液化等问题作出评价。

〔摘编说明〕

本条涉及通航建筑物安全的沉陷、湿陷、抗滑稳定、渗透变形和地震液化等地质问题。

一般来说，通航建筑物包括船闸和升船机两种类型，其勘察范围除船闸和升船机外，还应包括引航道、上下游码头和两侧边坡等。

〔检查要点和方法〕

工程地质勘察报告中对通航建筑物工程地质条件的分析与评价。

q） **6.12.1 边坡工程地质勘察应包括以下内容：**

2 岩质边坡尚应查明岩体结构类型，风化、卸荷特征，各类结构面和软弱层的类型、产状、分布、性质及其组合关系，分析对边坡稳定的影响。

〔摘编说明〕

岩质边坡一般高度大，地质条件复杂。本条涉及水利水电工程中岩质边坡稳定性的内容。

水利水电工程建设中边坡类型多，高度大，运行条件复杂，常常成为工程设计和运行中的重大问题，也是工程地质勘察中的重点和难点问题之一。

〔检查要点和方法〕

工程地质勘察报告中对边坡稳定性的分析与评价。

r） **6.13.1 渠道勘察应包括下列内容：**

3 查明渠道沿线含水层和隔水层的分布，地下水补排关系和水位，特别是强透水层和承压含水层等对渠道渗漏、涌水、渗透稳定、浸没、沼泽化、湿陷等的影响以及对环境水文地质条件的影响。

4 查明渠道沿线地下采空区和隐藏喀斯特洞穴塌陷等形成的地表移动盆地，地震塌陷区的分布范围、规模和稳定状况，并评价其对渠道的影响。对于穿越城镇、工矿区的渠段，还应探明地下构筑物及地下管线的分布。

〔摘编说明〕

渠道对环境水文地质条件的影响主要表现在两方面：一是渠道渗漏可能导致一定范围内的地下水位升高，使渠外产生浸没、沼泽化等；二是深挖方渠道切穿较强含水层后，成为地下水排泄的通道，导致附近地下水位下降，影响当地居民生活与生产用水。

渠道通过地下采空区和隐蔽喀斯特洞穴等形成的地表移动盆地时，渠道可能受地表移动盆地变形的影响而产生破坏。渠水灌入地表移动盆地后，可能会进一步加剧地表移动盆地的变形，并引起环境地质和环境水文地质条件的变化。

〖检查要点和方法〗

工程地质勘察报告中有关渠道渗漏与涌水及其对环境水文地质条件的影响评价，地表移动盆地与渠道的相互影响评价。

s)　**6.14.1　水闸及泵站勘察应包括以下内容：**

1　查明水闸及泵站场址区的地层岩性，重点查明软土、膨胀土、湿陷性黄土、粉细砂、红黏土、冻土、石膏等工程性质不良岩土层的分布范围、性状和物理力学性质，基岩埋藏较浅时应调查基岩面的倾斜和起伏情况。

3　查明场址区滑坡、潜在不稳定岩体以及泥石流等物理地质现象。

〖摘编说明〗

一般来说，当第四纪沉积物作为水闸或泵站地基时，勘察主要是解决地基强度、沉陷、不均匀变形、渗透稳定、开挖边坡、基坑排水等问题；当基岩作为水闸或泵站地基时，地基强度及变形问题不突出，勘察主要是查明岩体结构、地质构造及岩体风化、卸荷情况等。因此，在工程地质勘察时应各有侧重。

场址附近的滑坡、潜在不稳定岩体和泥石流等对水闸泵站具破坏作用，有时会造成严重的突发事件，不仅影响水闸泵站的安全运行，还会危及人员的生命。

〖检查要点和方法〗

工程地质勘察报告中有关水闸泵站地基评价。

〖案例分析〗

如鄂州樊口大闸右侧山坡上分布的滑坡，滑体厚度 6m 左右，体积约 2.6 万 m^3，滑体物质为碎块石及黏土。滑带物质为黄色黏土或灰黑色黏土夹小碎块，滑带厚 15～25cm。滑坡整体失稳，将直接堵塞船闸下游航道，并危及船闸导航墙安全，必须采取有效的治理措施或予以挖除。

t)　**6.15.1　深埋长隧洞勘察除应符合本规范第 6.9.1 条的有关规定外，尚应包括下列内容：**

1　基本查明可能产生高外水压力、突涌水（泥）的水文地质、工程地质条件。

2　基本查明可能产生围岩较大变形的岩组及大断裂破碎带的分布及特征。

3　基本查明地应力特征，并判别产生岩爆的可能性。

4　基本查明地温分布特征。

〖摘编说明〗

深埋长隧洞工程有其自身的特点，地应力水平较高，地层岩性多变，同时可能会存在突涌水（泥）、岩体大变形、有害有毒气体、高地温、高地应力及岩爆等工程地质问题。

长隧洞的定义是和施工方法有关的，本规范规定“钻爆法施工长度大于 3km 的隧洞；TBM 法施工长度大于 10km 的隧洞”均属长隧洞。深埋隧洞是指埋深大于 600m 的隧洞。

深埋长隧洞由于埋深大、洞线长，又常常位于山高坡陡地区，工程地质勘察难度极大。限于当前技术水平，还没有成熟、可靠的勘察手段和方法。

广泛收集已有的各种比例尺的地质图和航、卫片资料，充分利用航、卫片解译技术；对已建工程进行调研，总结已有工程经验，进行工程地质类比分析，是一项重要工作。

重视工程地质测绘工作，必要时进行较大范围的测绘和对重要地质现象进行野外追踪，对地质问题的宏观判断极为重要。常规的物探方法对深部地质体的探测效果不理想。近些年来，国内一些单位进行了有益的尝试，如黄河勘测规划设计有限公司、中水北方勘测规划设计有限公司和铁道部第一勘测规划设计研究院等采用多种物探方法包括可控源音频大地电磁测深（CSAMT）和大地电磁频谱探测（MD）等方法，对深部地质结构进行探测，取得了一些成果。

钻探是最常用的勘探手段，但对于深埋长隧洞线路钻孔深度大，而有效进尺少，因此利用率很低。另外，深埋长隧洞工程区通常是高山峡谷地区，交通不便，实施钻探困难，无法规定钻孔的间距。但选择合适位置布置深孔是必要的，在孔内应尽可能地进行地应力、地温、地下水位、岩体渗透性等测试，以取得更多的资料。

〖检查要点和方法〗

工程地质勘察报告中对隧洞围岩稳定性、施工过程中突（涌）水（泥）、围岩变形较大的洞段、地温异常、岩爆以及有害气体等问题的分析与评价。

u)　6.19.2　移民新址工程地质勘察应包括下列内容：

2　查明新址区及外围滑坡、崩塌、危岩、冲沟、泥石流、坍岸、喀斯特等不良地质现象的分布范围及规模，分析其对新址区场地稳定性的影响。

3　查明生产、生活用水水源、水量、水质及开采条件。

〖摘编说明〗

移民选址工程地质勘察的中心任务是：确保所选新址稳定、安全，在建设和使用过程中，不会发生危及新址安全的重大环境地质问题，勘察的重点是新址场地的稳定性及外围有无崩塌、滑坡、泥石流等对新址安全不利的地质灾害。

水是生命之源，移民新址工程地质勘察中应把生产与生活用水作为一项重要内容，以保证新址区人民的生产与生活正常进行。

〖检查要点和方法〗

工程地质勘察报告中对新址场地的稳定性及外围崩塌、滑坡、泥石流等危及新址安全的地质灾害的评价，水源地的水质、水量是否符合有关标准。

〖案例分析〗

在新址区场地稳定性、建筑适宜性初步评价方面，三峡工程移民选址工程积累了一些经验。根据新址区的主要工程地质条件和地表改造程度，将场地的稳定性划分为5类，即稳定区（A）、基本稳定区（B）、潜在非稳定区（C）、非稳定区（D）和特殊地质问题区（E），详见表2-5。根据新址区的地形坡度、地基强度、场地稳定程度、对外交通和城镇排水状况，将场地的建筑适宜程度划分为5类，即最佳建筑场地区（Ⅰ）、良好建筑场地区（Ⅱ）、一般建筑场地区（Ⅲ）、不宜建筑场地区（Ⅳ）和特殊地质问题场地区（Ⅴ），见表2-6。

表2-5　　三峡工程移民选址场地稳定程度分区

场地稳定程度类别	主要工程地质条件	地表改造程度
稳定区（A）	地层岩性相对均一，产状稳定且平缓；地层倾向山体且反倾裂隙不发育；地层倾向坡外但坡脚没有临空面；地层走向与坡面走向夹角大	无
基本稳定区（B）	地层岩性比较复杂，但产状比较稳定；地层倾向山体且反倾裂隙不甚发育；地层倾向坡外，仅局部坡脚存在临空面；地层走向与坡面走向夹角大于30°	弱
潜在非稳定区（C）	地层岩性比较复杂，但产状比较稳定；地层倾向山体且反倾裂隙不甚发育；地层倾向坡外，仅局部坡脚存在临空面；地层走向与坡面走向夹角小于30°	较强
非稳定区（D）	地层岩性复杂，产状不稳定；地层倾向山体且反倾裂隙发育；地层倾向坡外，坡脚存在临空面；地层走向与坡面走向夹角小于30°	强
特殊地质问题区（E）	古滑坡体、近代滑坡体、近代有变形迹象的崩坡积与冲洪积层，近代崩塌错落体，岩溶塌陷，落水洞，暗河，特殊类土，采空区，泥石流区	极强

注：地表改造是指人工边坡开挖、人工填土加载、人工改造地表水系等。

表2-6　　三峡工程移民选址场地建筑适宜程度分区

建筑适宜程度类别	地形坡度/(°)	地基强度/kPa	场地稳定程度类别	对外交通状况	城镇给排水状况
最佳建筑场地区（Ⅰ）	≤10	≥120	稳定区（A）	良好	良好
良好建筑场地区（Ⅱ）	10～15	100～120	基本稳定区（B）	好	好
一般建筑场地区（Ⅲ）	15～20	100～120	潜在非稳定区（C）	较好	较好
不宜建筑场地区（Ⅳ）	≥20	≤100	非稳定区（D）	一般	一般
特殊地质问题场地区（Ⅴ）			特殊地质问题区（E）		

v)　**9.4.1　渗漏及渗透稳定性勘察应包括下列内容：**

1　土石坝坝体渗漏及渗透稳定性应查明下列内容：

1）坝体填筑土的颗粒组成、渗透性、分层填土的结合情况，特别是坝体与岸坡接合部位填料的物质组成、密实性和渗透性。

2）防渗体的颗粒组成、渗透性及新老防渗体之间的结合情况，评价其有效性。

5）坝体下游坡渗水的部位、特征、渗漏量的变化规律及渗透稳定性。

6）坝体塌陷、裂缝及生物洞穴的分布位置、规模及延伸连通情况。

2　坝基及坝肩岩土体渗漏及渗透稳定性勘察应查明下列内容：

4）古河道及单薄分水岭等的分布情况。

5）两岸地下水位及其动态，地下水位低槽带与漏水点的关系。渗漏量与库水位的相关性。

〔摘编说明〕

本条是病险水库除险加固初步设计阶段工程地质勘察中渗漏及渗透稳定性主要的勘察内容。在病险水库中，渗漏与渗透稳定是主要险种之一，也是影响大坝安全的主要问题。

我国病险水库除险加固始于淮河流域“75·8”大洪水之后。1976—1985 年的 10 年间，对 65 座大型水库进行了除险加固；1986—1998 年，分两批对 81 座重点大中型水库进行了除险加固。

1998 年大洪水后，水利部组织编制了《全国病险水库除险加固专项规划报告》。根据《水库大坝安全鉴定办法》中的安全分类，一类水库 26052 座，二类水库 27262 座，三类水库 30413 座。三类水库即为病险水库，约占全国水库总数的 36%，其中大型水库 145 座，中型水库 1118 座，小（1）型水库 5410 座，小（2）型水库 23740 座。病险水库的病险主要有：防洪标准低、抗震标准低、大坝稳定性差、坝体坝基渗漏严重、输放水及泄洪建筑物老化破坏较为普遍、金属结构及机电设备不能正常运转、管理设施与观测设备等不完善。

病险水库的渗漏与渗透稳定问题分为坝体渗漏、坝基渗漏和绕坝渗漏。坝体渗漏的原因通常有填筑物质不合格、碾压密实度不足、防渗体失效、后期生物破坏等；坝基渗漏与绕坝渗漏则与坝基与两岸坝肩处理失效、处理不当或未处理有关。

〔检查要点和方法〕

工程地质勘察报告中对坝体、坝基、坝肩等渗漏及渗透稳定性的分析与评价。

w)　9.4.3　不稳定边（岸）坡勘察应查明下列内容：

2　不稳定边坡的分布范围、边界条件、规模、地质结构和地下水位。

3　潜在滑动面的类型、产状、力学性质及与临空面的关系。

〔摘编说明〕

病险水库中的不稳定边（岸）坡包括坝前库区岸坡、溢洪道和放水洞进出口岸坡。岸坡滑塌往往导致水流出路的堵塞，造成泄洪不畅而引发险情。

该条文中所列内容为控制边坡稳定的主要地质因素，应在不稳定边坡勘察中查明。

〔检查要点和方法〕

工程地质勘察报告中对不稳定边（岸）坡稳定性的分析与评价。

x)　9.4.5　坝（闸）基及坝肩抗滑稳定勘察应查明下列内容：

1　地层岩性和地质构造，特别是缓倾角结构面及其他不利结构面的分布、性质、延伸性、组合关系及与上、下岩层的接触情况，确定坝（闸）基及坝肩稳定分析的边界条件。

3　坝体与基岩接触面特征。

〔摘编说明〕

坝基及坝肩的抗滑稳定问题是病险水库除险加固中重要的地质问题，对大坝的运行安全至关重要。

当病险水库存在坝基或坝肩抗滑稳定问题时，应从地层岩性、地质构造和不利结构面等几方面来分析。

〖检查要点和方法〗

工程地质勘察报告中对坝基、坝肩抗滑稳定性的分析与评价。

y)　9.4.8　坝体变形与地基沉降勘察应包括下列内容：

1　查明土石坝填筑料的物质组成、压实度、强度和渗透特性。

2　查明坝体滑坡、开裂、塌陷等病害险情的分布位置、范围、特征、成因，险情发生过程与抢险措施，运行期坝体变形位移情况及变化规律。

3　查明地基地层结构、分布、物质组成，重点查明软土、湿陷性土等工程性质不良岩土层的分布特征及物理力学特性，可溶岩区喀斯特洞穴的分布、充填情况及埋藏深度。

〖摘编说明〗

坝体变形在病险水库除险加固中是比较常见的问题，它直接影响到大坝的安全。

坝体变形与地基沉降均表现为坝体滑坡、开裂或塌陷等。导致大坝滑坡的因素很多，如坝壳砂料级配不良、未进行碾压或碾压不实、坝坡过陡、未清基或清基不彻底、护坡无垫层、新老土层结合不好等。大坝塌陷的原因有反滤料级配不良、管涌、坝内埋管受压断裂等。因此其勘察应同时查明坝体填筑料及其压实度、强度、渗透特性和坝基地质缺陷。

〖检查要点和方法〗

工程地质勘察报告中对坝体变形与地基沉降的分析与评价。

2-0-2　《中小型水利水电工程地质勘察规范》SL 55—2005

a)　5.2.9　溶洼水库和溶洞水库勘察应包括下列内容：

3　查明库盆区主要消水洞穴（隙）的分布位置、性质、规模及与库外连通程度，被掩埋的地面塌坑、溶井和其他消泄水点情况等。

5　查明堵体部位覆盖层的类型、性质和厚度，喀斯特洞隙发育规律和管道枝叉的连通情况。在利用洞周岩壁挡水时，应调查洞周岩壁的完整情况、有效厚度及其支承稳定性。

〖摘编说明〗

该条文中所列内容是涉及溶洼水库和溶洞水库成败的关键问题，因此应作为该类工程勘察的重中之重。

溶洼水库和溶洞水库是南方可溶岩地区常见的一种特殊类型的中小型水利水电工程。其特点是：以喀斯特地表与地下水流作为主要水源，利用溶蚀洼地和溶洞作为主要库盆，依靠堵塞暗河溶洞或落水洞口形成堵体蓄水。这类工程既有一般可溶岩区水利水电工程所遇到的问题，又有因其特定的地貌和地质环境所带来的一些专门地质问题。

〔检查要点和方法〕

工程地质勘察报告中对成库条件的分析与评价是否满足要求。

b)　6.3.5　对施工中可能遇到危及施工或建筑物安全的有关地质现象，应及时进行预测和预报，其重点内容是：

1　根据基坑开挖所揭露的土层情况，预测软土、湿陷性黄土、膨胀土等特殊土层的分布位置、高程、厚度，及可能发生的边坡滑动、塌陷、基坑涌水、涌砂和地基顶托等不利现象。

2　预测洞室掘进中可能遇到的重大塌方、碎屑流、突水或其他地质灾害发生的部位。

3　根据边坡开挖后所揭露的岩土性质和不利结构面的分布情况，预测边坡失稳的可能性及其边界条件，对施工期的监测提出建议。

〔摘编说明〕

施工期间，对可能发生的危及施工或建筑物安全的有关地质现象进行正确地预测预报，可以避免危及施工人员安全、保证工程顺利实施。

预测预报要建立在对地质条件准确把握的基础上，基坑工程的预测预报要根据特殊土层的分布、地下水情况做出，特别是存在承压水的情况下。洞室的预测预报要根据洞室围岩的地质条件和地下水情况做出，特别是断层破碎带、裂隙密集带、溶洞、岩石强度等。边坡失稳除与地质条件有关外，往往还与大气降水和人工处置不当有关。

〔检查要点和方法〕

检查施工地质日志、简报和施工地质报告中是否有相关内容的分析与预报。

2－0－3　《堤防工程地质勘察规程》SL 188—2005

a)　4.3.1　新建堤防的勘察应包括下列内容：

4　查明堤基相对隔水层和透水层的埋深、厚度、特性及与江、河、湖、海的水力连系，调查沿线泉、井分布位置及其水位、流量变化规律，查明地下水与地表水的水质及其对混凝土的腐蚀性。

5　基本查明堤线附近埋藏的古河道、古冲沟、渊、潭、塘等的性状、位置、分布范围，分析其对堤基渗漏、稳定的影响。

〔摘编说明〕

本条是涉及堤防渗透稳定的条文，堤防主要的破坏形式之一就是渗透破坏。

堤防的渗透稳定是和堤防附近水文地质条件紧密相关的，特别是埋藏的古河道、古冲沟等。而堤防附近的渊、潭、塘不仅破坏相对不透水盖层，导致渗透破坏的发生，而且在软土分布区还可导致堤基失稳。

〔检查要点和方法〕

工程地质勘察报告中对新建堤防抗滑稳定与渗漏、渗透变形的分析与评价。

b)　4.3.2　已建堤防加固工程的勘察除应满足本标准4.3.1条的规定外，还应包括下

列内容：

1　复核堤基险情隐患分布位置、范围、特征，调查堤外滩地形、微地貌特征和宽度，堤内决口冲刷坑和决口扇分布位置、范围等。

2　查明拟加固堤段堤基临时堵体、决口口门淤积物等的分布位置、特征等，查明因出险而引起的堤基地质条件变化情况。

〖摘编说明〗

本条涉及已建堤防稳定问题。已建堤防多数已有几十年甚至上百年的历史，经受过多次洪水的考验。因此，险情的位置、范围、特征等基本上能说明出险地段的地质条件，在工程地质条件评价中，将二者有机地结合起来，综合分析是非常必要的。

〖检查要点和方法〗

工程地质勘察报告中对已建堤防渗漏与渗透变形分析中是否将险情与地质条件有机地结合起来。

c)　4.3.3　涵闸工程的勘察应包括下列内容：

3　查明闸基透水层、相对隔水层的厚度、埋藏条件、渗透特性及其与地表水体的水力连系，地下水位及其动态变化，地下水及地表水质并评价其对混凝土的腐蚀性。

4　查明闸址处埋藏的古河道、古冲沟、土洞等的特性、分布范围，危及涵闸的滑坡、崩塌等物理地质现象的分布位置、规模和稳定性，评价其对闸基渗漏、稳定的影响。

〖摘编说明〗

穿堤建筑物——涵闸，与堤防一道起着防御洪水的作用，渗漏与渗透变形也是其主要工程地质问题，因此与之有关的地质条件要查明。

〖检查要点和方法〗

工程地质勘察成果中对闸基工程地质与水文地质条件的评价内容。

d)　4.3.4　堤岸的勘察应包括下列内容：

2　基本查明拟护堤岸段岸坡的地质结构、各地层的岩性、空间分布规律，评价其抗冲性能，确定各土（岩）层的物理力学参数，注意特殊土层、粉细砂层等的分布情况及其性状，不利界面的形态。

〖摘编说明〗

堤岸，特别是外滩较窄的堤岸，一旦失稳会危及堤防的安全，甚至堤防溃决。

初步设计阶段堤岸的勘察是针对稳定条件较差、需要防护的岸段进行的。因堤岸段岸坡冲淤频繁，且工程对地质条件要求不高，勘察工作只需做到“基本查明”。除了岸坡的地质条件外，河势的情况对岸坡的稳定性影响很大，所以应重视对河势情况的调查。

不利界面是指上覆土体易沿其产生滑坡的结构面，如：新老土层接触面、基岩面、岸坡土体中的软弱土层等。

〖检查要点和方法〗

工程地质勘察成果中对堤岸地质结构、各岩土层的抗冲性能、对堤岸稳定有影响的不利结构面等条件的评价。

e) 5.3.13 钻孔完成后必须封孔（长期观测孔除外），封孔材料和封孔工艺应根据当地实际经验或试验资料确定。

〖摘编说明〗

堤防的钻探封孔是一项非常重要的工作。如果忽视封孔质量，汛期洪水来临时，洪水通过含水层从钻孔冒出，容易产生渗透破坏，危及堤防的安全。

堤防钻探封孔方法是多种多样的，各地堤防管理部门的要求也不尽相同。目前，普遍采用的有黏土球封孔、水泥砂浆封孔和岩芯回填。

黏土球封孔是长江水利委员会和湖北省水利厅共同研究出的行之有效的钻探封孔方法。其原则是“以土还土，以砂还砂”，即：根据钻孔地层结构确定封孔用材料，砂层段用粗砂封孔，细粒土段用黏土球封孔。其目的是保持堤基原有的天然渗流场不变。为了保证封孔回填土的密实度，每次回填土量应严格控制（根据钻孔孔径计算），以单次回填高度不超过1m为原则。砂土回填1m后，应用钻杆捣实；黏土球回填后，应用击实器击实，原则上应将1m高的黏土球击实到0.3m高，以保证黏土球被击碎，不留空隙。用以制作黏土球的土以粉质黏土为宜，黏土球直径2cm左右，风干。投入黏土球时，一次投入量不宜过多，以免黏土球堵在钻孔中间，造成下部孔段架空。该方法应用多年，实践证明效果良好。

水泥砂浆封孔是在钻孔完成后，一次性将水泥砂浆注入孔内，将钻孔充满。该方法的缺点是：水泥砂浆在凝固过程中会收缩，使水泥砂浆形成的水泥柱与孔壁脱开并有一定间隙；在水泥砂浆凝固过程中，其中的较粗粒下沉较快，从而形成下部以粗砂为主，上部以水泥为主的现象。岩芯回填的方法难以保证封孔质量，不宜全孔采用。

〖检查要点和方法〗

检查封孔记录表格中的封孔方法、封孔回填材料是否满足要求、相关责任人签名等，施工单位对封孔的检查记录，检查中发现的问题是如何处理的。

〖案例分析〗

20世纪80年代，在长江中游的荆江大堤内进行石油勘探中未注重封孔质量，在汛期堤防挡水时，导致因封孔质量问题沿钻孔发生管涌，所幸防汛抢险及时得当，未造成大的损失。

f) 8.0.2 天然建筑材料产地的选择，应符合下列原则：

3 土料产地距堤脚应有一定的安全距离，严禁因土料开采引起堤防渗透变形和抗滑稳定问题。

〖摘编说明〗

筑堤土料一般沿堤线就近开采，但这可能会带来两个问题：一是当下部存在相对透水层时，土料开采减薄了上覆相对不透水层的有效厚度，汛期堤防挡水时，在取土坑处会产生渗透破坏；二是在软土分布区，地表往往分布有硬壳层，挖除硬壳层后，可能导致堤防发生抗滑稳定问题。

由于各地堤防的地质条件和挡水条件千差万别，如：相对透水层和相对不透水层的渗透性和厚度、软土层和硬壳层的强度和厚度、汛期高水位持续的时间等均不相同，因此，不能对于堤防的保护范围提出统一的固定数值，各地应根据本地的具体情况确定。如：湖北省规定距堤内脚1km、距堤外脚0.5km范围内不准取土；浙江省规定海堤距堤脚50m范围内不准取土破坏硬壳层；美国规定密西西比河流域在距堤脚30m范围内不准取土。

〖检查要点和方法〗

检查天然建筑材料分布图料场距堤防的距离是否满足当地有关规定的要求。

2-0-4 《水利水电工程钻探规程》SL 291—2003

a) 12.3.1 钻孔竣工验收后应按技术要求进行封孔，应采用32.5级以上水泥配制砂浆封孔，但小口径钻孔要用水泥浆封孔。

〖摘编说明〗

本条是涉及水利水电工程安全的条文，为保证基础底面扬压力不致因钻孔而升高，或不引起其他水文地质问题。

封闭钻孔方法：深度小于20m的干孔可直接从孔口投入稠水泥浆，有水钻孔则必须下入导浆管，管口距孔底距离应小于0.5m，然后用泵入法进行灌浆。水灰比宜为0.5～0.6。采用注入法进行灌浆时，浆液升高到一定高度后，可逐渐提起导浆管，但管脚不得超过浆液面。

〖检查要点和方法〗

检查封孔记录中封孔方法、封孔所用材料、封孔程序等是否符合规定。

2-0-5 《水利水电工程施工地质勘察规程》SL 313—2004

a) 4.3.2 施工地质预报应包括下列内容：

1 与原设计所依据的地质资料和结论有较大出入的工程地质条件和问题。

2 基坑可能出现的管涌、流土或大量涌水。

〖摘编说明〗

本条是对地面建筑基坑而规定的，对于施工开挖揭露的地质条件，如与原设计所依据的有较大出入，则施工单位对可能存在的地质问题及其可能引发的突发事件没有充分的准备，因此施工地质预报应及时、准确，为施工采取正确合理的方案做好准备。

基坑出现渗透破坏或大量涌水，往往会造成基坑被淹，甚至导致基坑破坏的严重后果。应根据水文地质条件做出预报。

〖检查要点和方法〗

首先检查施工过程中有无上述两个问题存在；如存在，则检查施工地质简报或其他资料中对其是否进行了预报。

b) **5.1.1 岩质洞室围岩地质巡视内容应包括基本地质条件，并应侧重以下方面：**

9 在深埋洞段或高地应力区，收集地应力测试资料，调查片帮、岩爆、内鼓、弯折变形地段的地质条件，观察记录片帮、岩爆的规模、延续时间、岩块大小、形状及岩爆发生时间与施工掘进的关系。

10 在地温异常区，收集地温和洞温资料。

12 在有害气体赋存区的洞段，收集有害气体监测资料。

〖摘编说明〗

本条规定，首先是岩爆方面的，其次是地热方面的，最后是有害气体方面的，都是涉及施工人员人身安全的条文。

本条侧重于这些地质问题出现后资料的搜集，在此之前已对这些问题有了具体的了解，但对其危害的严重程度还没有定量的评价。搜集这些资料是为了全面分析问题。

〖检查要点和方法〗

检查施工地质日志有无这方面的记录。

c) **5.3.1 遇下列情况时，应进行超前地质预报：**

1 深埋隧洞和长隧洞。

2 开挖揭露的地质情况与前期工程地质勘察资料有较大出入。

3 预计开挖前进方向可能遇到重大不良地质现象（断层破碎带、喀斯特、软弱层带、含有害气体的地层、突泥、突水等）。

〖摘编说明〗

本条涉及施工人员人身安全和施工的安全顺利进行两方面内容。内容着重于预报的超前性，为合理施工方案的制定及其实施争取时间，以确保工期与安全。

〖检查要点和方法〗

检查施工地质日志、简报等，有无这方面的记录。

d) **5.3.2 遇下列现象时，应对其产生原因、性质和可能的危害作出分析判断，并及时进行预报：**

1 围岩不断掉块，洞室内灰尘突然增多，支撑变形或连续发出响声。

2 围岩顺裂缝错位、裂缝加宽、位移速率加大。

3 出现片帮、岩爆或严重鼓胀变形。

4 出现涌水、涌沙、涌水量增大、涌水突然变浑浊现象，地下水化学成分产生明显变化。

5 干燥岩质洞段突然出现地下水流，渗水点位置突然变化，破碎带水流活动加剧，土质洞段含水量明显增大。

6 地温突然发生变化，洞内突然出现冷空气对流。

7 钻孔时，纯钻进速度加快且钻孔回水消失、经常发生卡钻。

〔摘编说明〕

本条涉及施工人员在地下开挖工程中的人身安全，列举的 7 项地质现象都是地下开挖工程中围岩失稳或突水、突泥的先兆，应立即预报。

〔检查要点和方法〕

检查施工地质日志、简报等，有无这方面的记录。

e)　**5.3.3　施工地质预报应包括下列内容：**

1　未开挖洞段的地质情况和可能出现的工程地质问题。

2　可能出现坍塌、崩落、岩爆、膨胀、涌沙、突泥、突水的位置、规模及发展趋势，含有害气体地层的位置。

〔摘编说明〕

本条列举了地下开挖工程可能遇到的所有地质问题。在工程施工过程中，这些问题常常造成安全事故，严重威胁施工人员的生命安全。

〔检查要点和方法〕

检查施工地质日志、简报等，有无这方面的记录。

f)　**6.3.1　遇下列现象时，应对这些现象的产生原因、性质和可能的危害作出分析判断，并及时进行预报：**

1　边坡上不断出现小塌方、掉块、小错动、弯折、倾倒、反翘等现象，且有加剧趋势。

2　边坡上出现新的张裂缝或剪切裂缝，下部隆起、胀裂。

3　坡面开裂、爆破孔错位、原有裂隙扩展和错动。

4　坡面水沿裂隙很快漏失，沿软弱结构面的湿度增加。

5　地下水水位、出露点的流量突变，出现新的出露点，水质由清变浑。

6　边坡变形监测数据出现异常。

7　土质边坡出现管涌、流土等现象。

〔摘编说明〕

在边坡工程施工过程中，这些现象的出现常常预示着边坡失稳，如不及时预报，可能造成安全事故，严重威胁施工人员的生命安全。

〔检查要点和方法〕

检查施工地质日志、简报等，有无这方面的记录。

g)　**6.3.2　施工地质预报应包括下列内容：**

1　边坡中可能失稳岩（土）体的位置、体积、几何边界和力学参数。

2　边坡可能的变形和失稳的形式、发展趋势及危害程度。

〔摘编说明〕

边坡工程施工过程中，如何及时、准确地处理变形，防止可能发生的失稳，是保证边坡工程顺利施工，确保施工安全的重要举措。本条所列内容是保证边坡加固具有针对性、有效性、科学性的基础。

〖检查要点和方法〗

检查施工地质日志、简报等，有无这方面的记录。

h） 7.3.2 施工地质预报应包括下列内容：

1 与原设计所依据的地质资料和结论有较大出入的工程地质条件和问题。

2 可能产生异常涌水、涌沙的部位。

〖摘编说明〗

本条是岩土体防渗与排水方面的内容，是为保证工程安全必须关注的问题。与原设计所依据的地质资料和结论有较大出入的工程地质条件和问题，指的是由于地质条件与预计的不同，需要对防渗与排水措施进行调整。

〖检查要点和方法〗

检查施工地质日志、简报等，有无这方面的记录。

2-0-6 《水利水电工程物探规程》SL 326—2005

a） 4.10.3 资料解释应符合下列要求：

4 环境γ辐射防护应以正当化、最优化和个人剂量限值的综合防护为原则，摒弃阈值的观念，避免不必要的照射，辐射防护标准应依据 GB 18871 执行。

〖摘编说明〗

环境放射性辐射控制标准应符合 GB 18871《电离辐射防护与辐射源安全基本标准》的规定。从事非辐射工作的人员，年有效剂量当量不超过 1mSv。如果按终生剂量平均的年有效剂量当量不超过 1mSv，则在某些年份里允许以每年 5mSv 作为剂量限值。

对于一项实践，只有在考虑了社会、经济和其他有关因素之后，其对受照个人或社会所带来的利益足以弥补其可能引起的辐射危害时，该实践才是正当的。

对于来自任一特定源的照射，应使防护与安全最优化，使得在考虑了经济和社会因素之后，个人受照剂量的大小、受照射的人数以及受照射的可能性均保持在可合理达到的尽量低水平；这种最优化应以该源所致个人剂量和潜在照射危险分别低于剂量约束和潜在照射危险约束为前提。

阈值是这样一个值，当累积受辐射量超过该值时，某个器官就会发生病变。当然，不同的器官，不同的病变，阈值是不同的；即使是同一器官，同样的病变，对不同的人也是不一样的。比如产生脱发的阈值为 3Slv，产生永久性不孕不育的阈值为 8Slv。

〖检查要点和方法〗

检查物探成果中关于辐射防护是否符合本条规定。

3 工 程 规 划

水利工程规划的主要任务是根据流域规划的要求以及工程开发的可能条件，从政治、经济、技术和环境保护等方面综合分析，提出工程开发任务，初步确定工程规模，拟定运用方案和估计工程效益等。本章共分流域（区域）规划和防洪标准节，涉及3项技术标准，强制性条文共11条，详见表3-1。

表3-1　　工程规划部分涉及技术标准汇总表

序号	标 准 名 称	标准编号	强条数
1	防洪标准	GB 50201—2014	9
2	河道整治设计规范	GB 50707—2011	1
3	农田水利规划导则	SL 462—2012	1

3-1 流域（区域）规划

3-1-1 《农田水利规划导则》SL 462—2012

a) 5.3.5 在血吸虫病疫区及其可能扩散影响的毗邻地区，农田水利规划应包括水利血防措施规划。

1 从有钉螺水域引水的涵闸、泵站，应设置沉螺池等防螺工程措施。

2 在堤防工程规划中，堤身应设防螺平台，并采用硬化护坡等工程措施；应填平堤防管理范围内的坑塘、洼地；堤防临湖滩地的宽度大于200mm时，应在堤防管理范围以外，设置防螺隔离沟。

3 灌溉渠道应因地制宜地选用渠道硬化、暗渠、暗管、在上下级渠道衔接处设沉螺池等工程措施。

〖摘编说明〗

在血吸虫病疫区实施农田水利工程可能引起血吸虫病疫扩散，实施水利血防措施是血吸虫病综合防治措施体系的重要组成部分，在编制农田水利规划时，包括水利血防措施规划是必要的。

在血吸虫病病疫区及其可能扩散影响的毗邻地区，农田水利规划应包括水利血防措施规划，可单独成章（节）。水利防螺、灭螺的规划要求和设计方法应执行SL 318—2011《水利血防技术规范》中的有关规定。

水利血防规划坚持工程措施与非工程措施相结合，坚持综合防治、因地制宜、突出重点为原则，根据各地的具体条件采取相应的水利血防措施，避免因为修建水利工程造成血吸虫病扩散，从源头上切断传染、扩散的渠道与流行的可能。

〔检查要点和方法〕

血吸虫病病疫区在不同区域的疫情、防治情况、水利工程情况等有一定差别，不同的地区需针对性采取不同的水利血防综合措施。

确定的血吸虫病病疫区及其可能扩散影响地区的范围是否合理；水利血防措施规划内容是否全面，措施是否得当。

3-2 防 洪 标 准

防洪标准是防洪保护对象达到防御洪水的水平或能力。防洪标准的高低，与防洪保护对象的重要性、洪水灾害的严重性及其影响直接相关，并与国民经济的发展水平相联系。国家根据需要与可能，对不同保护对象颁布了不同的防洪标准。

3-2-1 《防洪标准》GB 50201—2014

a) 5.0.4 当工矿企业遭受洪水淹没后，可能爆炸或导致毒液、毒气、放射性等有害物质大量泄漏、扩散时，其防洪标准应符合下列规定：

1 对于中、小型工矿企业，应采用本标准表5.0.1中Ⅰ等的防洪标准；

2 对于特大、大型工矿企业，除采用本标准表5.0.1中Ⅰ等的上限防洪标准外，尚应采取专门的防护措施；

3 对于核工业和与核安全有关的厂区、车间及专门设施，应采用高于200年一遇的防洪标准。

表5.0.1 工矿企业的防护等级和防洪标准

防护等级	工矿企业规模	防洪标准［重现期（年）］
Ⅰ	特大型	200～100
Ⅱ	大型	100～50
Ⅲ	中型	50～20
Ⅳ	小型	20～10

注 各类工矿企业的规模按国家现行规定划分。

〔摘编说明〕

对于遭受洪水淹没会引起爆炸，导致有害物质大量泄漏，或造成重大人身伤亡的工矿企业，其防洪安全比一般的工矿企业更为重要，因此将此条定为强制性条文。

核工业企业和与核安全有关的厂区、车间及专门设施，一旦失事，将对周围人体和环境带来异常严重的放射性污染，应确保其防洪安全，这是参照国外和我国的现状制订的。鉴于核电厂的重要性，在本标准 7.2 节中做了专门规定。

〖检查要点和方法〗

检查工矿企业的防洪标准是否与企业规模相一致，对于特大、大型工矿企业，还应检查是否有专门的防护措施，其防洪措施是否得当。

b)　6.1.2　经过行、蓄、滞洪区铁路的防洪标准，应结合所在河段、地区的行、蓄、滞洪区的要求确定，不得影响行、蓄、滞洪区的正常运用。

c)　6.2.2　经过行、蓄、滞洪区公路的防洪标准，应结合所在河段、地区的行、蓄、滞洪区的要求确定，不得影响行、蓄、滞洪区的正常运用。

e)　6.5.4　经过行、蓄、滞洪区的管道工程的防洪标准，应结合所在河段、地区的行、蓄、滞洪区的要求确定，不得影响行、蓄、滞洪区的正常运用。

〖摘编说明〗

行、蓄、滞洪区是我国主要江河防洪体系的重要组成部分，如果行、蓄、滞洪区内存在碍洪设施，在发生大洪水或特大洪水需要进行行洪或分洪运用时，这些碍洪设施将影响行、蓄、滞洪区正常功能的发挥，从而增加干流河道的防洪压力，有可能造成不必要的洪水灾害，给人民生命财产带来重大损失。因此，经过行洪和蓄、滞洪区的铁路或公路各类建筑物、构筑物，除了要保护各类建筑物、构筑物自身的防洪安全外，还要考虑所在行、蓄、滞洪区的防洪运用要求和安全。当铁路或公路的防洪标准高于所在河段、地区的行、蓄、滞洪区的防洪标准时，应按铁路或公路的防洪要求确定其防洪标准；反之，应按行、蓄、滞洪区的防洪运用要求确定铁路或公路的防洪标准，以保证行、蓄、滞洪区的正常运用。

〖检查要点和方法〗

检查有关流域综合规划、防洪规划中确定的铁路或公路所在河段、地区的行、蓄、滞洪区的防洪标准，及经过行、蓄、滞洪区铁路或公路的设计文件中确定的防洪标准和主管部门批复文件内容等，还有相关的防洪影响评价报告及主管部门批复文件。

经过行、蓄、滞洪区的管道工程，其性质与铁路、公路相同，可参照处理。

d)　6.3.5　当河（海）港区陆域的防洪工程是城镇防洪工程的组成部分时，其防洪标准不应低于该城镇的防洪标准。

〖摘编说明〗

根据我国实际情况，部分河（海）港陆域的防洪工程为城镇防洪工程的组成部分，为了保证城镇的防洪安全，其防洪标准应与河（海）堤所保护城镇的防洪标准相适应。

〖检查要点和方法〗

检查城镇人口数量及其重要程度指标，有关流域综合规划、防洪规划中的结论，城市总体规划结论，主管部门批复文件内容等。河（海）港区陆域防洪工程的防洪标准不应低于该城镇的防洪标准，不论相同与否都应进行防洪标准论证。

f)　7.2.4　最终确定的核电厂设计基准洪水位不应低于有水文记录或历史上的最高洪

水位。

〖摘编说明〗

核电厂不同于一般的防护对象，出现事故的危害和影响往往非常严重，与其他防护对象相比具有一定的特殊性。厂址有水文记录或历史上的最高洪水位，是实际曾经达到的洪水位，考虑核电厂的防洪安全问题事关重大，其设计基准洪水不应低于该值。

与核安全无关设施的防洪标准应执行现行行业标准 DL 5000《火力发电厂设计技术规程》的有关规定。

〖检查要点和方法〗

收集厂址处水文记录或历史上的最高洪水位，检查最终确定的核电厂设计基准洪水位不应低于有水文记录或历史上的最高洪水位值。

g) 11.3.1 水库工程水工建筑物的防洪标准，应根据其级别和坝型，按表 11.3.1 确定。

表 11.3.1 水库工程水工建筑物的防洪标准

水工建筑物级别	防洪标准［重现期（年）］				
	山区、丘陵区			平原区、滨海区	
	设计	校核		设计	校核
		混凝土坝、浆砌石坝	土坝、堆石坝		
1	1000～500	5000～2000	可能最大洪水（PMF）或 10000～5000	300～100	2000～1000
2	500～100	2000～1000	5000～2000	100～50	1000～300
3	100～50	1000～500	2000～1000	50～20	300～100
4	50～30	500～200	1000～300	20～10	100～50
5	30～20	200～100	300～200	10	50～20

h) 11.3.3 土石坝一旦失事将对下游造成特别重大的灾害时，1 级建筑物的校核洪水标准应采用可能最大洪水或 10000 年一遇。

〖摘编说明〗

水库工程为了满足防洪、发电、供水等的需要，壅高了坝址以上水位，并拦蓄了大量来水，水库工程一旦溃决失事，将形成溃坝洪水，破坏力很大，对工程自身和下游的防护对象造成不可估量的损失，因此，应确保水库工程达到规定的防洪标准。

土石坝遭遇洪水漫顶失事后垮坝速度很快，其后果严重，防洪标准一般应高于其他坝型，特别是在其下游又有重要的居民区或工矿企业等设施时，坝体一旦失事，将对下游造成重大灾害，故将本条定为强制性条文。

〔检查要点和方法〕

（1）当土石坝下游有居民区和重要农业区及工业经济区时，1级建筑物校核洪水标准应采用范围值的上限。

（2）当用水文气象法求得的PMF较为合理时（不论其所相当的重现期是多少），采用PMF；当用频率分析法求得的重现期为10000年的洪水较为合理时，采用10000年的洪水；当两者可靠程度相同时，为安全起见，应采用其中较大者。

〔案例分析〕

河南石漫滩、板桥水库始建于20世纪50年代初期，因当时水库防洪标准偏低，遭遇“75·8”特大暴雨，致使大坝溃决，京广铁路中断，人民生命财产遭巨大损失。1986年板桥水库复建，水库总库容6.75亿m^3，大（2）型工程，主坝为均质土坝，最大坝高50.5m，2级建筑物，如按GB 50201—2014表11.3.1规定校核洪水标准应为5000年，实际校核洪水采用PMF洪水，相当于校核洪水标准提高了一级。

i）　11.8.3　堤防工程上的闸、涵、泵站等建筑物及其他构筑物的设计防洪标准，不应低于堤防工程的防洪标准，并应留有安全裕度。

〔摘编说明〕

我国堤防工程大部分是土堤或土石混合堤，加高、加固相对比较容易，而水闸、涵洞、泵站等建筑物及其他构筑物，一般为钢筋混凝土、混凝土或浆砌石结构，加高、改建比较困难；堤防工程自身的防洪安全，直接关系到防护区人民生命财产和生态环境的安全，其与建筑物的接合部在洪水通过时易出现险情，引起溃决。因此本条对这些建筑物的设计防洪标准提出了较高的要求，并列为强制性条文。

需指出的是，蓄、滞洪区堤防工程上修建的闸、涵等建筑物、机筑物的防洪标准应按蓄、滞洪区的使用需求分析确定。

〔检查要点和方法〕

检查闸、涵、泵站等建筑物、构筑物所在堤防的防洪标准，闸、涵、泵站等建筑物、构筑物的防洪标准应与所在堤防的一致或略高，不论相同与否都应进行防洪标准论证。

3-2-2　《河道整治设计规范》GB 50707—2011

a）　4.1.3　整治河段的防洪、排涝、灌溉或航运等的设计标准，应符合下列要求：

1　整治河段的防洪标准应以防御洪水或潮水的重现期表示，或以作为防洪标准的实际年型洪水表示，并应符合经审批的防洪规划。

2　整治河段的排涝标准应以排除涝水的重现期表示，并应符合经审批的排涝规划。

3　整治河段的灌溉标准应以灌溉设计保证率表示，并应符合经审批的灌溉规划。

4　整治河段的航运标准应以航道的等级表示，并应符合经审批的航运规划。

5　整治河段的岸线利用应与岸线控制线、岸线利用功能分区的控制要求相一致，并应符合经审批的岸线利用规划。

6　当河道整治设计具有两种或两种以上设计标准时，应协调各标准间的关系。

〖摘编说明〗

整治河段的设计标准关系到工程安全和公众利益，对节约投资、提高经济效益和社会效益有重大影响。

河道整治涉及国民经济的多个部门，在整体目标一致的前提下，各部门又有不同的要求，难以同时满足。因此，进行河道整治时，在符合各相关专业规划要求的同时，统筹协调，综合考虑，在满足河流生态环境要求基础上，使整治后的综合效益最大。

〖检查要点和方法〗

掌握有关部门已批复的相关专业规划的结论意见及批复文件内容等；检查整治河段的设计标准和相关部门批复的规划结论的协调性和合理性。

4 工 程 设 计

本章共涉及33项标准，强制性条文150条，详见表4-1。

表4-1　　工程设计部分涉及技术标准汇总表

序号	标 准 名 称	标准编号	强条数
1	小型水力发电站设计规范	GB 50071—2014	1
2	泵站设计规范	GB 50265—2010	3
3	堤防工程设计规范	GB 50286—2013	3
4	蓄滞洪区设计规范	GB 50773—2012	1
5	水利工程设计防火规范	GB 50987—2014	2
6	水工建筑物抗震设计规范	GB 51247—2018	5
7	堤防工程管理设计规范	SL 171—96	2
8	小型水利水电工程碾压式土石坝设计规范	SL 189—2013	1
9	水工混凝土结构设计规范	SL 191—2008	14
10	混凝土面板堆石坝设计规范	SL 228—2013	2
11	水利水电工程等级划分及洪水标准	SL 252—2017	23
12	溢洪道设计规范	SL 253—2018	3
13	水闸设计规范	SL 265—2016	4
14	水电站厂房设计规范	SL 266—2014	3
15	碾压式土石坝设计规范	SL 274—2001	15
16	水工隧洞设计规范	SL 279—2016	3
17	混凝土拱坝设计规范	SL 282—2018	5
18	水利水电工程进水口设计规范	SL 285—2003	4
19	水利水电工程施工组织设计规范	SL 303—2017	2
20	水利系统通信运行规程	SL 306—2004	1
21	村镇供水工程技术规范	SL 310—2019	1
22	碾压混凝土坝设计规范	SL 314—2018	1
23	混凝土重力坝设计规范	SL 319—2018	6
24	风力提水工程技术规程	SL 343—2006	2
25	水工挡土墙设计规范	SL 379—2007	12
26	水利水电工程边坡设计规范	SL 386—2007	3

续表

序号	标 准 名 称	标准编号	强条数
27	调水工程设计导则	SL 430—2008	3
28	水工建筑物强震动安全监测技术规范	SL 486—2011	1
29	水利水电工程水文自动测报系统设计规范	SL 566—2012	1
30	水利水电工程施工导流设计规范	SL 623—2013	11
31	水利水电工程围堰设计规范	SL 645—2013	8
32	土石坝施工组织设计规范	SL 648—2013	1
33	预应力钢筒混凝土管道技术规范	SL 702—2015	3

4-1 工程等别与建筑物级别

工程等别与建筑物级别是每项工程设计必须首先明确的内容。水利水电工程按其规模、效益及在国民经济中的重要性分等。水工建筑物依其作用可分为永久性建筑物和临时性建筑物。永久性建筑物一般根据工程等别及其在工程中的重要性分级，临时性建筑物根据被保护建筑物的级别、本身的规模、使用年限及重要性分级。这种先分等再根据工程等别分级的做法已在我国沿用了几十年，证明在工程实践中是切实可行的。水利水电工程的等别关系到国计民生，应严格按标准确定，且一旦确定，不得轻易改变。水工建筑物的级别，则可根据具体情况，经论证后作适当调整。

4-1-1 《水利水电工程等级划分及洪水标准》SL 252—2017

a) 3.0.1 水利水电工程的等别，应根据其工程规模、效益和在经济社会中的重要性，按表3.0.1确定。

表3.0.1　　水利水电工程分等指标

工程等别	工程规模	水库总库容 /$10^8 m^3$	防洪			治涝	灌溉	供水		发电
			保护人口 /10^4 人	保护农田面积 /10^4 亩	保护区当量经济规模 /10^4 人	治涝面积 /10^4 亩	灌溉面积 /10^4 亩	供水对象重要性	年引水量 /$10^8 m^3$	发电装机容量 /MW
Ⅰ	大（1）型	≥10	≥150	≥500	≥300	≥200	≥150	特别重要	≥10	≥1200
Ⅱ	大（2）型	<10，≥1.0	<150，≥50	<500，≥100	<300，≥100	<200，≥60	<150，≥50	重要	<10，≥3	<1200，≥300
Ⅲ	中型	<1.0，≥0.10	<50，≥20	<100，≥30	<100，≥40	<60，≥15	<50，≥5	比较重要	<3，≥1	<300，≥50

续表

工程等别	工程规模	水库总库容/$10^8 m^3$	防洪			治涝	灌溉	供水		发电
			保护人口/10^4人	保护农田面积/10^4亩	保护区当量经济规模/10^4人	治涝面积/10^4亩	灌溉面积/10^4亩	供水对象重要性	年引水量/$10^8 m^3$	发电装机容量/MW
Ⅳ	小（1）型	<0.1，≥0.01	<20，≥5	<30，≥5	<40，≥10	<15，≥3	<5，≥0.5	一般	<1，≥0.3	<50，≥10
Ⅴ	小（2）型	<0.01，≥0.001	<5	<5	<10	<3	<0.5		<0.3	<10

注1：水库总库容指水库最高水位以下的静库容；治涝面积指设计治涝面积；灌溉面积指设计灌溉面积；年引水量指供水工程渠首设计年均引（取）水量。

注2：保护区当量经济规模指标仅限于城市保护区；防洪、供水中的多项指标满足1项即可。

注3：按供水对象的重要性确定工程等别时，该工程应为供水对象的主要水源。

b)　3.0.2　对综合利用的水利水电工程，当按各综合利用项目的分等指标确定的等别不同时，其工程等别应按其中最高等别确定。

〖摘编说明〗

水利水电工程的等别关系到国计民生，应严格根据其工程规模、效益指标和在经济社会中的重要性分为Ⅰ等、Ⅱ等、Ⅲ等、Ⅳ等、Ⅴ等五个等别，一旦确定，不得轻易改变。

（1）库容分等指标。水库以总库容作为分等指标，需要指出，总库容的定义是指最高库水位以下的静库容。一般情况下，水库的校核洪水位为最高水位，但有些以防洪为主或以供水为主的水库，其最高水位可能不是校核洪水位。如黄河上的万家寨水库，最高蓄水位980.0m，而校核洪水位（0.01%）为979.1m，水库总库容按最高蓄水位980.0m确定。

（2）防洪分等指标。防洪工程分等主要是考虑一旦工程失事受影响的城镇及工矿企业的重要性或农田面积两项指标。由于城镇及工矿企业包含的内容比较复杂，因此引入了相对量化的“常住人口”和“当量经济规模”指标。

（3）治涝、灌溉分等指标。根据有关部门典型调查分析，治涝工程平均效益一般比防洪工程高60%左右，且治涝面积越大这种效益差别就越大。因此，对同一等别工程，治涝工程分等指标低于防洪工程分等指标。就灌溉工程分等而言，由于灌溉工程年均效益大，一旦遭到破坏，就会使得损失较大，故其分等指标又较治涝工程有所降低。

（4）供水工程分等指标。供水工程分等按其重要性和年引水量来划分。划分标准参考了，GB 50201—2014《防洪标准》和SL 430—2008《调水工程设计导则》有关规定，但没有采用引水流量这一指标，原因是引水流量更适合于确定某一建筑物的级别。同时考虑同一供水对象的多水源问题，为避免向重要对象少量供水的工程等别过高，规定按供水对象的重要性确定工程等别时，该工程应为供水对象的主要水源。

（5）水电站分等指标。水电站按装机容量的大小进行分等，1978年以来，水电站分等指标有了较大的提高，反映了我国水电站建设技术日益成熟。

〖检查要点和方法〗

主要检查内容包括：总库容应为最高库水位以下的静库容；综合利用的水利水电枢纽工程，当按水库库容、防洪、治涝、灌溉、供水、发电等分等指标确定的工程等别不同时，枢纽工程的等别应以其中的最高等别为准；各项设计文件中的工程等别应与审查意见和上级批复文件一致。

〖案例分析〗

黄河沙坡头水利枢纽位于宁夏回族自治区中卫县境内的黄河干流上，是以灌溉、发电为主的综合性水利枢纽。水库总库容0.26亿m^3，总灌溉面积134.3万亩，电站装机容量121.5MW，根据库容和电站装机容量分等指标确定该工程为中型规模、等别Ⅲ等，但按灌溉面积确定该工程为大（2）型规模、等别Ⅱ等，"当按各综合利用项目的分等指标确定的等别不同时，其工程等别应按其中最高等别确定"，最终确定该工程为大（2）型规模、工程等别Ⅱ等。

c）　4.2.1　水库及水电站工程的永久性水工建筑物级别，应根据其所在工程的等别和永久性水工建筑物的重要性，按表4.2.1确定。

表4.2.1　　永久性水工建筑物级别

工程等别	主要建筑物	次要建筑物
Ⅰ	1	3
Ⅱ	2	3
Ⅲ	3	4
Ⅳ	4	5
Ⅴ	5	5

〖摘编说明〗

（1）永久性水工建筑物指工程运用期间长期使用的水工建筑物，其级别反映了对其建筑物的技术要求和安全要求。水库及水电站工程的永久性水工建筑物较多，按其在工程中发挥的作用和失事后对整个工程安全的影响程度的不同，分为主要建筑物和次要建筑物。

（2）永久性主要建筑物的级别与工程等别相对应，分为1级、2级、3级、4级、5级共五级，而同一工程等别的永久性次要建筑物的级别比主要建筑物的级别降低0～2级。

〖检查要点和方法〗

（1）主要建筑物和次要建筑物划分是否合适。主要永久性建筑物是指在工程中起主要作用、失事后将造成严重灾害或严重影响工程效益的建筑物，如堤坝、泄洪建筑物、输水建筑物、电站厂房及泵站等；次要建筑物指在工程中作用相对较小、失事后影响不大，并易于修复的建筑物，如失事后不影响主要建筑物的设备运行的挡土墙、导流墙及护岸等。

（2）实际工程中要具体情况具体分析。如某水库为大（2）型工程，大坝为2级建筑物，但坝后式电站装机容量小于50MW，这种情况电站厂房级别不按工程等别确定，而是根据电站本身装机容量（规模）确定；又如某大（2）型水库，岸边布置了单独的进水口，该进水口虽然为工程主要建筑物，但级别不根据工程等别确定，而是根据进水口本身的功能和规模确定。

d)　4.3.1　拦河闸永久性水工建筑物的级别，应根据其所属工程的等别按表4.2.1确定。

〖摘编说明〗

SL 252—2000中，拦河闸是作为工程来划分等别的。SL 252—2017修订中重新梳理了工程和建筑物体系构成，将拦河闸视为隶属于工程的建筑物，与其他建筑物一起发挥作用，其级别根据所属工程的等别确定。例如防洪工程中分洪道上的节制闸，按其所在防洪工程的等别确定其级别。

〖检查要点和方法〗

在依据SL 252—2017第3.0.1条、第3.0.2条检查拦河闸工程等别确定的基础上，检查拦河闸永久性水工建筑物是主要建筑物还是次要建筑物，最后按表4.2.1检查建筑物级别确定是否合适。

〖案例分析〗

某水闸枢纽工程控制灌溉面积1万亩，发电装机容量20MW，最大过闸流量4500m³/s，按SL 252—2000，由过闸流量确定拦河闸工程等别应为Ⅱ等，拦河闸建筑物为2级；按SL 252—2017，该枢纽工程等别应为Ⅳ等，拦河闸建筑物级别为4级。两者对比，存在新老规范确定结果不一致的问题，但总体而言，SL 252—2017遵循了结构安全性与经济性统筹考虑的原则，过闸流量并不能完全体现某建筑物的重要性，因此按SL 252—2017确定该水闸等别是合适的。

由于标准变化导致的等别变化问题，一般可采用新工程执行新标准、老工程沿用老办法的方式。检查监督是以SL 252—2017颁布实施之日为界，之前的仍按原有模式管理，之后的按最新标准执行。

e)　4.4.1　防洪工程中堤防永久性水工建筑物的级别应根据其保护对象的防洪标准按表4.4.1确定。当经批准的流域、区域防洪规划另有规定时，应按其规定执行。

表4.4.1　　堤防永久性水工建筑物级别

防洪标准/［重现期（年）］	≥100	<100，≥50	<50，≥30	<30，≥20	<20，≥10
堤防级别	1	2	3	4	5

〖摘编说明〗

堤防永久性水工建筑物的防洪指标与 GB 50286—2013《堤防工程设计规范》规定一致。但有的流域、区域防洪规划中对堤防级别的确定另有专门规定（如长江、黄河流域的防洪规划），故规定了“当经批准的流域、区域防洪规划另有规定时，应按其规定执行”。

〖检查要点和方法〗

堤防级别是否与其保护对象重要性相适应，是否与已批准的流域、区域防洪规划协调。

f)　4.5.1　治涝、排水工程中的排水渠（沟）永久性水工建筑物级别，应根据设计流量按表 4.5.1 确定。

表 4.5.1　　排水渠（沟）永久性水工建筑物级别

设计流量/(m^3/s)	主要建筑物	次要建筑物
≥500	1	3
<500，≥200	2	3
<200，≥50	3	4
<50，≥10	4	5
<10	5	5

g)　4.5.2　治涝、排水工程中的水闸、渡槽、倒虹吸、管道、涵洞、隧洞、跌水与陡坡等永久性水工建筑物级别，应根据设计流量，按表 4.5.2 确定。

表 4.5.2　　排水渠系永久性水工建筑物级别

设计流量/(m^3/s)	主要建筑物	次要建筑物
≥300	1	3
<300，≥100	2	3
<100，≥20	3	4
<20，≥5	4	5
<5	5	5
注：设计流量指建筑物所在断面的设计流量。		

〖摘编说明〗

治涝、排水工程的排水流量是直接反映治涝、排水工程规模的指标值。因此，治涝、排水工程应按排水流量进行分级。由于排水渠（沟）多属土石方工程，遭受损坏后又较易修复，因此排水渠（沟）分级指标值比相应等别的排水枢纽工程分等指标值高，即排水流量相同时，排水渠（沟）工程的级别比排水枢纽工程的等别低，或至多与后者的工程等别相当。

〖检查要点和方法〗

治涝、排水工程中的永久性水工建筑物级别确定是否合适。

h)　4.5.3　治涝、排水工程中的泵站永久性水工建筑物级别，应根据设计流量及装机功率按表 4.5.3 确定。

表 4.5.3　泵站永久性水工建筑物级别

设计流量/(m^3/s)	装机功率/MW	主要建筑物	次要建筑物
≥200	≥30	1	3
<200，≥50	<30，≥10	2	3
<50，≥10	<10，≥1	3	4
<10，≥2	<1，≥0.1	4	5
<2	<0.1	5	5
注 1：设计流量指建筑物所在断面的设计流量。 注 2：装机功率指泵站包括备用机组在内的单站装机功率。 注 3：当泵站按分级指标分属两个不同级别时，按其中高者确定。 注 4：由连续多级泵站串联组成的泵站系统，其级别可按系统总装机功率确定。			

〖摘编说明〗

泵站工程机电设备复杂，其重要性较水闸、渡槽、倒虹吸、管道、涵洞、隧洞、跌水与陡坡建筑物更高，因此泵站工程建筑物分级指标值比相应级别的以上建筑物的分级指标值低，即流量相同时，泵站工程建筑物级别比以上其他工程建筑物的级别高。

〖检查要点和方法〗

泵站永久性水工建筑物级别确定是否合适。

i)　4.6.1　灌溉工程中的渠道及渠系永久性水工建筑物级别，应根据设计灌溉流量按表 4.6.1 确定。

表 4.6.1　灌溉工程永久性水工建筑物级别

设计灌溉流量/(m^3/s)	主要建筑物	次要建筑物
≥300	1	3
<300，≥100	2	3
<100，≥20	3	4
<20，≥5	4	5
<5	5	5

〖摘编说明〗

为覆盖更多的受益面积，灌溉工程一般填方渠道较多，遭受损坏后较排水渠（沟）修复难度大，因此分级指标值比相应等别的排水工程建筑物分级指标值低，即流量相同时，灌溉工程的建筑物级别比排水工程建筑物的级别高，至少不低于后者工程建筑物级别。

〖检查要点和方法〗

灌溉工程中的渠道及渠系永久性水工建筑物级别确定是否合适。

j) 4.6.2 灌溉工程中的泵站永久性水工建筑物级别，应根据设计流量及装机功率按表 4.5.3 确定。

〖摘编说明〗同 4.5.3。

〖检查要点和方法〗同 4.5.3。

k) 4.7.1 供水工程永久性水工建筑物级别，应根据设计流量按表 4.7.1 确定。供水工程中的泵站永久性水工建筑物级别，应根据设计流量及装机功率按表 4.7.1 确定。

表 4.7.1 供水工程的永久性水工建筑物级别

设计流量/(m^3/s)	装机功率/MW	主要建筑物	次要建筑物
≥50	≥30	1	3
<50，≥10	<30，≥10	2	3
<10，≥3	<10，≥1	3	4
<3，≥1	<1，≥0.1	4	5
<1	<0.1	5	5

注 1：设计流量指建筑物所在断面的设计流量。
注 2：装机功率系指泵站包括备用机组在内的单站装机功率。
注 3：泵站建筑物按分级指标分属两个不同级别时，按其中高者确定。
注 4：由连续多级泵站串联组成的泵站系统，其级别可按系统总装机功率确定。

〖摘编说明〗

供水工程的供水流量是直接反映供水工程规模的指标值。供水工程永久性水工建筑物级别，应根据设计流量确定。供水工程事关人民群众的生活，其重要性高于灌溉工程，因此分级指标值比相应等别的灌溉工程分级指标值低，即流量相同时，供水工程的建筑物级别比灌溉工程的建筑物级别高，至少不低于后者工程建筑物级别。

〖检查要点和方法〗

供水工程中的永久性水工建筑物级别确定是否合适。

l) 4.8.1 水利水电工程施工期使用的临时性挡水、泄水等水工建筑物的级别，应根据保护对象、失事后果、使用年限和临时性挡水建筑物规模，按表 4.8.1 确定。

表 4.8.1 临时性水工建筑物级别

级别	保护对象	失事后果	使用年限/年	临时性挡水建筑物规模	
				围堰高度/m	库容/$10^8 m^3$
3	有特殊要求的 1 级永久性水工建筑物	淹没重要城镇、工矿企业、交通干线或推迟工程总工期及第一台（批）机组发电，推迟工程发挥效益，造成重大灾害和损失	>3	>50	>1.0

续表

级别	保护对象	失事后果	使用年限/年	临时性挡水建筑物规模	
				围堰高度/m	库容/$10^8 m^3$
4	1级、2级永久性水工建筑物	淹没一般城镇、工矿企业或影响工程总工期和第一台（批）机组发电，推迟工程发挥效益，造成较大经济损失	≤3，≥1.5	≤50，≥15	≤1.0，≥0.1
5	3级、4级永久性水工建筑物	淹没基坑，但对总工期及第一台（批）机组发电影响不大，对工程发挥效益影响不大，经济损失较小	<1.5	<15	<0.1

〖摘编说明〗

表中的4项指标均与施工所处阶段相关，其含义分别为："保护对象"中永久性建筑物的特殊要求系指在施工期不允许过水或其他特殊要求；"使用年限"系指导流建筑物在每一施工阶段的工作年限，2个或2个以上施工阶段共用的导流建筑物（如分期导流一期、二期共用的纵向围堰），使用年限不叠加计算；"临时性水工建筑物规模"一栏中，"高度"指挡水围堰最大高度，"库容"指堰前为设计水位时所拦蓄的水量。

〖检查要点和方法〗

临时性水工建筑物规模指标，需"高度"和"库容"同时满足要求，才能确定该项指标符合规定。

m）　4.8.2　当临时性水工建筑物根据表4.8.1中指标分属不同级别时，应取其中最高级别。但列为3级临时性水工建筑物时，符合该级别规定的指标不得少于两项。

〖摘编说明〗

使用表4.8.1确定临时水工建筑物级别时，为工程安全计，规定按4项独立指标分别划分级别，以其中最高级别确定。但由于临时性水工建筑物一般使用时间不长，遭遇大洪水的风险较小，因此，从经济考虑，临时性水工建筑物级别不宜定得太高，故对3级临时性水工建筑物，符合该级别规定的指标不得少于2项。

〖检查要点和方法〗

对3级临时性水工建筑物，符合该级别规定的指标不得少于表4.8.1中4项指标中的2项。

4－1－2　《水利水电工程进水口设计规范》SL 285—2003

a）　3.1.1　整体布置进水口建筑物级别应分别与所在大坝、河床式水电站、拦河闸等枢纽工程主体建筑物相同。

独立布置进水口建筑物级别应根据进水口功能和规模按表3.1.1确定，对于堤防涵闸式进水口级别还应符合《堤防工程设计规范》GB 50286—98，并按较高者确定。

表 3.1.1　　独立布置进水口建筑物级别

进水口功能	水电站进水口	泄洪工程进水口	灌溉工程进水口	供水工程进水口	建筑物级别	
	装机容量（MW）	库容（亿 m^3）	灌溉面积（万亩）	重要性	主要建筑物	次要建筑物
规模	≥1200	≥10	≥150	特别重要	1	3
	1200～300	10～1	150～50	重要	2	3
	300～50	1～0.1	50～5	中等	3	4
	50～10	0.1～0.01	5～0.5	一般	4	5
	<10	0.01～0.001	<0.5		5	5

〔摘编说明〕

水利水电工程进水口大体可分为两类：一类为整体布置进水口，是所在大坝、压力前池、河床式水电站厂房、拦河闸等建筑物的一部分，因而应与这些建筑物级别相同；另一类为独立布置进水口，按照 SL 252《水利水电工程等级划分及洪水标准》的规定，建筑物级别除与工程等别有关外，还与建筑物一旦失事后，所造成下游灾害的程度和对工程效益的影响程度有关，因而还需结合进水口的功能与规模，按表 3.1.1 确定此类进水口建筑物级别；而鉴于堤防工程的重要性，故同时规定堤防涵闸式进水口建筑物级别不得低于按 GB 50286《堤防工程设计规范》确定的建筑物级别。

〔检查要点和方法〕

（1）整体布置进水口建筑物级别应与所在大坝、河床式水电站、拦河闸等枢纽工程主体建筑物相同。

（2）独立布置进水口建筑物级别应按进水口的功能，采用不同的分项指标确定。

（3）堤防涵闸式进水口建筑物级别不得低于所属堤防的建筑物级别。

4-1-3　《水工挡土墙设计规范》SL 379—2007

a)　3.1.1　水工建筑物中的挡土墙级别，应根据所属水工建筑物级别按表 3.1.1 确定。

表 3.1.1　　水工建筑物中的挡土墙级别划分

所属水工建筑物级别	主要建筑物中的挡土墙级别	次要建筑物中的挡土墙级别
1	1	3
2	2	3
3	3	4

注：主要建筑物中的挡土墙是指一旦失事将直接危及所属水工建筑物安全或严重影响工程效益的挡土墙；次要建筑物中的挡土墙是指失事后不致直接危及所属水工建筑物安全或对工程效益影响不大并易于修复的挡土墙。

b)　3.1.4　位于防洪（挡潮）堤上具有直接防洪（挡潮）作用的水工挡土墙，其级别不应低于所属防洪（挡潮）堤的级别。

〖摘编说明〗

（1）挡土墙是水工建筑物的一部分，由于水工建筑物都有挡水要求，若一旦失事，下游地区将遭受巨大的损失。水工挡土墙除具有防止土体崩塌的作用外，往往还具有挡水、导水、侧向防渗等多种作用。因此，水工挡土墙设计级别也应随所属水工建筑物的级别相应确定。

（2）位于防洪（挡潮）堤上的挡土墙，其重要性与防洪（挡潮）堤是一样的。有的挡土墙即便规模不大，但一旦失事，其严重后果与防洪（挡潮）堤失事一样，且较难修复。

〖检查要点和方法〗

（1）在按表3.1.1确定水工挡土墙的设计级别时，应根据相关标准的规定先确定所属水工建筑物的级别。

（2）挡土墙作为水工建筑物的一部分，也有主要和次要之分。一般情况下，次要建筑物中的挡土墙失事后不致于直接危及主体建筑物的安全，其设计级别可相应降低。但是，处于水工建筑物防渗范围内的岸墙、翼墙等，以及一旦失事将直接危及水工建筑物安全或严重影响工程效益的挡土墙，都属于主要建筑物中的挡土墙，其设计级别应与所属主体建筑物的设计级别相同。

4-1-4　《水利水电工程边坡设计规范》SL 386—2007

a)　3.2.2　边坡的级别应根据相关水工建筑物的级别及边坡与水工建筑物的相互间关系，并对边坡破坏造成的影响进行论证后按表3.2.2的规定确定。

表3.2.2　边坡的级别与水工建筑物级别的对照关系

建筑物级别	对水工建筑物的危害程度			
	严重	较严重	不严重	较轻
	边坡级别			
1	1	2	3	4、5
2	2	3	4	5
3	3	4	5	
4	4	5		

注1：严重：相关水工建筑物完全破坏或功能完全丧失。
注2：较严重：相关水工建筑物遭到较大的破坏或功能受到比较大的影响，需进行专门的除险加固后才能投入正常运用。
注3：不严重：相关水工建筑物遭到一些破坏或功能受到一些影响，及时修复后仍能使用。
注4：较轻：相关水工建筑物仅受到很小的影响或间接地受到影响。

b） 3.2.3 若边坡的破坏与两座及其以上水工建筑物安全有关，应分别按照3.2.2条的规定确定边坡级别，并以最高的边坡级别为准。

〔摘编说明〕

确定边坡级别考虑两个主要因素；其一是与相关建筑物的关系；其二是边坡破坏造成的影响。

对水工建筑物破坏程度分为严重、较严重、不严重和较轻等4种情况：

（1）严重：按边坡与建筑物的关系，分为直接相关和间接相关两种。前者可分为两种类型：一种类型也称为"边坡属于建筑物的组成部分"，例如船闸的直立边坡、挖方渠道的过水断面边坡；另一种类型为建筑物的地基或地基的一部分，例如紧靠边坡上方修建有泄水、引水的进水塔等。与建筑物直接相关的边坡，一旦破坏或产生稍大变形将直接导致建筑物破坏，属于最危险的情况，因此要求边坡与相关建筑物级别相同是必要的。与建筑物安全间接相关的边坡是指边坡滑塌后，滑塌体推向建筑物导致其整体破坏。例如泄水建筑物进水口集中布置时，若边坡破坏会导致进水塔整体破坏，边坡级别与进水塔的级别相同也是合理的。"功能完全丧失"的含义是建筑物虽然没有破坏但已完全不能运用。如当泄水建筑物在一岸集中布置时，岩石边坡破坏后将所有进水口全部封堵，导致泄水建筑物完全丧失泄水功能的情况。

（2）较严重：有些情况下边坡破坏并不一定使建筑物彻底破坏或完全丧失功能，但已损坏较严重，已不能正常运用或需要进行专门的除险加固。"专门的除险加固"是指已超出了管理单位正常维护工作的范畴，需要进行专门的除险加固设计并由专业施工队伍施工，才能使建筑物恢复或基本恢复原设计功能。

（3）不严重：例如溢洪道泄槽段的开挖边坡，当出现边墙上部边坡局部滑坡侵占部分过水断面，只要塌方不是将溢洪道完全堵死并不难以清除，清除后溢洪道仍可正常过水；又如道路边坡塌方，虽暂时阻断交通，但清理后仍可正常通行。

（4）较轻：有的边坡的破坏并不导致建筑物的破坏或功能丧失，而是仅对建筑物安全有轻微影响。比如有些近坝上游的库岸边坡，当边坡破坏后滑坡涌浪传到坝前已很小，对建筑物安全没有明显的影响。

〔检查要点和方法〕

本条执行时，需要特别注意：

（1）由于水工建筑物多种多样，边坡与建筑物相互关系非常复杂，因此，在实际工程中，需要认真研究边坡对相应建筑物的影响、建筑物在整个工程安全中的地位等，才能相对合理地确定边坡的级别。由于边坡级别的高低直接决定抗滑稳定安全系数标准，也就是说直接影响工程投资，考虑到这一点，条文中特别要求"对边坡破坏造成的影响进行论证"后确定边坡级别。

（2）有些情况下，一个边坡的破坏可能与两座或多座建筑物的安全有关。对于这种情况，条文规定应先按建筑物分别确定边坡级别，之后，再选择其中最高级别作为边坡级别，其基本思路是确定边坡级别时就高不就低。

〔案例分析〕

小浪底大坝上游 3.65km 和 2.48km 分别发育有 1 号滑坡和 2 号滑坡，体积分别为 1100 万 m^3 和 410 万 m^3。在设计过程中，做了大量的地质勘察试验工作，并采用多种方法研究在不同条件下的稳定性状，对 1 号滑坡进行了模型试验。研究表明，在正常高水位 275.00m 情况下，若 1 号滑坡发生破坏，产生的涌浪传至坝前仅高 0.88m，不会对大坝和左岸进水塔等建筑物的安全构成威胁，且附近也没有居民区以及其他设施。从地质勘察初期至今的安全监测表明，经不同库水位及水位降落等多种工况条件下运行，两滑坡虽仍处于缓慢的蠕变变形中，没有在近期内发生滑动的明显迹象，因此没有必要将其级别定得过高。这种规模宏大的蠕变变形边坡对提高边坡的稳定安全度往往不敏感。若确定的边坡级别太高，要求的稳定安全系数必然很大，进行治理和加固的费用也非常惊人，但工程实践中往往难以做到。

4-1-5　《调水工程设计导则》SL 430—2008

a)　9.2.1　调水工程的等别，应根据工程规模、供水对象在地区经济社会中的重要性，按表 9.2.1 综合研究确定。

表 9.2.1　　调水工程分等指标

工程等别	工程规模	分等指标			
		供水对象重要性	引水流量 (m^3/s)	年引水量 (亿 m^3)	灌溉面积 (万亩)
Ⅰ	大 (1) 型	特别重要	≥50	≥10	≥150
Ⅱ	大 (2) 型	重要	50～10	10～3	150～50
Ⅲ	中型	中等	10～2	3～1	50～5
Ⅳ	小型	一般	<2	<1	<5

〔摘编说明〕

调水工程等别，根据供水对象重要性、引水流量、年引水量和灌溉面积等 4 项指标分为Ⅰ等、Ⅱ等、Ⅲ等、Ⅳ等。

(1) 供水对象重要性。调水工程供水对象主要为城镇生活和工业用水的，根据供水对象的重要性分成 4 等，其分等的城市重要性指标可参考 1996 年《中国城市统计年鉴》确定，详见表 4-2。

表 4-2　　城市重要性分类表

重要性	规　模	城市人口/万人
特别重要	特大城市	≥100
重要	大城市	100～50
中等	中等城市	50～20
一般	小城市	<20

（2）引水流量分等指标。该指标在 GB 50288—99《灌溉与排水工程设计规范》基础上，将用于确定引水枢纽等别的引水流量标准值调高一级使用，即Ⅰ等工程对应引水流量为≥50m³/s，余下依此类推。

（3）年引水量分等指标。年引水量指标为 SL 430—2008《调水工程设计导则》新提出的指标，根据收集的 23 项调水工程资料初步分析，确定年引水量大于 3×10^{8} m³时为大型工程，按年引水量确定工程等别对已建工程符合率达 75%。

（4）灌溉面积分等指标。调水工程以农业灌溉为主要任务时，灌溉面积指标与 SL 252—2017《水利水电工程等级划分及洪水标准》一致。

b）　9.2.2　以城市供水为主的调水工程，应按供水对象重要性、引水流量和年引水量三个指标拟定工程等别，确定等别时至少应有两项指标符合要求。以农业灌溉为主的调水工程，应按灌溉面积指标确定工程等别。

〖摘编说明〗

按表 9.2.1 中的供水对象重要性分等指标对已建调水工程的等别进行符合性分析，其符合率为 62.5%。符合率偏低主要原因是，特大型城市大多为多水源供水，调水工程只是城市供水水源的一部分，与城市总人口规模没有直接关系。单纯按城市人口规模对应的城市重要性指标确定工程等别，对部分城市存在等别偏高的问题。因此，在确定以城市供水为主的调水工程等别时，城市重要性分等指标与引水流量和年引水量分等指标配合使用，确定等别时至少需要两项指标符合要求。

按表 9.2.1 中的灌溉面积分等指标确定的调水工程工程等别对已建 16 项工程符合率达 87.5%，因此，以灌溉为主的调水工程可按灌溉面积指标确定工程等别。

〖检查要点和方法〗

（1）水源工程建筑物规模，应按调水的最大规模确定。

（2）以城市供水为主的调水工程，按供水对象重要性、引水流量和年引水量 3 个指标拟定工程等别，确定等别时至少满足两项指标要求。

（3）以农业灌溉为主的调水工程，可按灌溉面积指标确定工程等别。

〖案例分析〗

引滦入津工程向天津市供水，其引水流量 60m³/s，年引水量 10 亿 m³；引碧入连工程供水对象是大连市，其引水流量 15m³/s，年引水量 4.7 亿 m³。虽然天津市和大连市城市人口均超过 100 万，供水对象重要性指标均为特别重要，但因引水流量和年引水量指标不同，引滦入津工程为大（1）型，工程等别为Ⅰ等，引碧入连工程不满足至少应有两项指标符合要求的规定，故该工程为大（2）型，工程等别为Ⅱ等。

4-1-6　《水利水电工程施工导流设计规范》SL 623—2013

a）　3.1.1　导流建筑物应根据其保护对象、失事后果、使用年限和围堰工程规模划分为 3～5 级，具体按表 3.1.1 确定。

表 3.1.1　导流建筑物级别划分

级别	保护对象	失事后果	使用年限（年）	导流建筑物规模	
				围堰高度（m）	库容（亿 m^3）
3	有特殊要求的1级永久性水工建筑物	淹没重要城镇、工矿企业、交通干线或推迟工程总工期及第一台（批）机组发电，造成重大灾害和损失	＞3	＞50	＞1.0
4	1级、2级永久性水工建筑物	淹没一般城镇、工矿企业或影响工程总工期和第一台（批）机组发电，造成较大经济损失	1.5～3	15～50	0.1～1.0
5	3级、4级永久性水工建筑物	淹没基坑，但对总工期及第一台（批）机组发电影响不大，经济损失较小	＜1.5	＜15	＜0.1

注1：导流建筑物包括挡水和泄水建筑物，联合运用的挡水和泄水建筑物级别一般相同。

注2：表列四项指标均按导流分期划分，保护对象一栏中所列永久性水工建筑物级别系按SL 252划分。

注3：有、无特殊要求的永久性水工建筑物均系针对施工期而言，有特殊要求的1级永久性水工建筑物系指施工期不应过水的土石坝及其他有特殊要求的永久性水工建筑物。

注4：使用年限系指导流建筑物每一导流分期的工作年限，两个或两个以上导流分期共用的导流建筑物，如分期导流一期、二期共用的纵向围堰，其使用年限不能叠加计算。

注5：导流建筑物规模一栏中，围堰高度指挡水围堰最大高度，库容指堰前设计水位所拦蓄的水量，两者应同时满足。

b)　3.1.2　当导流建筑物根据表3.1.1指标分属不同级别时，应以其中最高级别为准。但列为3级导流建筑物时，至少应有两项指标符合要求。

c)　3.1.4　应根据不同的导流分期按表3.1.1划分导流建筑物级别；同一导流分期中的各导流建筑物级别，应根据其不同作用划分。

〖摘编说明〗

（1）导流建筑物级别划分与SL 252—2017的规定一致。表3.1.1中4项指标说明如下：

1）保护对象是永久建筑物，其级别作为划分导流建筑物级别的依据之一。

2）失事后果一栏很难用定量指标体现。美国土木工程学会大坝分级标准，将失事后果按人口死亡和灾害划分为三级。英国土木工程学会按人口死亡和财产损失划分为四级。俄罗斯等一些国家提出施工期按成本分类划分等级。本标准将围堰失事后带来的经济损失按其程度划为重大、较大和较小三级。

3）使用年限系指各施工阶段导流建筑物的运用年限，围堰挡水期越长，遭遇洪水破坏的可能性越大，承担的风险也就越大。国内外大型水利水电工程主体工程施工期（从基坑开挖到发电）为5～7年，一般工程大约3年左右。故将3级导流建筑物使用年限定在3年以上，4～5级导流建筑物的使用年限框在3年以内。

4）导流工程的规模用围堰高和堰前库容来衡量，本条规定工程规模的上限为围堰高大于50m、库容大于$1\times10^8m^3$，两项指标要同时满足。规定同时满足堰高与库容两个指标，实质上是由较低指标控制，在平原地区河流上往往是堰高控制，高山峡谷区河流则多受库容控制。

（2）导流建筑物划分为3级。导流建筑物属短期使用的临时性工程，为了节约投资，指导思想是将绝大部分导流工程划为4级或5级，对划为3级导流建筑物的指标控制较严，至少需要有两项指标符合要求。

（3）在不同导流分期，导流建筑物可能有不同级别。同一导流分期的导流建筑物，可能因作用和型式不同，其级别也不一，如上游围堰、下游围堰、纵向围堰就可能采用不同级别。同一导流分期采用相同的洪水标准。

〖检查要点和方法〗

（1）划为3级导流建筑物的指标，至少需要表3.1.1中有两项指标符合要求。

（2）同一导流建筑物的不同部位因作用不同应有差别，如混凝土纵向围堰的中段若与坝体结合，应分上段、下段分别拟定不同的级别。

d)　3.1.6　过水围堰级别应按表3.1.1确定，该表中的各项指标以过水围堰挡水情况作为衡量依据。

〖摘编说明〗

采用过水围堰允许基坑淹没的导流方式在国内外得到相当广泛运用，河流最大洪峰流量通过围堰或施工中的坝体，事实证明是既经济又可行的。

过水围堰的级别，我国以往习惯的设计方法是对应永久建筑物的等级确定围堰级别，此标准主要用于堰体稳定和结构计算。本条规定按表3.1.1确定过水围堰级别，一般情况下因挡水期围堰较低，库容较小，所定级别不会高于4级，这是符合我国实际设计施工情况的。

〖检查要点和方法〗

参见3.1.1条。

e)　3.2.2　当导流建筑物与永久建筑物结合时，导流建筑物设计级别与洪水标准仍应按表3.1.1及表3.2.1的规定执行；但成为永久建筑物部分的结构设计应采用永久建筑物级别标准。

表3.2.1　导流建筑物设计洪水标准　单位：重现期（年）

导流建筑物类型	导流建筑物级别		
	3	4	5
土石结构	50～20	20～10	10～5
混凝土、浆砌石结构	20～10	10～5	5～3

〖摘编说明〗

导流建筑物中如其中一部分系利用永久建筑物，利用部分的结构设计标准应按永久建筑物采用，但其作为担负导流任务而言，与其他临时导流建筑物组合成一个整体，其导流设计级别应与其他临时导流建筑物级别相同，仍应按表 3.2.1 规定划分，即导流设计洪水标准不因其系永久建筑物而提高。

〖检查要点和方法〗

导流建筑物与永久建筑物是否结合，结合部分的结构设计应采用永久建筑物级别。

4-1-7　《水利水电工程围堰设计规范》SL 645—2013

a)　3.0.1　围堰级别应根据其保护对象、失事后果、使用年限和围堰工程规模划分为 3 级、4 级、5 级，具体按表 3.0.1 确定。

表 3.0.1　　围堰级别划分表

级别	保护对象	失事后果	使用年限（年）	围堰工程规模	
				围堰高度（m）	库容（亿 m^3）
3	有特殊要求的 1 级永久性水工建筑物	淹没重要城镇、工矿企业、交通干线或推迟工程总工期及第一台（批）机组发电，造成重大灾害和损失	＞3	＞50	＞1.0
4	1 级、2 级永久性水工建筑物	淹没一般城镇、工矿企业或影响工程总工期和第一台（批）机组发电，造成较大经济损失	1.5～3	15～50	0.1～1.0
5	3 级、4 级永久性水工建筑物	淹没基坑，但对总工期及第一台（批）机组发电影响不大，经济损失较小	＜1.5	＜15	＜0.1

注 1：表列四项指标均按导流分期划分，保护对象一栏中所列永久性水工建筑物级别系按 SL 252 划分。

注 2：有、无特殊要求的永久性水工建筑物均系针对施工期而言，有特殊要求的 1 级永久性水工建筑物系指施工期不应过水的土石坝及其他有特殊要求的永久性水工建筑物。

注 3：使用年限系指围堰每一导流分期的工作年限，两个或两个以上导流分期共用的围堰，如分期导流一期、二期共用的纵向围堰，其使用年限不能叠加计算。

注 4：围堰工程规模一栏中，围堰高度指挡水围堰最大高度，库容指堰前设计水位所拦蓄的水量，两者应同时满足。

b)　3.0.2　当围堰工程根据表 3.0.1 指标分属不同级别时，应以其中最高级别为准。但列为 3 级建筑物时，至少应有两项指标符合要求。

c)　3.0.4　当围堰与永久建筑物结合时，结合部分的结构设计应采用永久建筑物级别标准。

d)　3.0.5　过水围堰应按表 3.0.1 确定建筑物级别，表中各项指标应以挡水期工况作为衡量依据。

〖摘编说明〗

详见 4-1-6《水利水电工程施工导流设计规范》SL 623—2013。

〖检查要点和方法〗

详见 4-1-6《水利水电工程施工导流设计规范》SL 623—2013。

4-2 洪水标准和安全超高

4-2-1 洪水标准

洪水标准确定是否恰当，既关系到工程自身的安全，又关系到下游人民生命财产、工矿企业、设施和生态环境的安全，同时，对工程效益、工程造价、建设速度等也有直接影响。

水利水电工程永久性水工建筑物的洪水标准，应按山区、丘陵区和平原、滨海区分别确定。当山区、丘陵区的水利水电工程永久性水工建筑物的挡水高度低于15m，且上下游最大水头差小于10m时，其洪水标准宜按平原、滨海区标准确定；当平原区、滨海区的水利水电工程永久性水工建筑物的挡水高度高于15m，且上下游最大水头差大于10m时，其洪水标准宜按山区、丘陵区标准确定。

江河采取梯级开发方式，在确定各梯级水利水电工程的永久性水工建筑物的设计洪水与校核洪水标准时，还应结合江河治理和开发利用规划，统筹研究，相互协调。

4-2-1-1 《水利水电工程等级划分及洪水标准》SL 252—2017

a) 5.2.1 山区、丘陵区水库工程的永久性水工建筑物的洪水标准，应按表5.2.1确定。

表5.2.1 山区、丘陵区水库工程永久性水工建筑物洪水标准

<table>
<tr><th colspan="2" rowspan="2">项目</th><th colspan="5">永久性水工建筑物级别</th></tr>
<tr><th>1</th><th>2</th><th>3</th><th>4</th><th>5</th></tr>
<tr><td colspan="2">设计
/[重现期（年）]</td><td>1000～500</td><td>500～100</td><td>100～50</td><td>50～30</td><td>30～20</td></tr>
<tr><td rowspan="2">校核洪水标准
/[重现期（年）]</td><td>土石坝</td><td>可能最大洪水
（PMF）或
10000～5000</td><td>5000～2000</td><td>2000～1000</td><td>1000～300</td><td>300～200</td></tr>
<tr><td>混凝土坝、
浆砌石坝</td><td>5000～2000</td><td>2000～1000</td><td>1000～500</td><td>500～200</td><td>200～100</td></tr>
</table>

〖摘编说明〗

（1）土石坝失事后垮坝速度很快，对下游相当大范围内会造成严重灾害，如河南省某水库垮坝，下游数十公里被夷为平地，人民生命财产遭受到巨大损失。因此，土石坝校核洪水标准比混凝土坝高。

（2）由于可能最大洪水（PMF）与频率分析法在计算理论和方法上都不相同，在选择是采用10000年的洪水还是采用PMF时，应根据计算成果的合理性来确定。

〔检查要点和方法〕

（1）当土石坝下游有居民区和重要农业区及工业经济区时，建筑物校核洪水标准宜采用范围值的上限。

（2）当用水文气象法求得的PMF较为合理时（不论其所相当的重现期是多少），采用PMF；当用频率分析法求得的重现期为10000年的洪水较为合理时，采用10000年的洪水；当两者可靠程度相同时，为安全起见，应采用其中较大者。

〔案例分析〕

河南石漫滩、板桥水库始建于20世纪50年代初期，因当时水库防洪标准偏低，遭遇“75·8”特大暴雨，致使大坝溃决，京广铁路中断，人民生命财产遭巨大损失。1986年板桥水库复建，水库总库容6.75亿m^3，大（2）型工程，主坝为均质土坝，最大坝高50.5m，2级建筑物，如按SL 252—2017表5.2.1规定校核洪水标准应为5000年，实际校核洪水采用PMF洪水，相当于校核洪水标准提高了一级。

b)　5.2.2　平原、滨海区水库工程的永久性水工建筑物洪水标准，应按表5.2.2确定。

表5.2.2　　平原、滨海区水库工程永久性水工建筑物洪水标准

项　目	永久性水工建筑物级别				
	1	2	3	4	5
设计/[重现期（年）]	300～100	100～50	50～20	20～10	10
校核洪水标准/[重现期（年）]	2000～1000	1000～300	300～100	100～50	50～20

〔摘编说明〕

平原、滨海区水库一般位于河流中下游。与山区不同的是，平原区洪水缓涨缓落、河道宽、坡度缓、坝低、泄水条件较好，发生较大洪水时，一般易于采取非常措施。因此，平原、滨海区水库的洪水标准不宜定得过高。对于同一级别的水工建筑物，平原、滨海区的洪水标准应比山区低一些。

〔检查要点和方法〕

平原、滨海区水库工程的永久性水工建筑物洪水标准确定是否合适。

c)　5.2.7　平原、滨海区水库工程的永久性泄水建筑物消能防冲设计洪水标准，应与相应级别泄水建筑物的洪水标准一致，按表5.2.2确定。

〔摘编说明〕

平原、滨海区水库工程地质条件往往较差，消能防冲工程一旦失事，会危及主要建筑物安全，故规定其消能防冲洪水标准与主要建筑物洪水标准一致。

〔检查要点和方法〕

平原、滨海区水库工程的永久性泄水建筑物消能防冲建筑物洪水标准是否与相应泄水建筑物的洪水标准一致。

d) 5.2.8 水电站厂房永久性水工建筑物洪水标准，应根据其级别，按表5.2.8确定。河床式水电站厂房挡水部分或水电站厂房进水口作为挡水结构组成部分的洪水标准，应与工程挡水前沿永久性水工建筑物的洪水标准一致，按表5.2.1确定。

表5.2.8 水电站厂房永久性水工建筑物洪水标准

水电站厂房级别		1	2	3	4	5
山区、丘陵区/[重现期（年）]	设计	200	200～100	100～50	50～30	30～20
	校核	1000	500	200	100	50
平原、滨海区/[重现期（年）]	设计	300～100	100～50	50～20	20～10	10
	校核	2000～1000	1000～300	300～100	100～50	50～20

〔摘编说明〕

（1）平原、滨海区发生较大洪水时，一般易于采取非常措施，同时平原、滨海区发生较大洪水时其损失一般也较大。因此，应根据洪水损失和采取非常措施的难易程度，合理确定平原、滨海区水电站厂房永久性水工建筑物洪水标准。

（2）河床式电站厂房或进水口作为挡水结构组成部分，其挡水部分的洪水标准应与工程中其他挡水建筑物的洪水标准一致。

〔检查要点和方法〕

河床式电站挡水厂房与非挡水厂房防洪标准不一样，水电站厂房进水口作为挡水结构组成部分与非挡水结构组成部分防洪标准不一样，应区别对待。

e) 5.2.10 水库工程导流泄水建筑物封堵期间，进口临时挡水设施的洪水标准应与相应时段的大坝施工期洪水标准一致。水库工程导流泄水建筑物封堵后，如永久泄洪建筑物尚未具备设计泄洪能力，坝体洪水标准应分析坝体施工和运行要求后按表5.2.10确定。

表5.2.10 水库工程导流泄水建筑物封堵后坝体洪水标准

坝　　型		大坝级别		
		1	2	3
混凝土坝、浆砌石坝/[重现期（年）]	设计	200～100	100～50	50～20
	校核	500～200	200～100	100～50
土石坝/[重现期（年）]	设计	500～200	200～100	100～50
	校核	1000～500	500～200	200～100

〔摘编说明〕

水库蓄水阶段或大坝施工期运用阶段的洪水标准，因导流泄水建筑物已经封堵、永久性泄洪建筑物已具备泄洪能力，故这个标准比建成后的大坝正常运用洪水标准低，用正常运用时的下限值作为施工运用的上限值。由于混凝土坝施工期运用的标准应比土石坝低，故取土石坝的下限值作为混凝土坝的上限。

〖检查要点和方法〗

对临时性的水工建筑物洪水标准进行检查时，应注意以下几点：

（1）导流建筑物级别确定和类型划分是否符合规范规定，是否有超标准洪水预案。

（2）当坝体填筑高程超过围堰堰顶高程时，或当导流泄水建筑物封堵后，坝体临时度汛洪水标准都应按相关规定执行，注意区别。

〖案例分析〗

重庆玉滩水库，总库容1.5亿m^3，大坝采用沥青心墙堆石坝，坝高42.7m，2级建筑物。施工期采用分期导流，上游土石围堰为4级建筑物，因围堰挡水时段较短，故导流标准选用下限10年一遇；第二年汛前，大坝填筑高程已超过围堰高程，故坝体临时度汛洪水标准提高到50年一遇；第三年汛前，导流建筑物已封堵，大坝已填筑到设计高程，溢洪道基本具备过洪条件，坝体度汛洪水标准提高到100年一遇设计，500年一遇校核。

f) 5.3.1 拦河闸、挡潮闸挡水建筑物及其消能防冲建筑物设计洪（潮）水标准，应根据其建筑物级别按表5.3.1确定。

表5.3.1　　拦河闸、挡潮闸永久性水工建筑物洪（潮）水标准

永久性水工建筑物级别		1	2	3	4	5
洪水标准/[重现期（年）]	设计	100～50	50～30	30～20	20～10	10
	校核	300～200	200～100	100～50	50～30	30～20
潮水标准/[重现期（年）]		≥100	100～50	50～30	30～20	20～10
注：对具有挡潮工况的永久性水工建筑物按表中潮水标准执行。						

〖摘编说明〗

这里的拦河闸是指广泛应用于平原河流的具有防洪、灌溉、治涝、发电等功能的水工建筑物。对于兴建在平原圩区（河口区）的拦河（挡潮）闸，其两岸一般为堤防，实际工作中往往发现，按表5.3.1确定的设计洪（潮）水标准超过其所在堤防设计洪（潮）水标准，出现这种情况时，可考虑根据其所在堤防的设计洪（潮）水标准确定拦河（挡潮）闸的设计洪水。拦河闸、挡潮闸一般修建在平原、滨海地区，其消能防冲工程一旦失事，会危及主要建筑物安全，故规定其消能防冲建筑物洪水标准与主要建筑物洪水标准一致。

〖检查要点和方法〗

（1）平原圩区（河口区）的拦河（挡潮）闸，其洪水标准是否高于两岸堤防。

（2）拦河闸、挡潮闸消能防冲建筑物洪水标准与主要建筑物洪水标准是否一致。

（3）注意与山区丘陵区闸坝建筑物洪水标准的区别。

g) 5.3.2 潮汐河口段和滨海区水利水电工程永久性水工建筑物的潮水标准，应根据其级别按表5.3.1确定。对于1级、2级永久性水工建筑物，若确定的设计潮水位低于当地历史最高潮水位时，应按当地历史最高潮水位校核。

〖摘编说明〗

沿海地区的水利工程按受洪潮影响的不同，可分为潮汐河口段水利工程和滨海区水利工程。

对于潮汐河口段，水位受海洋潮汐和江河洪水的双重影响。由于各地都已设置为数众多的潮位观测站，积累了丰富的资料，在确定潮汐河口段潮水标准时，可以采用分析计算潮水位重现期的方法。这样，潮水标准就可以与江河的洪水标准有机地联系起来。通过超高的调整，可使江河堤防与沿海海堤的堤顶高程相一致。

滨海区水利工程的防潮，主要是分析由水暴原因引起海面异常升高而形成的水暴潮（或水暴增水）及其与天文潮的相互关系，合理地提出防潮标准。现在，全国在沿海一带建立了数百个测潮站，并积累了一定的资料，能够根据实测或调查到的历史最高暴潮水位，推求潮水位频率。本条文采用重现期（年）作为潮水标准，同时考虑历史最高潮位，比较直观，概念明确。

〖检查要点和方法〗

对1级、2级建筑物，应以当地历史最高潮水位校核。

h) 5.5.1 治涝、排水、灌溉和供水工程永久性水工建筑物的设计洪水标准，应根据其级别按表5.5.1确定。

表5.5.1 治涝、排水、灌溉和供水工程永久性水工建筑物设计洪水标准

建筑物级别	1	2	3	4	5
设计/[重现期（年）]	100～50	50～30	30～20	20～10	10

〖摘编说明〗

治涝、排水、灌溉和供水工程永久性水工建筑物主要指渠道及其交叉建筑物、水闸等。这类工程遭遇超标准洪水失事后，一般只会造成经济损失，不会造成大的人身伤亡，故其永久性水工建筑物洪水标准比水库工程永久性水工建筑物洪水标准低一些。

〖检查要点和方法〗

治涝、排水、灌溉和供水工程永久性水工建筑物设计洪水标准确定是否合适。

i) 5.5.3 治涝、排水、灌溉和供水工程中泵站永久性水工建筑物的洪水标准，应根据其级别按表5.5.3确定。

表5.5.3 治涝、排水、灌溉和供水工程泵站永久性水工建筑物洪水标准

永久性水工建筑物级别		1	2	3	4	5
洪水标准/[重现期（年）]	设计	100	50	30	20	10
	校核	300	200	100	50	20

〖摘编说明〗

泵站工程机电设备复杂，其重要性较水闸、渡槽、倒虹吸、管道、涵洞、隧洞、跌水与陡坡建筑物更高，因此泵站工程设计洪水取治涝、排水、灌溉和供水工程永久性水工建筑物设计洪水标准的上限。

〖检查要点和方法〗

泵站设计洪水标准确定是否合适。

j） 5.6.1 临时性水工建筑物洪水标准，应根据建筑物的结构类型和级别，按表5.6.1的规定综合分析确定。临时性水工建筑物失事后果严重时，应考虑发生超标准洪水时的应急措施。

表5.6.1 临时性水工建筑物洪水标准

建筑物结构类型	临时性水工建筑物级别		
	3	4	5
土石结构/[重现期（年）]	50～20	20～10	10～5
混凝土、浆砌石结构/[重现期（年）]	20～10	10～5	5～3

〖摘编说明〗

临时性水工建筑发生损坏时，其损失较永久建筑物小，相应其洪水标准较低。为了增加临时水工建筑物的安全度，对某些特别重要工程，应提出发生超标准洪水时的应急预案。

〖检查要点和方法〗

失事后果严重的临时性水工建筑物，是否制定了发生超标准洪水时的应急预案。

4-2-1-2 《水电站厂房设计规范》SL 266—2014

a） 3.2.1 水电站厂房（包括厂区建筑物）应按其工程等级及挡水条件采取下列相应的洪水标准：

1 壅水厂房兼作为枢纽挡水建筑物，其防洪标准应与该枢纽工程挡水建筑物的防洪标准相一致。

2 非壅水厂房的防洪标准应按表3.2.1的规定确定。

表3.2.1 非壅水厂房的洪水标准

建筑物级别	洪水重现期（a）	
	设计洪水	校核洪水
1	200	1000
2	200～100	500
3	100～50	200

〖摘编说明〗

壅水厂房上游防洪标准与枢纽工程挡水建筑物的防洪标准相一致没有任何异议，但壅水厂房的下游防洪标准采用与枢纽工程挡水建筑物相同防洪标准在行业内存在不同意见。国内部分壅水厂房下游防洪标准与壅水建筑物防洪标准相比有所降低，主要集中在南方，以航电枢纽居多。

对于壅水厂房下游防洪标准按枢纽工程挡水建筑物相同防洪标准，造成水电站进厂困难，工程投资显著加大，经论证可适当降低下游防洪标准，但不得低于按表 3.2.1 确定的洪水标准。

〖检查要点和方法〗

（1）检查工程等别和厂房建筑物级别划分是否合理，是否与审批文件一致。

（2）厂房建筑物是壅水厂房还是非壅水厂房。

4-2-1-3 《调水工程设计导则》SL 430—2008

a） 9.2.8 调水工程永久性水工建筑物洪水标准，应根据其级别按表 9.2.8 确定。

表 9.2.8　　调水工程永久性水工建筑物洪水标准

水工建筑物级别	洪水［重现期（a）］	
	设计	校核
1	100～50	300～200
2	50～30	200～100
3	30～20	100～50
4	20～10	50～30
5	10	30～20

〖摘编说明〗

（1）调水工程河渠交叉建筑物洪水标准应综合考虑穿越处河道上游流域面积、交叉建筑物结构型式等因素确定。

例如南水北调中线一期工程规定：总干渠河渠交叉断面以上集流面积大于等于 $20km^2$ 的河渠交叉建筑物设计洪水标准为 100 年一遇，校核洪水标准为 300 年一遇；集流面积小于 $20km^2$ 的左岸排水建筑物设计洪水标准为 50 年一遇，校核洪水标准为 200 年一遇；总干渠与各类河渠交叉、左岸排水建筑物连接渠段的防洪标准与相应的主体建筑物洪水标准一致。

（2）本导则 9.2.8 条同时规定：泵站的洪水标准应取（表 9.2.8）上限，但 5 级泵站校核洪水标准应取 20 年（此规定未纳入强条），该规定同时应作为调水工程中泵站洪水标准选择的依据。

〖检查要点和方法〗

调水工程永久性水工建筑物穿越堤防时，其洪水标准应不低于堤防的洪水标准。

4-2-1-4　《水利水电工程水文自动测报系统设计规范》SL 566—2012

a)　11.1.3　水位站应满足防洪标准和测洪标准的要求。水位站的防洪标准和测洪标准，应按表 11.1.3 的规定执行。

表 11.1.3　　水位站防洪标准和测洪标准

水位站类别	防洪标准	测洪标准
水库、闸坝	校核洪水	校核洪水位
河道、湖泊	高于 50 年一遇洪水或相应于堤顶高程时的洪水	高于 50 年一遇洪水位或堤顶高程

〖摘编说明〗

(1) 本标准适用于水利水电工程水文自动测报系统的初步规划和总体设计。

(2) 水库、闸坝站的防洪标准和测洪标准依据工程自身防洪标准、《水位观测平台技术标准》SL 384 有关规定制定；河道、湖泊站的防洪标准和测洪标准依据《水文基础设施建设与技术装备标准》SL 276、《水位观测平台技术标准》SL 384 有关规定，并结合国内现有水利水电工程水情自动测报系统的实际运行情况制定。

(3) 测洪标准是指水文设施设备能够实测的相应洪水标准。

〖检查要点和方法〗

(1) 当出现不大于防洪标准相应洪水时，应能保证水位观测站建筑物的防洪安全，仪器设备不被洪水淹没。

(2) 当出现不大于测洪标准相应洪水位时，水位观测设施设备应能正常运行，测站测报工作应能正常开展。

〖案例分析〗

2013 年初嫩江干流建设完成了 5 处水质自动监测站并投入试运行。按照《水文基础设施建设与技术装备标准》SL 276—2002，大河控制站防洪标准应为 100 年一遇洪水水位加 1m 设计。某站站房和观测设施防洪标准未达到要求。2013 年 7—8 月，嫩江流域发生了大洪水，部分河段超过 50 年一遇洪水，该站站房被淹，室内过水高度 1.53m，站房内部电气、供暖等设备被洪水浸泡损毁。

4-2-1-5　《水利水电工程施工导流设计规范》SL 623—2013

a)　3.2.1　导流建筑物设计洪水标准应根据建筑物的类型和级别在表 3.2.1 规定幅度内选择。同一导流分期各导流建筑物的洪水标准应相同，以主要挡水建筑物的设计洪水标准为准。

表 3.2.1　　导流建筑物设计洪水标准　　单位：重现期（年）

导流建筑物类型	导流建筑物级别		
	3	4	5
土石结构	50～20	20～10	10～5
混凝土、浆砌石结构	20～10	10～5	5～3

〖摘编说明〗

（1）导流建筑物类型的影响：一般概念，土石类型漫水失事的可能性比混凝土类型建筑物要大一些。根据1981年《全国水库垮坝登记手册》资料统计，绝大多数垮坝坝型为土石型。水利水电工程中，由于洪水漫顶而溃堰也是土石类型占多数，如白莲河上游土石围堰、新丰江下游土石过水围堰等。因此，表3.2.1将围堰类型列为确定洪水标准的一个条件，土石围堰的设计洪水标准较同级混凝土围堰定得更高。

（2）洪水标准封顶：据不完全统计，我国导流标准习惯用5年、10年、20年、50年等标准。从我国设计实际出发，并考虑到规范具有一定的先进性，本条规定3级导流建筑物采用50年重现期封顶，4级导流建筑物采用20年封顶。

（3）为了增加安全度，某些特别重要工程建议考虑遭遇超标准洪水的预案。

b） 3.3.1 当坝体施工高程超过围堰堰顶高程时，坝体临时度汛洪水标准应根据坝型及坝前拦洪库容按表3.3.1的规定执行。

表3.3.1 坝体施工期临时度汛洪水标准 单位：重现期（年）

坝　　型	拦洪库容（$10^8 m^3$）			
	>10.0	10.0～1.0	1.0～0.1	<0.1
土石坝	≥200	200～100	100～50	50～20
混凝土坝、浆砌石坝	≥100	100～50	50～20	20～10

〖摘编说明〗

鉴于坝体挡水度汛一般仅1～2个汛期，随后永久泄水建筑物即可投入正常运转，故当坝体填筑高程超过围堰堰顶高程时，坝体临时度汛洪水标准比相应导流建筑物洪水标准高。

c） 3.3.2 导流泄水建筑物全部封堵后，如永久泄洪建筑物尚未具备设计泄洪能力，坝体度汛洪水标准应在分析坝体施工和运行要求后按表3.3.2的规定执行。汛前坝体上升高度应满足拦洪要求，帷幕灌浆及接缝灌浆高程应满足蓄水要求。

表3.3.2 导流泄水建筑物封堵后坝体度汛洪水标准 单位：重现期（年）

坝　　型		大　坝　级　别		
		1	2	3
土石坝	设计	500～200	200～100	100～50
	校核	1000～500	500～200	200～100
混凝土坝、浆砌石坝	设计	200～100	100～50	50～20
	校核	500～200	200～100	100～50

〖摘编说明〗

水库蓄水阶段或大坝施工期运用阶段的度汛标准，因导流泄水建筑物已经封堵、永久泄洪建筑物已具备泄洪能力，故这个标准比建成后的大坝正常运用洪水标准低，用正常运用时的下限值作施工期运用的上限值。由于混凝土坝施工期运用的标准应比土石坝低，故取土石坝的下限值作为混凝土坝的上限值。

〔检查要点和方法〕

对临时性的水工建筑物洪水标准进行检查时，应注意以下几点：

（1）导流建筑物级别确定和类型划分是否符合规范规定，是否有超标准洪水预案。

（2）当坝体填筑高程超过围堰堰顶高程时，坝体临时度汛洪水标准应按表 3.3.1 规定执行。

（3）当导流泄水建筑物封堵后，坝体度汛洪水标准应按表 3.3.2 规定执行。

d）　10.2.1　对导流建筑物级别为 3 级且失事后果严重的工程，应提出发生超标准洪水时的预案。

〔摘编说明〕

为了增加安全度，某些特别重要工程建议考虑遭遇超标准洪水的预案。

4-2-1-6　《水利水电工程围堰设计规范》SL 645—2013

a）　3.0.9　围堰工程设计洪水标准应根据建筑物的类型和级别在表 3.0.9 规定幅度内选择。对围堰级别为 3 级且失事后果严重的工程，应提出发生超标准洪水时的工程应急措施。

表 3.0.9　　围堰工程洪水标准　　单位：重现期（年）

围堰类型	围堰工程级别		
	3	4	5
土石结构	50～20	20～10	10～5
混凝土、浆砌石结构	20～10	10～5	5～3

〔摘编说明〕同 4-2-1-5a）条。

〔检查要点和方法〕同 4-2-1-5a）条。

4-2-1-7　《土石坝施工组织设计规范》SL 648—2013

a）　3.0.4　由坝体拦洪度汛时，应根据当年坝体设计填筑高程所形成的坝前拦洪库容，按表 3.0.4 确定度汛标准。

表 3.0.4　　坝体施工期临时度汛设计洪水标准

拦洪库容（亿 m^3）	≥1.0	1.0～0.1	<0.1
重现期（年）	≥100	100～50	50～20

〔摘编说明〕同 4-2-1-5b）条。

〔检查要点和方法〕同 4-2-1-5b）条。

4-2-2　安全超高

对于"安全超高"的定义有两种：一是"安全超高"包括波浪爬高、风壅增高和安全加高等3项；二是“安全超高”仅指安全加高。执行强制性条文时，应注意不同标准对不同建筑物的规定的差别。

4-2-2-1 《泵站设计规范》GB 50265—2010

a) 6.1.3 泵房挡水部位顶部安全加高不应小于表6.1.3的规定。

表6.1.3 泵房挡水部位顶部安全加高下限值（m）

运用情况	泵站建筑物级别			
	1	2	3	4、5
设计	0.7	0.5	0.4	0.3
校核	0.5	0.4	0.3	0.2

注 1 安全加高系指波浪、壅浪计算顶高程以上距离泵房挡水部位顶部的高度；
2 设计运用情况系指泵站在设计运行水位或设计洪水位时运用的情况，校核运用情况系指泵站在最高运行水位或校核洪水位时运用的情况。

〔摘编说明〕

规定“安全加高”是为了避免各种因素可能对泵房安全产生不利影响而采取的一种工程措施。主要考虑的影响因素是：①洪水水位计算中可能存在误差；②风浪计算中所采用的经验公式的局限性；③泥沙淤积估算的误差及其他因素对水位抬高的影响。安全加高依据建筑物的类型、运用工况和建筑物的级别不同而采用不同的数值，确保泵房各挡水部位的顶部高程在各种工况下波浪作用不致漫顶。

通常水工建筑物“安全超高”中包含的“波浪爬高、风壅增高和安全加高”3项内容，安全加高只是其中一项，前两项需要经计算确定。对于泵房，应根据其不同的挡水面的形式，参照相应标准的规定和计算方法进行计算。

对于一些特殊情况，如地震区，顶部高程的确定还需考虑地震产生的壅浪和地震引起的建筑物自身和基础的附加沉陷；当库内大体积滑坡或塌岸时，还应考虑滑坡或塌岸引起的涌浪。

〔检查要点和方法〕

（1）是否根据泵站的设计运用情况和校核运用情况分别确定挡水部位的挡水水位和安全加高值。

（2）是否根据不同挡水水位分别进行波浪和壅浪计算，确定建筑物相应波浪爬高和壅浪高度。

（3）是否是在波浪、壅浪计算顶高程以上增加安全加高，最终确定泵房挡水部位的顶部高程。

4-2-2-2 《溢洪道设计规范》SL 253—2018

a) 3.3.9 控制段闸墩及岸墙顶部高程应满足下列要求：

1 在宣泄校核洪水时不应低于校核洪水位加安全加高值。

2 挡水时不应低于设计洪水位或正常蓄水位加波浪计算高度和安全加高值。

3　溢洪道紧靠坝肩时，控制段顶部高程应与大坝坝顶高程协调。

4　安全加高下限值按表 3.3.9 选取。

表 3.3.9　　安全加高下限值　　单位：m

运用工况	控制段建筑物级别		
	1 级	2 级	3 级
挡水	0.7	0.5	0.4
泄洪	0.5	0.4	0.3

〔摘编说明〕

（1）溢洪道具有挡水和泄水双重作用，顶部高程计算时应分闭门状态和泄洪状态两种工况。溢洪道挡水时，会产生壅浪，工作性质与其他挡水建筑物一样，建筑物顶部高程应考虑风浪影响；当溢洪道泄水时，闸门开启，形成降水曲线，且受水流流速影响，水面一般不会形成较高壅浪，至少不会形成立波型波态，所以泄水时不再考虑风浪影响。

（2）波浪要素按 SL 744《水工建筑物荷载设计规范》有关规定计算。

（3）当溢洪道控制段靠近大坝，且两者有交通相连接时，控制段顶部高程应考虑与坝顶高程的协调。

（4）当溢洪道控制段顶部设有工作桥或交通桥时，桥下净空应满足泄洪及排漂等要求。

〔检查要点和方法〕

（1）溢洪道控制段闸墩、岸墙的顶部高程确定应考虑溢洪道挡水和泄水两种工况，挡水工况应考虑水面的风壅增高和波浪爬高，安全加高值应满足规范规定。

（2）当溢洪道紧靠坝肩时，控制段的顶部高程应与大坝坝顶高程相协调；溢洪道顶部工作桥或交通桥的桥下净空应满足泄洪及排漂等要求。

4-2-2-3　《水闸设计规范》SL 265—2016

a)　4.2.4　水闸闸顶计算高程应根据挡水和泄水运用情况确定。挡水时，闸顶高程不应低于水闸正常蓄水位或最高挡水位加波浪计算高度与相应安全加高值之和；泄水时，闸顶高程不应低于设计洪水位或校核洪水位与相应安全加高值之和。水闸安全加高下限值应符合表 4.2.4 的规定。

表 4.2.4　　水闸安全加高下限值　　单位：m

运用情况		水闸级别			
		1 级	2 级	3 级	4 级、5 级
挡水时	正常蓄水位	0.7	0.5	0.4	0.3
	最高挡水位	0.5	0.4	0.3	0.2
泄水时	设计洪水位	1.5	1.0	0.7	0.5
	校核洪水位	1.0	0.7	0.5	0.4

b) 4.2.5 位于防洪、挡潮堤上的水闸，其闸顶高程不应低于防洪、挡潮堤堤顶高程。

〖摘编说明〗

（1）闸顶高程通常是指闸室胸墙或闸门挡水线上游闸墩和岸墙的顶部高程。由于水闸是兼有挡水和泄水双重作用的水工建筑物，因此闸顶高程要根据挡水和泄水两种运用情况计算确定。水闸通常是在正常蓄水位条件下关门挡水，有时因外河行洪或其他原因，不允许水闸向外河泄水，此时可能出现最高挡水位高于正常蓄水位的情况。无论是在正常蓄水位或最高挡水位条件下的关门挡水，由于风力作用，闸前均会出现波浪，因此闸顶高程不要低于水闸正常蓄水位（或最高挡水位）加波浪计算高度与相应安全加高值之和。当水闸闸前水位达到设计洪水位（或校核洪水位）必须开闸泄水时，由于流速的影响，水面不会形成较高的波浪，因此闸顶高程不要低于设计洪水位（或校核洪水位）与相应安全加高值之和。为了不致使上游来水（特别是洪水）漫过闸顶，危及闸室结构安全，上述挡水和泄水两种情况下的安全保证条件要同时得到满足。

（2）对于防洪（挡潮）堤上水闸两侧堤顶可能加高的影响，根据安徽省的工程实践经验，由于江河堤防防洪标准的不断提高，挡洪堤随之逐年加高，如果不考虑这一因素，过若干年后将出现闸顶高程低于两侧堤顶高程的情况，显然这是不合适的。所以在确定闸顶高程要考虑这个因素。

〖检查要点和方法〗

水闸闸顶高程应根据挡水和泄水两种运用情况确定，同时，还应考虑下述几个因素：

（1）建在软弱地基上的水闸应考虑地基沉降影响，应给闸顶高程预留合理超高。地基沉降的确定，可用类比法，即参照类似地基条件下已建的实测资料研究确定，也可根据沉降计算确定。

（2）在多泥沙河道上建闸，泥沙淤积对水位抬高有影响。抬高多少目前尚无精确的计算方法，仅可参照已建工程的实践经验和实测资料研究确定。

（3）要考虑防洪大堤可能逐年加高及闸的使用年限，不至于在使用中出现两侧大堤高于闸顶的情况。

（4）位于防洪（挡潮）堤上的水闸，其闸顶高程不得低于防洪（挡潮）堤堤顶高程。

〖案例分析〗

安徽省淮河上某水闸，1级建筑物，设计洪水位为23.65m，校核洪水位为24.5m，泄水时，设计洪水位和校核洪水位相应安全加高值分别为1.5m和1.0m，预留沉降0.3m，闸顶高程由泄水工况校核洪水位加安全加高再加预留沉降确定为25.8m。

4-2-2-4 《碾压式土石坝设计规范》SL 274—2001

a) 5.3.1 坝顶在水库静水位以上的超高应按式（5.3.1）确定：

$$y=R+e+A \tag{5.3.1}$$

式中　y——坝顶超高，m；

R——最大波浪在坝坡上的爬高，m，可按本规范附录A计算；

e——最大风壅水面高度，m，可按本规范附录A计算；

A——安全加高，m，按表5.3.1确定。

表5.3.1　　安全加高A值（m）

坝的级别		1	2	3	4、5
设计		1.50	1.00	0.70	0.50
校核	山区、丘陵区	0.70	0.50	0.40	0.30
	平原、滨海区	1.00	0.70	0.50	0.30

b)　5.3.2　地震区的安全加高尚应增加地震沉降和地震壅浪高度，按SL 203—97《水工建筑物抗震设计规范》的有关规定确定。

c)　5.3.6　坝顶应预留竣工后沉降超高。沉降超高值应按本规范8.4.3的规定确定。各坝段的预留沉降超高应根据相应坝段的坝高而变化。预留沉降超高不应计入坝的计算高度。

d)　5.5.3　土质防渗体顶部在正常蓄水位或设计洪水位以上的超高，应按表5.5.3的规定取值。非常运用条件下，防渗体顶部不应低于非常运用条件的静水位。并应核算风浪爬高高度的影响。

表5.5.3　　正常运用情况下防渗体顶部超高（m）

防渗体结构形式	超　高	防渗体结构形式	超　高
斜墙	0.80～0.60	心墙	0.60～0.30

当防渗体顶部设有防浪墙时，防渗体顶部高程可不受上述限制，但不得低于正常运用的静水位。

防渗体顶部应预留竣工后沉降超高。

〔摘编说明〕

（1）坝工建设中曾有因库区大体积滑坡引起壅浪漫过坝顶而造成巨大损失的事例，国内如柘溪水电站，国外如意大利瓦希昂水电站，从而引起了工程界的重视。故如库区内有可能发生大体积塌岸和滑坡情况时，对壅浪高度和对坝面的破坏能力等应进行专门研究。

（2）设计烈度为8度、9度时，安全超高应计入坝和地基在地震作用下的附加沉陷。从国内外的实例资料看，如果坝基与坝体质量良好，在地震烈度7度、8度地区，地震引起的坝顶沉陷一般不超过坝高的1%。我国汶川大地震震后实测，紫坪铺大坝坝顶中部最大沉降744mm。

地震涌浪与地震机制、震级、坝面到对岸距离、水库面积、岸坡和坝坡坡度等因素有关。在设计时常预留涌浪超高，一般地震涌浪高度可根据设计烈度和坝前水深采用0.5～1.5m。日本地震涌浪按坝高1%计算。对库区内可能因地震引起的大体积塌岸和滑坡而形成的涌浪，应另行研究。

(3) 由于坝顶高程不够引起溃坝可能有以下两种情况：其一是坝顶超高偏小；其二是竣工后坝体沉降。第一种情况，应在坝顶安全超高中考虑；第二种情况，坝顶应预留竣工后沉降超高。

(4) 防渗体顶部不应低于非常运用条件的静水位，并应核算风浪爬高高度的影响，是在无风浪时的最低要求。若风浪较高，在频繁的风浪作用下，库水有可能通过心墙顶部向下游渗水，因此，如风浪较高，防渗体顶部也应相应抬高，以防风浪形成壅水通过防渗体顶部渗至下游。

〖检查要点和方法〗

(1) 坝顶超高应按以下运用条件分别计算，取其最大值：

1) 设计洪水位加正常运用条件的坝顶超高；

2) 正常蓄水位加正常运用条件的坝顶超高；

3) 校核洪水位加非常运用条件的坝顶超高；

4) 正常蓄水位加非常运用条件的坝顶超高。

(2) 地震区的土石坝安全加高应增加地震沉降和地震壅浪高度。

(3) 坝顶应预留竣工后沉降超高。

(4) 土质防渗体顶部在正常运用情况下的超高，应按表 5.5.3 的规定取值。防渗体顶部高程不应低于非常运用条件的静水位，同时应核算风浪爬高的影响。当防渗体顶部设有防浪墙时，防渗体顶部高程不得低于正常运用的静水位。

〖案例分析〗

(1) 某水库总库容为 1.1 亿 m^3，主坝为均质土坝，高 70m，工程位于 7 度地震区，设计洪水位为 215.5m，校核洪水位为 217.5m，正常蓄水位为 215.0m。波浪爬高正常和非常运用条件分别为 3.5m、1.8m。最大风壅水面高度正常和非常运用条件分别为 0.5m、0.7m。地震壅浪高度取 1.0m，地震沉降按 0.5m 计。

设计洪水位加正常运用条件下坝顶超高：$y=R+e+A=3.5+0.5+1.0=5.0$m，坝顶高程为 215.5+5.0=220.5m；

正常蓄水位加正常运用条件下坝顶超高：$y=R+e+A=3.5+0.5+1.0=5.0$m，坝顶高程为 215.0+5.0=220.0m；

校核洪水位加非常运用条件下坝顶超高：$y=R+e+A=1.80+0.7+0.5=3.0$m，坝顶高程为 217.5+3.0=220.5m；

正常蓄水位加非常运用再加地震条件下坝顶超高：$y=R+e+A+B=1.8+0.7+1.5+0.5=4.5$m，坝顶高程 215.0+3.8=219.5m。

由此计算：坝顶高程由设计洪水位控制，为 220.5m。

(2) 某工程采用黏土心墙堆石坝，坝高 29.5m，坝顶高程为 368.0m，正常蓄水位 364.2m，心墙顶高程为 364.6m，由于风浪较高，坝顶设有高 1.0m 的防浪墙，防浪墙和心墙顶之间未连接。在频繁的风浪作用下，库水有可能通过心墙顶部向下游渗水。大坝完工正式蓄水前，根据蓄水安全鉴定审查意见，在心墙和防浪墙之间开槽重新做防渗体，以防风浪形成壅水通过防渗体顶部渗至下游。

4-2-2-5 《混凝土拱坝设计规范》SL 282—2018

a) 10.1.1 坝顶高程应高于水库最高静水位。坝顶高程（或防浪墙顶高程）与水库正常蓄水位的高差或与校核洪水位的高差，应按公式（10.1.1）计算，应选择两者计算的大值确定坝顶高程（或防浪墙顶高程）。

$$\Delta h = h_{1\%} + h_z + h_c \tag{10.1.1}$$

式中 Δh——防浪墙顶与水库正常蓄水位或校核洪水位的高差，m；

$h_{1\%}$——累积频率1%的波高，m；

h_z——波浪中心线至水库正常蓄水位或校核洪水位的高差，m；

h_c——安全加高，m，按表10.1.1规定取值。

$h_{1\%}$、h_z 的计算按SL 744的规定执行。

表10.1.1 安全加高 h_c 单位：m

水位	坝的级别		
	1级	2级	3级
正常蓄水位	0.7	0.5	0.4
校核洪水位	0.5	0.4	0.3

〔摘编说明〕

（1）坝顶高程应高于水库最高静水位，防浪墙只可以拦挡风浪和波浪爬高。

（2）防浪墙顶高程应高于水库计算水位上加必要的超高，该超高由波浪中心线至计算水位的高差（波浪壅高）、波高加安全加高组成。

（3）波浪要素按SL 744《水工建筑物荷载设计规范》的有关规定计算。

〔检查要点和方法〕

（1）坝顶高程应高于水库最高静水位。

（2）波浪要素按SL 744《水工建筑物荷载设计规范》的有关规定计算，波浪的波高累计频率采用1%。

（3）坝顶防浪墙的顶高程应考虑正常蓄水位和校核洪水位两种工况分别计算，选其中较大值。

（4）安全加高值应满足规范相应规定。

4-2-2-6 《水利水电工程进水口设计规范》SL 285—2003

a) 3.2.2 安全超高标准。

闸门、启闭机和电气设备工作平台对挡水位的安全超高标准，对于整体布置进水口应与大坝、河床式水电站和拦河闸等枢纽工程主体建筑物相同；对于独立布置进水口应

根据进水口建筑物级别与特征挡水位按表 3.2.2 采用；对于堤防涵闸式进水口还应符合 GB 50286—98 的有关规定。

表 3.2.2　　进水口工作平台安全超高标准（cm）

进水口建筑物级别		1	2	3	4、5
特征挡水位	设计水位	70	50	40	30
	校核水位	50	40	30	20

注　表中安全超高为特征挡水位加波浪爬高、风壅增高后的安全加高值。

〖摘编说明〗

表 3.2.2 中设计水位是指水库（或河流）设计洪水位；校核水位是指水库（或河流）校核洪水位。进水口闸门、启闭机械和电气设备工作平台高程应为设计水位或校核水位加本标准表 3.2.2 的安全超高值，并取较高者确定。

〖检查要点和方法〗

（1）进水口的类型和级别。

（2）对于整体布置进水口应与枢纽工程主体建筑物相同。

（3）表 3.2.2 适用于独立布置进水口。

（4）对于堤防涵闸式进水口还应符合堤防设计规范 GB 50286 的有关规定。

4-2-2-7　《水利水电工程施工组织设计规范》SL 303—2017

a)　2.4.20　不过水围堰堰顶高程和堰顶安全加高值应符合下列规定：

1　堰顶高程应不低于设计洪水的静水位与波浪高度及堰顶安全加高值之和，其堰顶安全加高应不低于表 2.4.20 的规定值。

2　土石围堰防渗体顶部在设计洪水静水位以上的加高值：斜墙式防渗体为 0.8～0.6m；心墙式防渗体为 0.6～0.3m。3 级土石围堰的防渗体顶部应预留完工后的沉降超高。

3　考虑涌浪或折冲水流影响，当下游有支流顶托时，应组合各种流量顶托情况，校核围堰堰顶高程。

4　形成冰塞、冰坝的河流应考虑其造成的壅水高度。

表 2.4.20　　不过水围堰堰顶安全加高下限值　　单位：m

围堰型式	围堰级别	
	3 级	4～5 级
土石围堰	0.7	0.5
混凝土围堰、浆砌石围堰	0.4	0.3

〖摘编说明〗

施工围堰为临时性挡水建筑物，其顶部高程的计算方法与永久性挡水建筑物相同，但只考虑设计洪水工况和可能出现的风险情况。

〔检查要点和方法〕

（1）按表 2.4.20 检查不过水围堰堰顶安全加高是否满足下限值要求。

（2）检查土石围堰防渗体的顶部在设计洪水静水位以上的加高值：斜墙式防渗体为 0.8～0.6m；心墙式防渗体为 0.6～0.3m。3 级土石围堰的防渗体顶部是否预留了完工后的沉降超高。

（3）检查是否“考虑涌浪或折冲水流影响”，若下游有支流顶托，是否组合各种流量顶托情况，校核了围堰堰顶高程。

（4）检查对于形成冰塞、冰坝的河流是否考虑了冰塞、冰坝可能造成的壅水高度的影响。

4-2-2-8　《混凝土重力坝设计规范》SL 319—2018

a）　4.2.1　坝顶高程应高于水库最高静水位。坝顶上游防浪墙顶的高程应高于波浪顶高程，其与正常蓄水位或校核洪水位的高差，可由公式（4.2.1）计算，应选择两者中防浪墙顶高程的高者作为最低高程。

$$\Delta h=h_{1\%}+h_z+h_c \tag{4.2.1}$$

式中　Δh——防浪墙顶至正常蓄水位或校核洪水位的高差，m；

$h_{1\%}$——累计频率 1%的波高，m，按照 SL 744 的有关规定计算；

h_z——波浪中心线至正常蓄水位或校核洪水位的高差，m，按照 SL 744 的有关规定计算；

h_c——安全加高，按表 4.2.1 采用。

表 4.2.1　安全加高 h_c　单位：m

相应水位	坝的级别		
	1 级	2 级	3 级
正常蓄水位	0.7	0.5	0.4
校核洪水位	0.5	0.4	0.3

〔摘编说明〕

（1）坝顶高程应高于水库最高静水位，防浪墙只能拦挡风浪和波浪爬高。

（2）根据水库调度运行设计，有些水库的校核洪水位可能低于水库最高蓄水位，即水库的最高静水位不一定是水库校核洪水位。

（3）确定坝顶高程时，应结合溢流坝段门机梁、交通桥下净空要求等统一考虑。

（4）波浪要素按 SL 744《水工建筑物荷载设计规范》有关规定计算。

〔检查要点和方法〕

（1）坝顶高程应高于水库最高静水位。

（2）波浪要素按 SL 744《水工建筑物荷载设计规范》的有关规定计算，波浪的波高累计频率采用 1%。

（3）计算工况和安全加高满足规范规定。

（4）大坝溢流坝段门机梁、交通桥应不影响水流的正常下泄，梁（桥）下净空应满足泄洪和排漂等要求。

4－2－2－9　《水工挡土墙设计规范》SL 379—2007

a）　3.2.2　不允许漫顶的水工挡土墙墙前有挡水或泄水要求时，墙顶的安全加高值不应小于表 3.2.2 规定的下限值。

表 3.2.2　　水工挡土墙墙顶安全加高下限值　　单位：m

运用情况		挡土墙级别			
		1	2	3	4
挡水	正常挡水位	0.7	0.5	0.4	0.3
	最高挡水位	0.5	0.4	0.3	0.2
泄水	设计洪水位	1.5	1.0	0.7	0.5
	校核洪水位	1.0	0.7	0.5	0.4

〖摘编说明〗

对于不允许水流从墙顶漫溢的水工挡土墙，兼有挡土和挡水的双重任务，如水工建筑物上游的翼墙，在所属水工建筑物关闸挡水时，无论是在正常蓄水位或最高挡水位条件下，由于风力作用，墙前均会出现波浪（立波或破碎波波型），因此翼墙的墙顶高程不应低于正常蓄水位（或最高挡水位）加波浪计算高度与相应安全加高值之和。当所属水工建筑物系泄水建筑物，遇到设计洪水位（或校核洪水位）必须开闸泄水时，由于流速的影响，水面不会形成较高的波浪，至少不会形成立波波型，因此翼墙的墙顶高程不应低于设计洪水位（或校核洪水位）与相应安全加高值之和。

〖检查要点和方法〗

（1）检查水工挡土墙的类型和级别。

（2）不允许漫顶的挡土墙墙顶高程应同时满足挡水和泄水两种情况。

（3）当所属水工建筑物关门挡水时，计及波浪计算高度；开闸泄洪时，不计波浪计算高度。

4－2－2－10　《水利水电工程施工导流设计规范》SL 623—2013

a）　6.3.10　不过水围堰堰顶高程和堰顶安全加高值应符合下列规定：

1　堰顶高程不低于设计洪水的静水位与波浪高度及堰顶安全加高值之和，其堰顶安全加高不低于表 6.3.10 中的值。

2　土石围堰防渗体顶部在设计洪水静水位以上的加高值：斜墙式防渗体为 0.6～0.8m；心墙式防渗体为 0.3～0.6m。3 级土石围堰的防渗体顶部宜预留完工后的沉降超高。

3　考虑涌浪、折冲水流或下游支流顶托影响。

4　可能形成冰塞、冰坝的河流应考虑其造成的壅水高度。

表 6.3.10　　不过水围堰堰顶安全加高下限值　　单位：m

围堰型式	围堰级别	
	3	4～5
土石围堰	0.7	0.5
混凝土围堰、浆砌石围堰	0.4	0.3

〔**摘编说明**〕同 4-2-2-7。

〔**检查要点和方法**〕同 4-2-2-7。

4-2-2-11　《水利水电工程围堰设计规范》SL 645—2013

a）　6.2.3　不过水围堰堰顶高程和堰顶安全加高值应符合下列要求：

1　堰顶高程应不低于设计洪水的静水位与波浪高度及堰顶安全加高值之和，其堰顶安全加高应不低于表 6.2.3 规定值。

2　土石围堰防渗体顶部在设计洪水静水位以上的加高值：斜墙式防渗体为 0.6～0.8m；心墙式防渗体为 0.3～0.6m。3 级土石围堰的防渗体顶部宜预留完工后的沉降超高。

3　考虑涌浪或折冲水流影响，当下游有支流顶托时，应组合各种流量顶托情况，校核围堰顶高程。

4　可能形成冰塞、冰坝的河流应考虑其造成的壅水高度。

表 6.2.3　　不过水围堰堰顶安全加高下限值　　单位：m

围堰型式	围堰级别	
	3	4、5
土石围堰	0.7	0.5
混凝土围堰、浆砌石围堰	0.4	0.3

〔**摘编说明**〕同 4-2-2-7。

〔**检查要点和方法**〕同 4-2-2-7。

4-3　稳定与强度

稳定与强度是保证水工建筑物安全极为重要的技术经济指标。水工建筑物稳定与强度不满足要求时可能导致建筑物失事，危及人民生命财产的安全；同时，水工建筑物的尺寸与稳定、强度计算密切相关。对于稳定安全系数与强度指标的合理规定，不仅与采用的计算理论、方法和计算指标等有关，而且涉及国家的技术经济政策。现行标准规定的稳定安全系数与强度指标较好地反映了我国当前水利水电建设的科技水平和我国的经济水平，同时也为中华人民共和国成立以来的工程实践证明是安全可靠和经济合理的，因此，必须严格贯彻执行。

稳定安全系数是水工建筑物设计的重要指标。目前，水利工程中各类水工建筑物的稳定安全系数仍沿用单一安全系数法。影响建筑物稳定计算的因素很多，它与建筑物的等级、荷载及组合、地基类别、抗剪指标的取值、抗滑模式、计算方法以及建筑物的型式等密切相关。

4-3-1 《泵站设计规范》GB 50265—2010

a) 6.3.5 泵房沿基础底面抗滑稳定安全系数允许值应按表6.3.5采用。

表6.3.5 抗滑稳定安全系数允许值

地基类别	荷载组合		泵站建筑物级别				适用公式
			1	2	3	4、5	
土基	基本组合		1.35	1.30	1.25	1.20	适用于公式（6.3.4—1）或公式（6.3.4—2）
	特殊组合	Ⅰ	1.20	1.15	1.10	1.05	
		Ⅱ	1.10	1.05	1.05	1.00	
岩基	基本组合		1.10	1.08		1.05	适用于公式（6.3.4—1）
	特殊组合	Ⅰ	1.05	1.03		1.00	
		Ⅱ	1.00				
	基本组合		3.00				适用于公式（6.3.4—3）
	特殊组合	Ⅰ	2.50				
		Ⅱ	2.30				

注 特殊组合Ⅰ适用于施工工况、检修工况和非常运用工况，特殊组合Ⅱ适用于地震工况。

b) 6.3.7 泵房抗浮稳定安全系数的允许值，不分泵站级别和地基类别，基本荷载组合下不应小于1.10，特殊荷载组合下不应小于1.05。

〖摘编说明〗

对于土基和岩基上的泵房，条文中都并列提出了抗剪断和抗剪两种计算公式，可由设计者根据具体情况选用，其理由如下：

（1）抗剪断公式中 f' 和 c' 值，特别是 c' 值，影响因素较多，难以确定。泵房对基础的要求一般比重力坝对基础的要求低。

（2）泵房单向挡水的水头一般较小，其水下部分结构尺寸往往由机电设备及结构布置需要较大，除特殊情况外，泵房整体抗滑稳定往往不是控制因素。

（3）泵房抗浮稳定一般受检修工况和校核洪水运行工况控制，规范规定以控制泵房不发生浮起为原则，可以保证泵房抗浮稳定安全，无需按建筑物的级别和地基类别规定抗浮稳定安全系数。

〔检查要点和方法〕

(1) 土基上泵房的抗滑稳定可按抗剪断和抗剪两种方法计算，安全系数应按建筑物级别分别取值，但同一工况两种计算方法的安全系数相同；岩基上泵房的抗滑稳定按抗剪方法计算时，安全系数也应按建筑物级别分别取值，当按抗剪断方法计算安全系数时，安全系数则与建筑物级别无关。

(2) 抗滑稳定安全系数的取值是否与荷载组合，计算公式和抗剪指标相对应。

(3) 抗浮稳定安全系数不分建筑物级别和地基类别，检查是否按基本荷载组合和特殊荷载组合分别取值。

4-3-2 《蓄滞洪区设计规范》GB 50773—2012

a) 3.2.10 蓄滞洪区安全台台坡的抗滑稳定安全系数，不应小于表3.2.10的规定。

表3.2.10 安全台台坡的抗滑稳定安全系数

安全系数	正常运用条件	1.15
	非常运用条件	1.05

〔摘编说明〕

安全台是建筑在蓄滞洪区或沿堤地带高于设计洪水位的土台，为临时性的避洪场所，可按照4级堤防抗滑稳定安全系数控制。台坡的抗滑稳定以往都采用堤防的计算方法，实际运行中能够满足稳定和安全的要求。本规范提出的抗滑稳定计算公式，出于以下理由：

(1) 本规范规定的安全系数标准，是按采用瑞典圆弧法计算确定的。瑞典圆弧法是不计条块间作用力的方法，计算简单，已积累了丰富的经验，可以保证安全台台坡的抗滑稳定。但理论上有缺陷，且当孔隙压力较大和地基软弱时，误差较大。“计及条块间作用力”能反映土体滑动土条之间的客观状况，但计算比瑞典圆弧法复杂。这两类不同方法对安全系数的大小有一定的影响，根据一般的经验统计，后者比前者大5％～10％。

(2) 安全台的抗滑稳定考虑正常运用条件和非常运用条件两种工况，正常运用条件即为设计洪水工况，非常运用条件包括地震和施工期工况。

〔检查要点和方法〕

(1) 本规范规定的安全系数应采用瑞典圆弧法计算确定。

(2) 安全台的填筑材料的抗剪强度指标、计算方法和安全系数三者是否相互配套。

(3) 安全台的抗滑稳定是否考虑了正常运用条件和非常运用条件。

4-3-3 《小型水利水电工程碾压式土石坝设计规范》SL 189—2013

a) 8.2.3 对于圆弧滑动法，可采用瑞典圆弧法或简化毕肖普法计算，坝坡抗滑稳定安全系数应不小于表8.2.3的规定。

表 8.2.3 坝坡抗滑稳定最小安全系数表

运用条件	最小安全系数	
	瑞典圆弧法	简化毕肖普法
正常运用条件	1.15	1.25
非常运用条件Ⅰ	1.05	1.15
非常运用条件Ⅱ	1.02	1.10

注1：正常运用条件包括：

(1) 水库水位处于正常蓄水位和设计洪水位与死水位之间的各种水位的稳定渗流期；

(2) 水库水位在上述范围内经常性的正常降落。

注2：非常运用条件Ⅰ包括：

(1) 施工期；

(2) 校核洪水位有可能形成稳定渗流的情况；

(3) 水库水位的非常降落（如水库水位自校核洪水位降落、降落至死水位以下，以及大流量快速泄空等）。

注3：非常运用条件Ⅱ：正常运用条件遇地震。

〖摘编说明〗

土石坝坝坡抗滑稳定极限平衡分析常用方法——条分法，分为不计条块间作用力和计及条块间作用力两类。瑞典圆弧法不计条块间作用力，计算相对简单，积累了丰富的经验，但理论上有缺陷，且当孔隙压力较大和地基软弱时，误差较大；简化毕肖普法由于计及了条块间作用力，能反映土体滑动土条之间的客观状况，但计算比瑞典圆弧法复杂。简化毕肖普法比瑞典圆弧法的坝坡稳定安全系数增大 8.00%左右。

〖检查要点和方法〗

(1) 土石坝的稳定应计算以下四种情况：

1) 施工期（包括竣工期）的上、下游坝坡；

2) 稳定渗流期的下游坝坡；

3) 水库水位降落期的上游坝坡；

4) 正常运用遇地震的上、下游坝坡。

(2) 计算工况是否包含表 8.2.3 中的几种工况。每种计算工况的安全系数不得小于规定的数值。

(3) 坝的静力稳定计算，对于均质坝、心墙坝和厚斜墙坝可按刚体极限平衡理论采用圆弧法；对于薄斜墙坝、薄心墙坝、坝基有软土夹层的坝体可采用滑楔法。

(4) 坝坡稳定计算分为有效应力法和总应力法。有效应力法的抗剪强度指标采用排水剪试验成果，最好用三轴仪测定，如无三轴仪，也可用直剪仪测定。

4-3-4 《水工混凝土结构设计规范》SL 191—2008

a) 3.1.9 未经技术鉴定或设计许可，不应改变结构的用途和使用环境。

〖摘编说明〗

本条是对水工混凝土结构的基本设计规定，改变结构的用途和使用环境将影响结构的承载能力、使用性能及耐久性，因未经技术鉴定或设计许可，不应改变结构的用途和使用环境。

〖检查要点和方法〗

若发现结构的用途和使用环境改变，应检查是否有技术鉴定书或上级审查部门的批复文件。

b) 3.2.2 承载能力极限状态计算时，结构构件计算截面上的荷载效应组合设计值 S 应按下列规定计算：

1 基本组合

当永久荷载对结构起不利作用时：

$$S = 1.05S_{G1k} + 1.20S_{G2k} + 1.20S_{Q1k} + 1.10S_{Q2k} \tag{3.2.2-1}$$

当永久荷载对结构起有利作用时：

$$S = 0.95S_{G1k} + 0.95S_{G2k} + 1.20S_{Q1k} + 1.10S_{Q2k} \tag{3.2.2-2}$$

式中 S_{G1k}——自重、设备等永久荷载标准值产生的荷载效应；

S_{G2k}——土压力、淤沙压力及围岸压力等永久荷载标准值产生的荷载效应；

S_{Q1k}——一般可变荷载标准值产生的荷载效应；

S_{Q2k}——可控制其不超出规定限值的可变荷载标准值产生的荷载效应。

2 偶然组合

$$S = 1.05S_{G1k} + 1.20S_{G2k} + 1.20S_{Q1k} + 1.10S_{Q2k} + 1.0S_{Ak} \tag{3.2.2-3}$$

式中 S_{Ak}——偶然荷载标准值产生的荷载效应。

式（3.2.2-3）中，参与组合的某些可变荷载标准值，可根据有关标准作适当折减。

荷载的标准值可按《水工建筑物荷载设计规范》（DL 5077—1997）及《水工建筑物抗震设计规范》（SL 203—97）的规定取用。

注1：本标准有关承载能力极限状态计算的条文中，荷载效应组合设计算 S 即为截面内力设计值（M、N、V、T 等）。

注2：水工建筑物的稳定性验算时，应取荷载标准值进行，其稳定性安全系数应按相关标准取值。

c) 3.2.4 承载能力极限状态计算时，钢筋混凝土、预应力混凝土及素混凝土结构构件的承载力安全系数 K 不应小于表3.2.4的规定。

表3.2.4 混凝土结构构件的承载力安全系数 K

水工建筑物级别		1		2、3		4、5	
荷载效应组合		基本组合	偶然组合	基本组合	偶然组合	基本组合	偶然组合
钢筋混凝土、预应力混凝土		1.35	1.15	1.20	1.00	1.15	1.00
素混凝土	按受压承载力计算的受压构件、局部承压	1.45	1.25	1.30	1.10	1.25	1.05
	按受拉承载力计算的受压、受弯构件	2.20	1.90	2.00	1.70	1.90	1.60

续表

注1：水工建筑物的级别应根据《水利水电工程等级划分及洪水标准》（SL 252—2000）确定。
注2：结构在使用、施工、检修期的承载力计算，安全系数 K 应按表中基本组合取值；对地震及校核洪水位的承载力计算，安全系数 K 应按表中偶然组合取值。
注3：当荷载效应组合由永久荷载控制时，表列安全系数 K 应增加 0.05。
注4：当结构的受力情况较为复杂、施工特别困难、荷载不能准确计算、缺乏成熟的设计方法或结构有特殊要求时，承载力安全系数 K 宜适当提高。

〖摘编说明〗

（1）式（3.2.2）中 S 为荷载效应组合设计值，包含永久荷载标准值 G_k、可变荷载标准值 Q_k，以及它们的荷载分项系数 γ_G、γ_Q。

SL 191—2008 把永久荷载分为两类：一类是变异性很小的自重、设备重等，它所产生的荷载效应用 S_{Gk1} 表示；另一类为变异性稍大的土压力、围岩压力等，其荷载效应用 S_{Gk2} 表示。可变荷载也分为两类：一类是一般可变荷载，其荷载效应用 S_{Qk1} 表示；另一类是可严格控制其不超出规定限值的可变荷载（或称为“有界荷载”），如按制造厂家铭牌额定值设计的吊车轮压，以满槽水位设计时的水压力等，其荷载效应用 S_{Qk2} 表示。

对上述4种荷载分别取用不同的 γ_G、γ_Q 值，所以荷载效应组合设计值 S 可直接按式（3.2.2-1）与式（3.2.2-2）计算得出。

（2）关于结构构件的安全度，SL 191—2008 是在考虑荷载与材料强度的不同变异性的基础上，采用安全系数 K 的形式表达。

承载力安全系数 K，由 SL/T 191—96 中3个系数 γ_d、γ_0、Ψ 合并而成，其中 γ_d 为结构系数，γ_0 为结构重要性系数，Ψ 为设计状况系数。

由于永久荷载的分项系数 γ_G 取值较小，当永久荷载效应与可变荷载效应相比很大时，结构的安全度就偏低，因此当荷载效应由永久荷载控制时，表 3.2.4 所列安全系数应增大 0.05。

〖检查要点和方法〗

（1）基本组合时，永久荷载分对结构有利或不利两种情况分别考虑。

（2）可变荷载也分为两类：一类是一般可变荷载；另一类是可严格控制其不超出规定限值的可变荷载，也称可控可变荷载，其组合时系数不一样。

（3）当荷载效应由永久荷载控制时，表 3.2.4 所列承载力安全系数 K 应增大 0.05。

d）　4.1.4　混凝土轴心抗压、轴心抗拉强度标准值 f_{ck}、f_{tk} 应按表 4.1.4 确定。

表 4.1.4　混凝土强度标准值　单位：N/mm²

强度种类	符号	混凝土强度等级									
		C15	C20	C25	C30	C35	C40	C45	C50	C55	C60
轴心抗压	f_{ck}	10.0	13.4	16.7	20.1	23.4	26.8	29.6	32.4	35.5	38.5
轴心抗拉	f_{tk}	1.27	1.54	1.78	2.01	2.20	2.39	2.51	2.64	2.74	2.85

e)　4.1.5　混凝土轴心抗压、轴心抗拉强度设计值 f_c、f_t 应按表 4.1.5 确定。

表 4.1.5　　　　混凝土强度设计值　　　　单位：N/mm^2

强度种类	符号	混凝土强度等级									
		C15	C20	C25	C30	C35	C40	C45	C50	C55	C60
轴心抗压	f_c	7.2	9.6	11.9	14.3	16.7	19.1	21.1	23.1	25.3	27.5
轴心抗拉	f_t	0.91	1.10	1.27	1.43	1.57	1.71	1.80	1.89	1.96	2.04

注：计算现浇钢筋混凝土轴心受压和偏心受压构件时，如截面的长边或直径小于 300mm，则表中的混凝土强度设计值应乘以系数 0.8；当构件质量（如混凝土成型、截面和轴线尺寸等）确有保证时，可不受此限制。

〔摘编说明〕

第 4.1.4 条、第 4.1.5 条对混凝土的强度标准值和设计值做了规定。

（1）混凝土强度等级由立方体抗压强度标准值确定，立方体抗压强度标准值是混凝土其他力学指标的基本代表值。混凝土立方体抗压强度试件的标准尺寸为边长 150mm 的立方体试件。混凝土强度等级的确定原则为：混凝土强度总体分布的平均值 $\mu_{f_{cu,15}}$ 减去 1.645 倍标准差 $\sigma_{f_{cu}}$（保证率为 95%），即

$$f_{cu,k}=\mu_{f_{cu,15}}-1.645\sigma_{f_{cu}}$$

式中　$\delta_{f_{cu}}$——混凝土立方体抗压强度的变异系数。

SL 191—2008 采用的混凝土立方体抗压强度的变异系数 $\delta_{f_{cu}}$ 见表 4-3，与 SL/T 191—96 的取值相同。

表 4-3　　　　水工混凝土立方体抗压强度的变异系数

$f_{cu,k}$	C15	C20	C25	C30	C35	C40	C45	C50	C55	C60
$\delta_{f_{cu}}$	0.20	0.18	0.16	0.14	0.13	0.12	0.12	0.11	0.11	0.10

混凝土轴心抗压强度标准值系根据国内 120 组混凝土棱柱体抗压强度与边长 200mm 立方体抗压强度的对比试验，并考虑试件尺寸效应的影响以及结构中混凝土强度与试件混凝土强度之间的差异，对试件混凝土强度进行修正后求得。

混凝土轴心抗拉强度标准值系国内 72 组混凝土轴心抗拉试件强度与边长 200mm 立方体抗压强度的对比试验，并考虑尺寸效应影响以及结构中混凝土强度与试件混凝土强度之间的差异，对试件混凝土强度进行修正后求得。据此求得的混凝土轴心抗压及轴心抗拉强度标准值与 GB 50010—2002 的采用值有所不同，但二者十分接近，为了便于实际应用和规范间的相互协调，SL 191—2008 混凝土强度标准值在取整时取与 GB 50010—2002 相同的指标。

（2）混凝土强度设计值取为混凝土强度标准值除以混凝土材料性能分项系数 γ_c。GB 50010—2002 取 $\gamma_c=1.4$；美国规范 ACI 318-05 取 $\gamma_c=1/\varphi=1/0.65=1.54$；欧洲规范和英国规范取 $\gamma_c=1.5$。SL 191—2008 取 $\gamma_c=1.4$，混凝土强度设计值与 GB 50010—2002 的取值相同。

f) **4.2.2** 钢筋的强度标准值应具有不小于95%的保证率。

普通钢筋的强度标准值 f_{yk} 应按表4.2.2-1采用；预应力钢筋的强度标准值 f_{ptk} 应按表4.2.2-2采用。

表4.2.2-1 普通钢筋强度标准值

种 类		符号	d（mm）	f_{yk}（N/mm^2）
热轧钢筋	HPB235	ϕ	8～20	235
	HRB335	$\underline{\phi}$	6～50	335
	HRB400	$\underline{\underline{\phi}}$	6～50	400
	RRB400	$\underline{\underline{\phi}}^R$	8～40	400

注1：热轧钢筋直径 d 系指公称直径。
注2：当采用直径大于40mm的钢筋时，应有可靠的工程经验。

表4.2.2-2 预应力钢筋强度标准值

种 类		符号	公称直径 d（mm）	f_{ptk}（N/mm^2）
钢绞线	1×2	ϕ^S	5、5.8	1570、1720、1860、1960
			8、10	1470、1570、1720、1860、1960
			12	1470、1570、1720、1860
	1×3		6.2、6.5	1570、1720、1860、1960
			8.6	1470、1570、1720、1860、1960
			8.74	1570、1670、1860
			10.8、12.9	1470、1570、1720、1860、1960
	1×3I		8.74	1570、1670、1860
	1×7		9.5、11.1、12.7	1720、1860、1960
			15.2	1470、1570、1670、1720、1860、1960
			15.7	1770、1860
			17.8	1720、1860
	(1×7) C		12.7	1860
			15.2	1820
			18.0	1720
消除应力钢丝	光圆螺旋肋	ϕ^P ϕ^H	4、4.8、5	1470、1570、1670、1770、1860
			6、6.25、7	1470、1570、1670、1770
			8、9	1470、1570
			10、12	1470
	刻痕	ϕ^I	$\leqslant 5$	1470、1570、1670、1770、1860
			>5	1470、1570、1670、1770

续表

种　类		符号	公称直径 d（mm）	f_{ptk}（N/mm²）
钢棒	螺旋槽	ϕ^{HG}	7.1、9、10.7、12.6	1080、1230、1420、1570
	螺旋肋	ϕ^{HR}	6、7、8、10、12、14	
螺纹钢筋	PSB785	ϕ^{PS}	18、25、32、40、50	980
	PSB830			1030
	PSB930			1080
	PSB1080			1230

注1：钢绞线直径 d 系指钢绞线外接圆直径，即《预应力混凝土用钢绞线》（GB/T 5224—2003）中的公称直径 D_n；钢丝、螺纹钢筋及钢棒的直径 d 均指公称直径。

注2：1×3I 为三根刻痕钢丝捻制的钢绞线；（1×7）C 为七根钢丝捻制又经模拔的钢绞线。

注3：根据国家标准，同一规格的钢丝（钢绞线、钢棒）有不同的强度级别，因此表中对同一规格的钢丝（钢绞线、钢棒）列出了相应的 f_{ptk} 值，在设计中可自行选用。

g）　4.2.3　普通钢筋的抗拉强度设计值 f_y 及抗压强度设计值 f'_y 应按表4.2.3－1采用；预应力钢筋的抗拉强度设计值 f_{py} 及抗压强度设计值 f'_{py} 应按表 4.2.3－2 采用。

表 4.2.3－1　　　普通钢筋强度设计值　　　单位：N/mm²

种　类		符号	f_y	f'_y
热轧钢筋	HPB235	ϕ	210	210
	HRB335	Φ	300	300
	HRB400	Φ	360	360
	RRB400	Φ^{R}	360	360

注：在钢筋混凝土结构中，轴心受拉和小偏心受拉构件的钢筋抗拉强度设计值大于 300N/mm² 时，仍应按 300N/mm² 取用。

表 4.2.3－2　　　预应力钢筋强度设计值　　　单位：N/mm²

种　类		符号	f_{ptk}	f_{py}	f'_{py}
钢绞线	1×2 1×3 1×3I 1×7 （1×7）C	ϕ^{S}	1470	1040	390
			1570	1110	
			1670	1180	
			1720	1220	
			1770	1250	
			1820	1290	
			1860	1320	
			1960	1380	
消除应力钢丝	光圆 螺旋肋 刻痕	ϕ^{P} ϕ^{H} ϕ^{I}	1470	1040	410
			1570	1110	
			1670	1180	
			1770	1250	
			1860	1320	

续表

种类		符号	f_{ptk}	f_{py}	f'_{py}
钢棒	螺旋槽 螺旋肋	ϕ^{HG} ϕ^{HR}	1080	760	400
			1230	870	
			1420	1005	
			1570	1110	
螺纹钢筋	PSB785	ϕ^{PS}	980	650	400
	PSB830		1030	685	
	PSB930		1080	720	
	PSB1080		1230	820	
注：当预应力钢绞线、钢丝的强度标准值不符合表4.2.2-2的规定时，其强度设计值应进行换算。					

〖摘编说明〗

第4.2.2条、第4.2.3条对钢筋的强度标准值和设计值做了规定。

（1）近年来，国内混凝土结构用钢筋、钢丝、钢绞线的品种和性能有了进一步的发展，研制开发成功了一批新钢筋品种。本条列入的钢筋种类及所依据的现行钢筋国家标准见表4-4。

表4-4　钢筋所属的国家标准代号

项　次	钢筋种类	标准代号
1	热轧钢筋	GB 1499.2—2007 GB 13013—91 GB 13014—91
2	预应力混凝土用钢丝	GB/T 5223—2002
3	预应力混凝土用钢绞线	GB/T 5224—2003
4	预应力混凝土用钢棒	GB/T 5223.3—2005
5	预应力混凝土用螺纹钢筋	GB/T 20065—2006

水工钢筋混凝土结构设计时，宜优先采用HRB335级、HRB400级钢筋；预应力混凝土结构宜优先采用高强的预应力钢绞线、钢丝。这样不仅可以提高混凝土结构的安全度水平，降低工程造价，而且还可降低配筋率，缓解钢筋密集带来的施工困难。

表4.2.2-1虽列入光面的HPB235级钢筋及余热处理的RRB400级钢筋，但并不主张推广应用。因为光面钢筋强度低，强度价格比差，延性虽好但锚固黏结性能差。由于焊接受热回火可能降低RRB400级钢筋的疲劳性能和冷弯性能，钢筋机械连接表面切削时也可能影响其强度，因此RRB400级钢筋的应用也受到一定的限制。

预应力混凝土用螺纹钢筋在我国的桥梁工程及水电站地下厂房的预应力岩壁吊车梁中已有大量应用。GB/T 20065—2006《预应力混凝土用螺纹钢筋》已正式颁布施行，故表4.2.2-2列入螺纹钢筋。

按钢棒表面形状，GB/T 5223.3—2005《预应力混凝土用钢棒》将钢棒分为光圆钢棒、螺旋槽钢棒、螺旋肋钢棒、带肋钢棒4种。由于光圆钢棒和带肋钢棒的黏结锚固性能较差，故表4.2.2-2仅列入了GB/T 5223.3—2005中的螺旋槽钢棒和螺旋肋钢棒的材料性能设计指标。预应力混凝土用钢棒在我国现阶段仅用于预应力管桩的生产，已积累了一定的工程实践经验。

考虑到我国近年来强度高、性能好的预应力钢筋（钢丝、钢绞线）已可充分供应，故表4.2.2—2不再列入冷拔低碳钢丝、冷拉钢筋、冷轧带肋钢筋和冷轧扭钢筋等延性较差的冷加工钢筋。未列入不是不允许使用这些钢筋，而是使用冷加工钢筋时，应符合JGJ 19—92《冷拔钢丝预应力混凝土构件设计与施工规程》、JGJ 95—2003《冷轧带肋钢筋混凝土结构技术规程》、JGJ 115—97《冷轧扭钢筋混凝土构件技术规程》和JGJ 114—2003《钢筋焊接网混凝土结构技术规程》等规程的规定。

钢筋强度标准值的确定基本沿用SL/T 191—96的规定。

（2）普通钢筋抗拉强度设计值取为钢筋强度标准值除以钢筋材料性能分项系数γ_s；预应力混凝土用钢丝、钢绞线、螺纹钢筋及钢棒的抗拉强度设计值则取为条件屈服点除以钢筋的材料性能分项系数γ_s。

为适当提高安全度设置水平，参考GB 50010—2002的规定，HPB235、HRB335和HRB400三个级别的热轧钢筋的材料性能分项系数γ_s都取为1.1。预应力钢筋的材料性能分项系数γ_s取为1.2。

钢筋抗压强度设计值f_y'以钢筋应变$\varepsilon_s'=0.002$作为取值依据，按$f_y'=\varepsilon_s' E_s$和$f_y'=f_y$两个条件确定，取二者的较小值。

〖检查要点和方法〗

混凝土强度标准值、设计值应按表4.1.4、表4.1.5取值；普通钢筋的强度标准值、设计值应按表4.2.2-1、表4.2.3-1取值；预应力钢筋的强度标准值、设计值应按表4.2.2-2、表4.2.3-2取值。

〖案例分析〗

某小型泵站（4级建筑物）内有一单跨简支板，板厚80mm（保护层厚度取15mm），计算跨度$l_0=3.0$m，承受均布恒荷载标准值$g_k=2\text{kN/m}^2$（包括板自重），均布活荷载标准值$q_k=3\text{kN/m}^2$，混凝土强度等级C20，Ⅰ级钢筋，求板的纵向钢筋。

（1）有关系数。按SL 191—2008中3.2.2条规定，永久荷载对结构不利时，自重、设备等永久荷载系数为1.05，一般可变荷载系数为1.20。按SL 191—2008中3.2.4条规定，4级建筑物基本组合的安全系数$K=1.15$。混凝土、钢筋强度设计值分别为$f_c=9.6\text{N/mm}^2$，$f_y=210\text{N/mm}^2$。

（2）弯矩设计值计算。取1000mm板带作为计算单元，$h_0=65$mm，则

$$M=(\gamma_G g_k+\gamma_Q q_k)l_0^2/8=(1.05\times2+1.2\times3)\times3.0^2/8=6.41\text{kN}\cdot\text{m}$$

（3）配筋计算。

$$a_s=KM/f_c/b/h_0^2=1.15\times6.41\times10^5/9.6/1000/65^2=0.1817$$

$$\xi = 1 - (1 - 2a_s)^{1/2} = 0.202$$

$$A_s = f_c \xi b h_0 / f_y = 600.2\text{mm}^2$$

h） 5.1.1 素混凝土不得用于受拉构件。

〔摘编说明〕

对于素混凝土结构构件，由于混凝土抗拉强度的可靠性低，混凝土收缩和温度变化引起的效应又难以估计，一旦发生裂缝，易造成事故，故对于由受拉强度控制的素混凝土结构，应严格限制其使用范围。对于围岩中的隧洞衬砌，经论证，允许采用素混凝土结构。

〔检查要点和方法〕

检查素混凝土应用的部位，构件的受力特征。

i） 9.2.1 纵向受力钢筋的混凝土保护层厚度（从钢筋外边缘算起）不应小于钢筋直径及表9.2.1所列的数值，同时也不应小于粗骨料最大粒径的1.25倍。

表9.2.1 混凝土保护层最小厚度 单位：mm

项次	构件类别	环境类别				
		一	二	三	四	五
1	板、墙	20	25	30	45	50
2	梁、柱、墩	30	35	45	55	60
3	截面厚度不小于2.5m的底板及墩墙	—	40	50	60	65

注1：直接与地基接触的结构底层钢筋或无检修条件的结构，保护层厚度应适当增大。
注2：有抗冲耐磨要求的结构面层钢筋，保护层厚度应适当增大。
注3：混凝土强度等级不低于C30且浇筑质量有保证的预制构件或薄板，保护层厚度可按表中数值减小5mm。
注4：钢筋表面涂塑或结构外表面敷设永久性涂料或面层时，保护层厚度可适当减小。
注5：严寒和寒冷地区受冰冻的部位，保护层厚度还应符合《水工建筑物抗冰冻设计规范》（SL 211—2006）的规定。

〔摘编说明〕

保护层厚度c过小，会导致混凝土沿钢筋纵向发生劈裂裂缝，严重影响钢筋的锚固。因此规定c值不应小于钢筋直径d。同时为使保护层浇筑密实，保护层厚度不应小于骨料最大粒径的1.25倍。

保护层厚度是影响钢筋混凝土构件耐久性的主要因素。因为混凝土的碳化是钢筋锈蚀的前提，保护层越厚，碳化达到钢筋表面的时间就越长，构件的耐久性就越好。

钢筋锈蚀与所处的环境条件有关。实践已证明，全处于干燥环境，钢筋不会锈蚀，全处于水下，钢筋也基本不锈，而在水位以上受水气蒸薰、时干时湿的部位，钢筋最易锈蚀，特别在有氯离子等侵蚀性介质（如海水）存在时，则锈蚀异常迅速。因此，在不同环境条件下的保护层厚度取值就应不同。

对水工建筑物病害调查表明，由于保护层偏薄，或混凝土密实性较差，有些闸坝、水电站厂房及渠系建筑物的钢筋混凝土构件，使用不到 20～30 年就出现因钢筋锈蚀而导致的顺筋开裂，严重影响结构的耐久性。表 9.2.1 是按照 50 年内保护钢筋不致发生危及结构安全的锈蚀并综合国内外规范得出的。

〖检查要点和方法〗

本条主要检查内容包括环境条件、钢筋直径、粗骨料最大粒径、混凝土强度等级以及抗冲耐磨要求等。

j)　9.3.2　当计算中充分利用钢筋的抗拉强度时，受拉钢筋伸入支座的锚固长度不应小于表 9.3.2 中规定的数值。

受压钢筋的锚固长度不应小于表 9.3.2 所列数值的 0.7 倍。

表 9.3.2　　受拉钢筋的最小锚固长度 l_a

项次	钢　筋　种　类	混凝土强度等级					
		C15	C20	C25	C30	C35	≥C40
1	HPB235 级	40d	35d	30d	25d	25d	20d
2	HRB335 级		40d	35d	30d	30d	25d
3	HRB400 级、RRB400 级		50d	40d	35d	35d	30d

注 1：d 为钢筋直径。

注 2：HPB235 级钢筋的最小锚固长度 l_a 值不包括弯钩长度。

〖摘编说明〗

按钢筋和混凝土强度等级的不同，用查表的方法确定普通钢筋的锚固长度值，是工程界习惯方法。表 9.3.2 给出锚固长度，系按 GB 50010—2002 推荐的公式计算，并以 5d 为间隔取整后得到的。

受压钢筋的黏结锚固机理与受拉基本相同，但钢筋受压后的镦粗效应加大了界面的摩擦力及咬合力，对锚固有利；钢筋的端面对混凝土的挤压作用也对承载力有利。因此，受压钢筋的锚固长度可以适当减小。根据试验研究，受压锚固长度可取为受拉锚固长度的 0.7 倍。

根据 GB 1499.2—2007 所规定的热轧带肋钢筋外形，当钢筋直径加大时，其横肋的相对高度逐渐减小，锚固强度将会降低，故直径大于 25mm 的带肋钢筋的锚固长度应乘以修正系数 1.1。

研究表明，环氧树脂涂层使钢筋的锚固强度降低约 20%，因此，环氧树脂涂层钢筋的锚固长度应乘以修正系数 1.25。

施工扰动对锚固有不利影响，施工扰动的影响系数取 1.1。

带肋钢筋常因外围混凝土的纵向劈裂而削弱锚固作用。当混凝土保护层厚度或钢筋间距较大时，握裹作用加强，锚固长度可适当减短。根据试验研究及工程实践经验，规定当保护层厚度大于锚固钢筋直径的 3 倍或 80mm 且有箍筋约束时，锚固长度可乘以修正系数 0.8。

配筋设计时，实际配筋面积往往因构造等原因而大于计算值，故钢筋实际应力小于钢筋强度设计值。因此，受力钢筋的锚固长度可以缩短，其数值与配筋余量的大小成比例，但其适用范围有一定限制，即不得用于抗震设计及直接承受动力荷载的构件中。

美国 ACI 规范规定顶层钢筋的 l_a应比底层钢筋的 l_a大 1.4 倍，这是由于混凝土振捣时，泌水上升，聚留在顶层钢筋的底面，影响其锚固性能。考虑到水工结构中大截面构件较多，这种泌水上升的现象常会出现，因此顶层水平钢筋的 l_a宜乘以修正系数 1.2。

上述各项修正系数可以连乘，但出于构造要求，修正后的受拉钢筋锚固长度不能小于最低限度（最小锚固长度），其数值在任何情况下不应小于按表查得的锚固长度的 0.7 倍及 250mm。

〖检查要点和方法〗

本条主要检查内容包括：钢筋类型、直径和受力特征；混凝土强度等级。

k)　9.5.1 钢筋混凝土构件的纵向受力钢筋的配筋率不应小于表 9.5.1 规定的数值。

表 9.5.1　钢筋混凝土构件纵向受力钢筋的最小配筋率 ρ_{min}（%）

项次	分　类	钢筋种类		
		HPB235 级	HRB335 级	HRB400 级、RRB400 级
1	受弯构件、偏心受拉构件的受拉钢筋 梁 板	 0.25 0.20	 0.20 0.15	 0.20 0.15
2	轴心受压柱的全部纵向钢筋	0.60	0.60	0.55
3	偏心受压构件的受拉或受压钢筋 柱、拱 墩墙	 0.25 0.20	 0.20 0.15	 0.20 0.15

注 1：项次 1、3 中的配筋率是指钢筋截面面积与构件肋宽乘以有效高度的混凝土截面面积的比值，即 $\rho=\frac{A_s}{bh_0}$或 $\rho'=\frac{A'_s}{bh_0}$；项次 2 中的配筋率是指全部纵向钢筋截面面积与柱截面面积的比值。

注 2：温度、收缩等因素对结构产生的影响较大时，纵向受拉钢筋的最小配筋率应适当增大。

注 3：当结构有抗震设防要求时，钢筋混凝土框架结构构件的最小配筋率应按第 13 章的规定取值。

〖摘编说明〗

表 9.5.1 系参照 GB 50010—2002 的有关规定，轴心受压构件配筋率是指全部纵向钢筋面积和柱断面面积之比。将最小配筋率的具体数值适当提高，特别对受压钢筋的最小配筋率提高得相对多一些，以期与国际主流规范的差距有所减小。

纵向受压钢筋的最小配筋率主要是从承载力要求考虑的，因此，钢筋等级高时其数值可低一些。纵向受拉钢筋的最小配筋率，除从承载力要求考虑外，还考虑到限裂要求，因此，除光面钢筋采用较大的数值外，对 HRB335 级和 HRB400 级等钢筋，最小配筋率取相同的数值。

卧置在地基上以承受竖向荷载为主、板厚大于2.5m的底板，厚度大于2.5m的墩墙，纵向受拉钢筋配筋率ρ小于表9.5.1规定的最小配筋率ρ_{min}时，可按SL 191—2008相关条文处理。对于厚度大于5m的底板，可不受表9.5.1限制。

〖检查要点和方法〗

本条主要检查内容包括：钢筋类型；构件受力特征；配筋率ρ的计算等。

l）　9.6.6　预制构件的吊环必须采用HPB235级钢筋制作，严禁采用冷加工钢筋。

m）　9.6.7　预埋件的锚筋应采用HPB235级、HRB335级或HRB400级钢筋，严禁采用冷加工钢筋。锚筋采用光圆钢筋时，端部应加弯钩。

〖摘编说明〗

吊环和预埋件对保证构件吊装的安全起着重要作用，为了避免脆断，吊环和预埋件严禁采用冷加工钢筋。

〖检查要点和方法〗

水工混凝土结构设计时，构造要求应注意以下几点：

（1）素混凝土不得用于受拉构件。

（2）纵向受力钢筋的混凝土保护层厚度，从钢筋外边缘算起，应符合本标准9.2.1的规定。

（3）钢筋的最小锚固长度应符合本标准9.3.2的规定。

（4）纵向受力钢筋的最小配筋率应符合本标准9.5.1的规定。

（5）吊环和预埋件严禁采用冷加工钢筋。

4-3-5　《溢洪道设计规范》SL 253—2018

a）　5.3.9　堰基面的抗滑稳定按抗剪断强度公式（5.3.9-1）或抗剪强度公式（5.3.9-2）计算。

3　抗滑稳定安全系数规定如下：

1）按抗剪断强度公式（5.3.9-1）计算的堰基面抗滑稳定安全系数K'值不应小于表5.3.9-1的规定。

表5.3.9-1　　堰基面抗滑稳定安全系数K'

荷　载　组　合		K'
基本组合		3.0
特殊组合	（1）	2.5
	（2）	2.3
注：地震情况为特殊组合（2），其他特殊组合为特殊组合（1）。		

2）按抗剪强度公式（5.3.9-2）计算的堰基面抗滑稳定安全系数K值不应小于表5.3.9-2的规定。

表 5.3.9-2 坝基面抗滑稳定安全系数 K

荷载组合		溢洪道的级别		
		1	2	3
基本组合		1.10	1.05	1.05
特殊组合	(1)	1.05	1.00	1.00
	(2)	1.00	1.00	1.00
注：地震情况为特殊组合（2），其他特殊组合为特殊组合（1）。				

〖摘编说明〗

（1）采用抗剪断强度公式或抗剪强度公式进行堰基面抗滑稳定计算，只要荷载和各项计算参数选择合理，允许安全系数配套，溢流堰沿建基面的抗滑稳定安全均能得到保证。

（2）当地基岩体条件较好时，采用抗剪断强度计算公式往往比较合适，而当地基岩体条件较差，如为软岩或存在软弱结构面时，采用抗剪强度计算公式计算也往往可行，使用时可根据工程地质条件选取。

〖检查要点和方法〗

结合基础工程地质条件，检查计算公式、计算参数选择是否合理，计算工况、安全系数是否满足规范要求。

b） 5.3.13 堰基面上的垂直正应力，应满足下列要求：

1 运用期：在各种荷载组合情况下（地震情况除外），堰基面上的最大垂直正应力 σ_{max} 应小于基岩的容许承载力（计算时分别计入扬压力和不计入扬压力）；最小垂直正应力 σ_{min} 应大于零（计入扬压力）。地震情况下堰基面上的最大垂直正应力 σ_{max} 应小于基岩的容许承载力；容许出现不大于 0.1MPa 的垂直拉应力。

2 施工期：堰基面上的最大垂直正应力 σ_{max} 应小于基岩的容许承载力；堰基面下游端的最小垂直正应力 σ_{min} 容许有不大于 0.1MPa 的拉应力。

〖摘编说明〗

SL 253—2000《溢洪道设计规范》对于溢洪道运用期的堰基面容许应力考虑了单向受力和双向受力两种情况，其中双向受力情况时的基底面容许垂直拉应力较单向受力情况有所放宽。鉴于溢洪道溢流堰出现双向荷载作用的情况往往比较普遍（特别是溢洪道边孔），结合现行 SL 266—2014《水电站厂房设计规范》关于基础应力的有关规定，并从堰基帷幕的安全和工程安全考虑，SL 253—2018《溢洪道设计规范》关于堰基面上的垂直应力未再区分单向和双向荷载作用情况，一律要求运用期按“最小垂直正应力 σ_{min} 应大于零（计入扬压力）”。

〖检查要点和方法〗

（1）计算工况应满足规范规定，并涵盖工程运行期和施工期可能出现的各种控制工况。

（2）当出现双向同时受力时，应按双向荷载同时作用计算基底应力。

4-3-6　《水闸设计规范》SL 265—2016

a)　7.3.13　土基上沿闸室基底面抗滑稳定安全系数允许值应符合表7.3.13的规定。

表7.3.13　　土基上沿闸室基底面抗滑稳定安全系数的允许值

荷载组合	水闸级别			
	1	2	3	4、5
基本组合	1.35	1.30	1.25	1.20
特殊组合Ⅰ	1.20	1.15	1.10	1.05
特殊组合Ⅱ	1.10	1.05	1.05	1.00

注1：特殊组合Ⅰ适用于施工情况、检修情况及校核洪水位情况。
注2：特殊组合Ⅱ适用于地震情况。

〖摘编说明〗

土基上沿闸室基底面抗滑稳定安全系数的允许值，是保证建筑物安全与经济的一个极为重要的指标。对于闸室基底面抗滑稳定安全系数允许值的合理规定，不仅与采用的计算理论、方法和计算指标等有关，而且涉及国家的技术经济政策。表7.3.13规定的土基上沿闸室基底面抗滑稳定安全系数的允许值，仍沿用原标准规定抗滑稳定安全系数允许值，与GB 50286《堤防设计规范》的有关规定是一致的。表7.3.13规定的抗滑稳定安全系数允许值要与SL 265《水闸设计规范》中规定的计算公式配套使用。

土基上的闸室稳定计算，应包括两方面的含义：①地基承载能力的计算，要求在各种计算情况下地基不致发生剪切破坏而失去稳定；②闸室抗倾覆和抗滑稳定的计算，要求在各种计算情况下闸室不致发生倾覆或过大的沉降差，且不致发生沿地基表面的水平滑动。

（1）通常情况下计算确定的地基容许承载力，是整个闸室地基的平均容许承载力，这就是说，允许局部的基底压力超过整个闸室地基的容许承载力，即允许地基内出现局部的塑性变形。在要求闸室平均基底应力不大于地基容许承载力的同时，还要求最大基底应力不大于地基容许承载力的1.2倍，与GB 50007《建筑地基基础设计规范》中的有关规定一致。

（2）为了减少和防止由于闸室基底压力分布的不均匀状态而发生过大的沉降差，以避免闸室结构发生倾斜甚至倾覆的事故，对闸室基底压力最大值与最小值之比提出了要求。在地基条件方面，确定闸室基底压力最大值与最小值之比的允许值，不取决于地基的类别是黏土还是砂土，而是取决于地基土质是坚硬、紧密还是松软。此外，确定闸室基底应力最大值与最小值之比的允许值，还应按作用荷载组合类别的不同而有所区别。

（3）在通常情况下，水闸闸室竖向荷载较小，而闸室结构所承受的水平荷载有时却很大，因此，闸室底板沿地基表面滑动（即浅层滑动）要比深层滑动的可能性大。只有在软土地基上，当闸室底板作用于地基上的压力较大，超过地基的容许承载力，且当水平荷载超过地基的抗滑能力时，闸室底板才有可能连同地基一起发生深层滑动。

〔检查要点和方法〕

（1）抗滑稳定安全系数允许值要与 SL 265《水闸设计规范》中规定的计算公式配套使用。

（2）在各种计算情况下，闸室平均基底应力不大于地基允许承载力，最大基底应力不大于地基允许承载力的 1.2 倍。

（3）闸室基底应力的最大值与最小值之比不大于 SL 265《水闸设计规范》规定的允许值。

b） 7.3.14 岩基上沿闸室基底面抗滑稳定安全系数允许值应符合表 7.3.14 的规定。

表 7.3.14 岩基上沿闸室基底面抗滑稳定安全系数的允许值

荷载组合	按公式（7.3.6－1）计算时			按公式（7.3.8）计算时
	水闸级别			
	1	2、3	4、5	
基本组合	1.10	1.08	1.05	3.00
特殊组合Ⅰ	1.05	1.03	1.00	2.50
特殊组合Ⅱ	1.00	1.00	1.00	2.30

注 1：特殊荷载组合Ⅰ适用于施工情况、检修情况及校核洪水位情况。

注 2：特殊荷载组合Ⅱ适用于地震情况。

〔摘编说明〕

岩基上沿闸室基底面抗滑稳定安全系数的计算仍沿用使用多年的“单一安全系数计算公式”，其抗滑稳定安全系数允许值与混凝土重力坝有关规定类同，只是将基本荷载组合条件下 2 级、3 级水闸抗滑稳定安全系数允许值 1.10～1.05 取其平均值 1.08，特殊荷载组合Ⅰ条件下 2 级、3 级水闸抗滑稳定安全系数允许值 1.05～1.00 取其平均值 1.03。必须指出，表 7.3.14 规定的抗滑稳定安全系数允许值的采用要与表中规定的计算公式配套使用，公式（7.3.6－1）是指抗剪计算公式，公式（7.3.8）为抗剪断计算公式。

由于岩基的容许承载力一般均较大，要求闸室最大基底应力不超过岩基的容许承载力是不难满足的；又由于岩基的压缩性很小，因此，作为岩基上水闸地基一般是不会因闸室基底应力分布的不均匀状态而发生较大的沉降差，进而导致闸室结构发生倾覆。

〔检查要点和方法〕

表 7.3.14 安全系数的允许值与采用的计算公式、计算参数要配套使用。

4－3－7 《水电站厂房设计规范》SL 266—2014

a） 5.3.5 厂房抗浮稳定应符合下列规定：

1 任何情况下，抗浮稳定安全系数不应小于 1.1。

〔摘编说明〕

岩基上厂房地基面上最小垂直正应力满足本标准规定后，一般无需进行抗浮稳定计算。但是，对高尾水位的厂房，当地基上拉应力区面积较大时，应进行厂房抗浮稳定计算。

〔检查要点和方法〕

厂房抗浮稳定性可选择特殊组合中的机组检修、机组未安装、非常运行三种情况中最不利的情况进行计算，厂房抗浮稳定安全系数不得小于1.1。

4-3-8　《碾压式土石坝设计规范》SL 274—2001

a)　8.3.10　采用计及条块间作用力的计算方法时，坝坡抗滑稳定的安全系数，应不小于表8.3.10规定的数值。

混凝土面板堆石坝用非线性抗剪强度指标计算坝坡稳定的安全系数可参照表8.3.10的规定。

表8.3.10　　坝坡抗滑稳定最小安全系数

运用条件	工程等级			
	1	2	3	4、5
正常运用条件	1.50	1.35	1.30	1.25
非常运用条件Ⅰ	1.30	1.25	1.20	1.15
非常运用条件Ⅱ	1.20	1.15	1.15	1.10

注　运用条件详见本规范1.0.5。

b)　8.3.11　采用不计条块间作用力的瑞典圆弧法计算坝坡抗滑稳定安全系数时，对1级坝正常运用条件最小安全系数应不小于1.30，其他情况应比本规范表8.3.10规定的数值减小8%。

c)　8.3.12　采用滑楔法进行稳定计算时，若假定滑楔之间作用力平行于坡面和滑底斜面的平均坡度，安全系数应符合本规范表8.3.10的规定；若假定滑楔之间作用力为水平方向，安全系数应符合本规范8.3.11的规定。

〔摘编说明〕

（1）计算方法问题。土石坝极限平衡稳定分析中，一般采用条分法，分为不计条块间作用力和计及条块间作用力两类。最早的瑞典圆弧法是不计条块间作用力的方法，计算简单，已积累了丰富的经验，但理论上有缺陷，且当孔隙压力较大和地基软弱时，误差较大。“计及条块间作用力”能反映土体滑动土条之间的客观状况，但计算比瑞典圆弧法复杂。这两类不同方法对安全系数的大小有一定的影响，根据一般的经验统计，后者比前者大5%～10%。表8.3.10规定的安全系数标准，均是与计及条块间作用力的方法相配套的。当采用不计及条块间作用力的瑞典圆弧法计算时，允许的最小安全系数应增大5%～10%。

（2）计及条块间作用力对稳定安全系数的影响问题。SL 274—2001编写过程中，补充统计计算了11座土石坝各种工况、不同计算方法等217组滑动面的稳定安全系数，结论如下：①混凝土面板堆石坝平均安全系数增大值最大，心墙坝和其他坝型相差约0.5%；②摩根斯顿-普赖斯法平均安全系数增大值，比其他方法大；③总平均安全系数增大值，混凝土面板堆石坝达8.99%，心墙坝和其他坝型分别为5.67%和5.16%。对以上资料进行计算，11座土石坝施工期上下游坡、稳定渗流期正常运用和其遇7度或8度地震时，6种方法比瑞典圆弧法稳定安全系数升高总平均值为6.98%。平均安全系数升高值汇总见表4-5。

表4-5　平均安全系数升高值汇总　%

坝　型	简化毕肖普法	美国陆军工程兵团法	罗厄法	扬布法	摩根斯顿-普赖斯法	斯宾塞法	总平均
心墙坝	5.82	5.58	5.75	—	4.9	—	5.67
混凝土面板堆石坝	8.20	7.70	8.00	—	12.00	—	8.99
其他坝型	5.88	4.52	4.33	8.35	9.18	7.78	5.16

根据上述情况，计及条块间作用力的方法比瑞典圆弧法的稳定安全系数可增大8.00%。

（3）由于滑楔法是一种仅满足静力平衡的方法，滑楔间力的方向不同，对计算结果的合理性影响较大。在滑楔间作用力假定平行于坡面和滑底斜面的平均坡度时，其计算结果接近于计及条块间作用力的情况；在滑楔间作用力假定为水平时，其计算结果接近于不计条块间作用力的情况。因此，安全系数应分别符合表8.3.10和第8.3.11条的规定。

〖**检查要点和方法**〗

（1）碾压式土石坝的抗滑稳定标准是半经验性的，坝料的抗剪强度指标、计算方法和最小安全系数标准三者应相互配套。

（2）筑坝材料的抗剪强度指标的选择有线性指标和非线性指标之分。研究和工程实践经验总结表明，对粗粒料，内摩擦角随法向应力增加而减小，呈现明显的非线性现象，抗剪强度是小主应力的函数。在靠近坝坡面的小应力部位，抗剪强度或内摩擦角较高；在靠近坝底的高应力部位，抗剪强度或内摩擦角较低。表示抗剪强度的摩尔包线是一条曲线，粗粒料采用非线性抗剪强度指标计算土石坝的抗滑稳定是合理的。根据实际工程的对比计算分析，有时二者计算的最小安全系数相差很大，设计中应注意这一点。

（3）如果堆石坝粗粒料用非线性抗剪强度计算时，稳定安全系数标准在表8.3.10基础上适当提高。

4-3-9　《混凝土拱坝设计规范》SL 282—2018

a)　7.3.1　采用拱梁分载法计算时，坝体的主压应力和主拉应力应符合下列应力控制指标的规定：

1　坝体的主压应力不应大于混凝土的容许压应力。混凝土的容许压应力等于混凝土强度值除以安全系数。对于基本荷载组合，1级、2级拱坝的安全系数采用4.0，3级拱坝的安全系数采用3.5。对于非地震情况特殊荷载组合，1级、2级拱坝的安全系数采用3.5，3级拱坝的安全系数采用3.0。

2　坝体的主拉应力不应大于混凝土的容许拉应力。对于基本荷载组合，混凝土的容许拉应力为1.2MPa。对于非地震情况特殊荷载组合，混凝土的容许拉应力为1.5MPa。

〖摘编说明〗

（1）拱坝是一种主要以压力拱形式传递荷载的超静定结构，坝体的应力大小直接关系到大坝的安全。

（2）拱坝的压应力是维持系统平衡所需的基本应力；拉应力的大小和分布，则随着坝基和坝体变形，甚至坝体的局部开裂会发生变化，甚至消减，局部的拉应力往往也是衡量大坝可能开裂范围大小的一种指标。

（3）拱梁分载应力分析方法在长期的工程实践中积累了比较丰富的应用经验，有一套通过实践不断修订完善的应力控制指标，应用比较成熟，随着计算技术的发展，计算也更为快捷，在国内外拱坝设计中，一直作为拱坝应力分析的基本方法予以保留，计算成果常作为衡量坝体强度安全的主要标准。

（4）坝体混凝土强度采用设计龄期、边长150mm立方体试件的极限抗压强度，强度保证率为80%。

（5）在SL 282—2003《混凝土拱坝设计规范》中规定坝体混凝土强度龄期为90d，工程实践中，特别是近十年高拱坝工程实践中，混凝土的设计龄期有的采用了180d或更长的龄期（有的还采用了85%的混凝土强度保证率）。

〖检查要点和方法〗

（1）坝体混凝土强度指的是标准方法制作养护的边长150mm立方体试件、在设计龄期用标准试验方法测得的具有保证率80%的抗压极限强度。

（2）用拱梁分载法计算拱坝应力时，拱和梁的布置不宜少于7拱13梁，且宜保持均匀，并与坝址地形、地质条件的变化相适应，能反映拱基础和梁基础变位的相互影响。

（3）坝高大于200m的高拱坝，其容许应力不受规范7.3.1条的限制，应专门研究。

b)　8.2.5　采用刚体极限平衡法进行抗滑稳定分析时，1级、2级拱坝及高拱坝，应按公式（8.2.5-1）计算，其他则应按公式（8.2.5-1）或公式（8.2.5-2）进行

计算：

$$K_1=\frac{\sum (Nf'+c'A)}{\sum T} \tag{8.2.5-1}$$

$$K_2=\frac{\sum Nf}{\sum T} \tag{8.2.5-2}$$

式中 K_1、K_2——抗滑稳定安全系数；

N——垂直于滑裂面的作用力，10^3kN；

T——沿滑裂面的作用力，10^3kN；

A——计算滑裂面的面积，m^2；

f'——滑裂面的抗剪断摩擦系数；

c'——滑裂面的抗剪断凝聚力，MPa；

f——滑裂面的抗剪摩擦系数。

c) 8.2.6 非地震工况按公式（8.2.5-1）或公式（8.2.5-2）计算时，拱座抗滑稳定安全系数不应小于表8.2.6的规定。

表8.2.6 非地震工况抗滑稳定安全系数

荷载组合		建筑物级别		
		1级	2级	3级
按公式（8.2.5-1）	基本	3.50	3.25	3.00
	特殊（非地震）	3.00	2.75	2.50
按公式（8.2.5-2）	基本	—	—	1.30
	特殊（非地震）	—	—	1.10

〔摘编说明〕

（1）应根据滑动边界的空间展布分析拱座的可能滑动模式。滑移体的边界常由若干个滑移面和临空面组成，滑移面为岩体内的各种结构面，尤其是软弱结构面；临空面为地表或软弱结构面。滑移面应在地质勘察基础上经研究确定。

（2）国内24个拱坝工程调查资料表明：采用抗剪公式计算，K 值为1.0～1.3之间；采用抗剪断公式计算，K'值多为2.5～3.5。拱坝拱座稳定与两坝肩岩体结构密切相关，属于深层滑动稳定问题，具有较大的复杂性；同时，已有工程实践表明，拱坝的大多数重大事故均与拱座稳定有关，有资料表明，据不完全统计，因拱座失稳造成拱坝失事的工程约占60%，因此，拱座稳定的安全系数较混凝土重力坝坝基面抗滑稳定和深层抗滑稳定要求要高，如1级建筑物混凝土重力坝 K'值要求（非地震工况）为2.5～3.0，而拱坝要求为3.0～3.5；3级建筑物混凝土重力坝坝基面 K 值要求（非地震工况）为1.00～1.05，而拱坝拱座稳定要求 K 值为1.10～1.30。

（3）公式中岩体抗剪参数选取方式如下：

1）f'和 c'值按相应于材料的峰值强度平均值并结合现场情况和类似工程综合采用。

2）f 按材料的不同性质分别取用相应特性值：

——对脆性破坏材料，采用比例极限；

——对塑性或脆塑性破坏的材料，采用屈服强度；

——对已经剪切错断过的材料，采用残余强度。

（4）1级、2级高拱坝或地质条件复杂的拱坝，应采用多种方法评价拱坝的整体稳定安全性；平面曲率较小、岸坡较平缓或岸坡有顺层节理等复杂地质构造的拱坝，宜研究坝基的浅层抗滑稳定。

〔检查要点和方法〕

（1）1级、2级及高拱坝的拱座抗滑稳定应采用抗剪断公式计算，其他可按抗剪断公式或抗剪公式计算。

（2）分析拱座的稳定时，应综合考虑枢纽建筑物布置（包括坝轴线、平面布置、体形、拱端构造、泄洪消能方式及拱座相邻建筑物布置）、坝体应力、基础处理、施工方法等影响因素。

（3）应在充分分析研究地质勘察资料的基础上，根据滑动边界的空间展布分析拱座的可能滑动模式；抗剪强度参数的选择应在试验成果的基础上，结合岩体实际情况、蓄水后可能发生的变化以及所采取的工程处理措施，由设计、地质、试验人员共同研究确定。应注意工程施工及蓄水运用后坝基岩体条件变化，特别是水文地质条件变化对滑动结构面抗剪强度参数的影响。

4-3-10　《水利水电工程进水口设计规范》SL 285—2003

a)　3.2.3　建筑物整体稳定安全标准。

整体布置进水口的整体稳定安全标准应与大坝、河床式水电站和拦河闸等枢纽工程主体建筑物相同。

对于独立布置进水口，当建基面为岩石地基时，沿建基面整体稳定安全标准应根据其建筑物等级及荷载组合按表3.2.3规定采用；当建基面为土质地基时，应按《水闸设计规范》SL 265—2001有关规定采用。

表3.2.3　　独立布置进水口整体稳定安全标准

建筑物级别	抗滑稳定安全系数				抗倾覆稳定安全系数		抗浮稳定安全系数	
	抗剪断公式		抗剪公式					
	基本组合	特殊组合	基本组合	特殊组合	基本组合	特殊组合	基本组合	特殊组合
1、2	3.0	2.5	1.1	1.05	1.35	1.2	1.10	1.05
3、4、5	3.0	2.5	1.05	1.00	1.3	1.15	1.10	1.05

注　本表适用于建基面为岩石地基情况。

b)　3.2.4　建基面应力标准。

整体布置进水口建基面应力标准应与大坝、河床式水电站和拦河闸等枢纽工程主体

建筑物相同。

对于独立布置进水口，当建基面为岩石地基时，建基面允许应力标准应按表3.2.4规定采用；当建基面为土质地基时，地基容许承载力应按SL 265—2001中有关地基整体稳定的规定采用。

表3.2.4　　独立布置进水口建基面允许应力（MPa）

建筑物级别	建基面最大压应力		建基面拉应力	
	基本组合	特殊组合	基本组合	特殊组合
1、2	小于地基允许压应力		不得出现	0.1
3、4、5			0.1	0.2

注　本表适用于建基面为岩石地基情况。

〔摘编说明〕

（1）整体布置进水口一旦出现事故，不仅影响工程效益，而且还将造成下游灾害，因此，其整体稳定安全标准应与所在的主体建筑物相同。

对于独立布置进水口，当建基面为土质地基时，整体稳定安全标准按SL 265《水闸设计规范》有关规定采用；当建基面为岩质地基时，沿建基面稳定安全标准按本规范表3.2.3采用，沿深层软弱面的稳定问题和安全标准应另行研究确定。对于堤防涵闸式进水口，因一旦失事将造成堤内严重灾害，故还应符合GB 50286《堤防工程设计规范》的有关规定。

（2）基于与本标准3.2.3条的相同理由，对修建在岩基上的整体布置进水口建基面允许应力标准，应与所在的主体建筑物相同。对于岩质地基上独立布置进水口（堤防涵闸式进水口除外），一旦出现事故，一般不会造成下游灾害，因此，建基面允许应力标准略低于混凝土重力坝标准。

〔检查要点和方法〕

进水口的型式是整体布置进水口还是独立布置进水口；建基面为土质地基还是岩基；应根据不同的型式，不同的基础，选用不同的标准要求。

4-3-11　《水利水电工程施工组织设计规范》SL 303—2017

a）　2.4.17　土石围堰、混凝土围堰与浆砌石围堰的稳定安全系数应满足下列要求：

1　土石围堰边坡稳定安全系数应满足表2.4.17的规定。

表2.4.17　　土石围堰边坡稳定安全系数

围堰级别	计算方法	
	瑞典圆弧法	简化毕肖普法
3级	≥1.20	≥1.30
4级、5级	≥1.05	≥1.15

2　重力式混凝土围堰、浆砌石围堰采用抗剪断公式计算时，安全系数 K' 应不小于 3.0，排水失效时安全系数 K' 应不小于 2.5；抗剪强度公式计算时安全系数 K 应不小于 1.05。

〔摘编说明〕

围堰工程具有使用期短、修建时间受限制、使用任务完成后往往还需拆除等特点。因此，围堰结构型式应在满足安全运用的基础上，力求结构简单、修筑及拆除方便、造价低廉。围堰工程虽系临时性水工建筑物，一旦失事仍将可能造成人员伤亡和财产损失，因此，围堰工程的安全不可小视。综合临时工程的运用时限，围堰的安全系数要求相对于工程永久建筑物有所降低，以节省工程投资。

〔检查要点和方法〕

计算方法、计算工况、计算参数选取等是否符合规范规定，安全系数是否满足规范要求。

4-3-12　《碾压混凝土坝设计规范》SL 314—2018

a)　4.0.3　碾压混凝土重力坝坝体抗滑稳定分析应包括沿坝基面和碾压层（缝）面的抗滑稳定。坝体碾压层（缝）面的抗滑稳定计算应采用抗剪断公式，其安全系数应符合 SL 319 的有关规定。

〔摘编说明〕

（1）碾压混凝土重力坝的工作条件和工作状态与常态混凝土重力坝基本相同。相比常态混凝土，碾压混凝土主要是改变了混凝土材料的配合比和施工工艺；由于碾压层（缝）面的结合质量受混凝土配合比、层（缝）面处理、施工工艺、施工现场气候条件、施工管理水平等诸多因素影响，易成为坝体的薄弱环节，与常态混凝土重力坝坝体抗滑稳定分析相比，除计算沿坝基面、基础深层滑动面（必要时）的抗滑稳定外，还需要计算沿坝体碾压层（缝）面的抗滑稳定。

（2）已有的碾压混凝土坝芯样和原位试验的试验成果统计表明，碾压层（缝）面的抗剪断参数离散性较大，其与施工质量、配合比、气候条件、层面间歇时间、层（缝）面处理方法、试验取样方式等密切相关。碾压混凝土坝层（缝）面众多，层（缝）面面积往往较大，层（缝）面抗滑稳定计算的参数选择应在考虑碾压混凝土配合比、施工工艺、施工管理等基础上综合分析确定，参考类似工程选用时应尤为慎重。

〔检查要点和方法〕

（1）碾压混凝土坝层（缝）面的抗滑稳定计算应采用抗剪断公式计算，安全系数应满足 SL 319《混凝土重力坝设计规范》的有关规定。

（2）碾压层（缝）面抗剪断强度指标的选取应充分考虑工程的混凝土配合比及施工质量控制措施等影响因素，参考类似工程选取时应慎重选择。

（3）碾压层（缝）面的抗滑稳定计算工况与坝基面抗滑稳定计算工况相同，应满足

SL 319《混凝土重力坝设计规范》。

4-3-13 《混凝土重力坝设计规范》SL 319—2018

a) 6.3.3 按式（6.3.2）计算的重力坝坝基面坝踵、坝趾的垂直应力应符合下列要求：

1 运用期：

1）在各种荷载组合下（地震荷载除外），坝踵垂直应力不应出现拉应力，坝趾垂直应力不应大于坝体混凝土容许压应力，并不应大于基岩容许承载力。

2 施工期：坝趾垂直拉应力不大于0.1MPa。

b) 6.3.4 重力坝坝体应力应符合下列要求：

1 运用期：

1）坝体上游面的垂直应力不出现拉应力（计扬压力）。

2）坝体最大主压应力不应大于混凝土的容许压应力值。

2 施工期：

1）坝体任何截面上的主压应力不应大于混凝土的容许压应力。

2）在坝体的下游面，主拉应力不大于0.2MPa。

c) 6.3.10 混凝土的容许应力应按大坝混凝土的极限强度除以相应的安全系数确定。

1 坝体混凝土抗压安全系数，基本组合不应小于4.0；特殊组合（不含地震工况）不应小于3.5。

2 局部混凝土有抗拉要求的，抗拉安全系数不应小于4.0。

〔**摘编说明**〕

（1）大坝混凝土属于大体积混凝土，混凝土的容许应力采用大坝混凝土的强度等级除以相应的安全系数。

（2）大坝混凝土的强度等级定义为设计龄期150mm立方体试件的极限抗压强度（MPa），强度保证率为80%，表示符号为“$C_{龄期}$强度”。

（3）以上所述的极限抗压强度均为混凝土的静态强度，复核地震工况的坝体应力时，混凝土的容许应力应采用动态容许应力。SL 319—2018《混凝土重力坝设计规范》规定：“在地震工况下，坝体应力不应大于混凝土动态容许应力”。

（4）混凝土的动态容许应力按混凝土的动态极限强度除以相应的安全系数确定。根据SL 319—2018《混凝土重力坝设计规范》有关规定，此时基于拟静力法计算的坝体混凝土抗压安全系数不应小于3.5，抗拉安全系数不应小于2.08；基于动力法计算的坝体混凝土抗压安全系数不应小于2.3，抗拉安全系数不应小于1.0；混凝土动态极限抗压强度可取静态极限抗压强度的1.2倍，动态极限抗拉强度可取静态极限抗压强度的0.1倍；抗震设防为甲类工程的大坝混凝土动态性能应由试验确定。

（5）混凝土重力坝应以材料力学法（和刚体极限平衡法）计算成果作为坝体断面确定的依据，且坝体设计断面应由基本荷载组合控制，以特殊荷载组合进行复核；复核特殊荷载组合时可考虑坝体的空间作用或采取其他适当措施增加安全性。

〔检查要点和方法〕

（1）混凝土重力坝的坝体断面应由基本荷载组合工况控制，各计算工况和应力控制指标应满足规范规定。

（2）高坝及复杂地基上的中坝，宜采用包括有限元在内的多种方法进行辅助分析；坝体内的空洞等复杂部位应进行单独的配筋设计。

（3）高坝和坝上游面有倒悬时，应考虑施工期纵缝灌浆前的应力情况，对不利应力情况应采取措施加以限制和改善。

d）　6.4.1　抗滑稳定计算主要核算坝基面滑动条件，采用刚体极限平衡法应按抗剪断强度公式（6.4.1-1）或抗剪强度公式（6.4.1-2）计算坝基面的抗滑稳定安全系数。

1　抗剪断强度的计算公式：

$$K'=\frac{f'\sum W+c'A}{\sum P} \tag{6.4.1-1}$$

式中　K'——按抗剪断强度计算的抗滑稳定安全系数；

f'——坝体混凝土与坝基接触面的抗剪断摩擦系数；

c'——坝体混凝土与坝基接触面的抗剪断凝聚力，kPa；

A——坝基接触面截面积，m^2；

$\sum W$——作用于坝体上全部荷载（包括扬压力，下同）对滑动平面的法向分值，kN；

$\sum P$——作用于坝体上全部荷载对滑动平面的切向分值，kN。

2　抗剪强度的计算公式：

$$K=\frac{f\sum W}{\sum P} \tag{6.4.1-2}$$

式中　K——按抗剪强度计算的抗滑稳定安全系数；

f——坝体混凝土与坝基接触面的抗剪摩擦系数。

3　抗滑稳定安全系数的规定

1）按抗剪断强度公式（6.4.1-1）计算的坝基面抗滑稳定安全系数 K' 值不应小于表 6.4.1-1 规定的数值。

表 6.4.1-1　　坝基面抗滑稳定安全系数 K'

荷载组合		K'
基本组合		3.0
特殊组合	(1)	2.5
	(2)（拟静力法）	2.3

2）按抗剪强度公式（6.4.1-2）计算的坝基面抗滑稳定安全系数 K 值不应小于表 6.4.1-2 规定的数值。

表 6.4.1-2 坝基面抗滑稳定安全系数 K

荷载组合		坝的级别		
		1级	2级	3级
基本组合		1.10	1.05	1.05
特殊组合	(1)	1.05	1.00	1.00
	(2)(拟静力法)	1.00	1.00	1.00

〖摘编说明〗

(1) 工程实践表明，当坝基岩体条件较好时，坝体抗滑稳定采用抗剪断强度公式是合适的；当坝基岩体较差时，如软岩或存在软弱结构面，采用抗剪强度公式是合适的。工程设计时应根据工程地质条件选取适当的计算公式。

(2) 表 6.4.1-1 和表 6.4.1-2 中特殊组合地震工况下的安全系数均为采用拟静力法计算相应的安全系数。由于按动力分析方法分析重力坝抗滑稳定时，抗剪强度公式已难适应，因此 GB 51247《水工建筑物抗震设计规范》规定："重力坝沿建基面的整体抗滑稳定及沿碾压层面的抗滑稳定分析，应按刚体极限平衡法中的抗剪断强度公式计算"。

(3) 坝基内存在软弱结构面、缓倾角裂隙时，应核算坝基深层抗滑稳定（非强制性条文）。深层抗滑稳定应首先采用抗剪断强度公式计算，并满足表 6.4.1-1 的规定；如采取工程措施后仍不能达到表 6.4.1-1 的要求时，可按抗剪公式［附录 C 公式 (C.0.3-1) 及公式 (C.0.3.2)］计算，此时安全系数应满足规范中表 6.4.3 的要求。相对于坝基面抗剪强度公式计算对安全系数的要求，表 6.4.3 的安全系数规定值要高于表 6.4.1-2 相应值，如 1 级、2 级、3 级建筑物基本荷载组合，表 6.4.1-2 中的安全系数相应为 1.10、1.05、1.05，而表 6.4.3 中的相应安全系数则为 1.35、1.30、1.25。

(4) 坝体混凝土与基岩接触面的抗剪断摩擦系数 f' 和凝聚力 c' 取值应符合以下规定：

1) 静力计算时，按试验的峰值小值平均值并结合现场情况和类似工程综合确定。

2) 动力计算时，按试验的峰值平均值并结合现场情况和类似工程综合确定。

(5) 坝体混凝土与基岩接触面、岩体及结构面的抗剪断摩擦系数 f' 和凝聚力 c' 和抗剪摩擦系数 f 的取值，在工程可行性研究及其后的各设计阶段，应经现场试验确定；中型工程的中、低坝，无条件进行野外试验时，宜进行室内试验，参照规范附录选取。

〖检查要点和方法〗

(1) 计算工况、计算参数、允许安全系数选取应符合规范有关规定。

(2) 大型工程重力坝及中型工程的高重力坝的抗剪断摩擦系数 f' 和凝聚力 c' 或抗剪摩擦系数 f 应经试验确定，中型工程的中低坝在无野外试验条件时，也宜有室内试验成果支撑。

4-3-14 《水工挡土墙设计规范》SL 379—2007

a) 3.2.7 沿挡土墙基底面的抗滑稳定安全系数不应小于表 3.2.7 规定的允许值。

表 3.2.7　　挡土墙抗滑稳定安全系数的允许值

<table>
<tr><th rowspan="4" colspan="2">荷载组合</th><th colspan="4">土质地基</th><th colspan="5">岩石地基</th></tr>
<tr><th colspan="4" rowspan="2">挡土墙级别</th><th colspan="4">按式（6.3.5-1）计算时</th><th rowspan="3">按式（6.3.6）计算时</th></tr>
<tr><th colspan="4">挡土墙级别</th></tr>
<tr><th>1</th><th>2</th><th>3</th><th>4</th><th>1</th><th>2</th><th>3</th><th>4</th></tr>
<tr><td colspan="2">基本组合</td><td>1.35</td><td>1.30</td><td>1.25</td><td>1.20</td><td>1.10</td><td>1.08</td><td>1.08</td><td>1.05</td><td>3.00</td></tr>
<tr><td rowspan="2">特殊组合</td><td>Ⅰ</td><td>1.20</td><td>1.15</td><td>1.10</td><td>1.05</td><td>1.05</td><td>1.03</td><td>1.03</td><td>1.00</td><td>2.50</td></tr>
<tr><td>Ⅱ</td><td>1.10</td><td>1.05</td><td>1.05</td><td>1.00</td><td colspan="4">1.00</td><td>2.30</td></tr>
<tr><td colspan="11">注：特殊组合Ⅰ适用于施工情况及校核洪水位情况，特殊组合Ⅱ适用于地震情况。</td></tr>
</table>

b)　3.2.8　当验算土质地基上挡土墙沿软弱土体整体滑动时，按瑞典圆弧滑动法或折线滑动法计算的抗滑稳定安全系数不应小于表 3.2.7 规定的允许值。

〖摘编说明〗

（1）沿挡土墙基底面的抗滑稳定安全系数，反映了挡土墙是否安全与经济的指标。表 3.2.7 规定的沿挡土墙基底面抗滑稳定安全系数的允许值与 GB 50286《堤防工程设计规范》以及 SL 265《水闸设计规范》的规定是对应的。

（2）由于挡土墙底板以下的土质地基和墙后回填土两个部分联在一起，其稳定计算的边界条件比较复杂，还有深层抗滑稳定问题。因此，对于挡土墙的地基整体稳定可采用瑞典圆弧滑动法计算。

土质地基上的建筑物经常遇到持力层内夹有软弱土层的情况。由于软弱土层抗剪强度低，在水平向荷载作用下，有可能产生沿软弱土层的滑动，因此当土质地基持力层内夹有软弱土层时，还应采用折线滑动法（复合圆弧滑动法）对软弱土层进行整体抗滑稳定验算。按折线滑动法计算的挡土墙深层抗滑稳定安全系数也应满足表 3.2.7 规定的允许值。

〖检查要点和方法〗

必须指出，表 3.2.7 规定的沿挡土墙基底面抗滑稳定安全系数允许值应与表中规定的相应计算公式配套使用。

c)　3.2.10　设有锚碇墙的板桩式挡土墙，其锚碇墙抗滑稳定安全系数不应小于表 3.2.10 规定的允许值。

表 3.2.10　　锚碇墙抗滑稳定安全系数的允许值

荷载组合	挡土墙级别			
	1	2	3	4
基本组合	1.50	1.40	1.40	1.30
特殊组合	1.40	1.30	1.30	1.20

d) 3.2.11 对于加筋式挡土墙，不论其级别，基本荷载组合条件下的抗滑稳定安全系数不应小于1.40，特殊荷载组合条件下的抗滑稳定安全系数不应小于1.30。

〖摘编说明〗

(1) 有锚碇墙的板桩式挡土墙是依靠作用在插入地基的板桩和置入墙后填土内可能滑动面以外锚碇墙上的被动土压力来维持结构整体稳定的，其锚碇墙的抗滑稳定安全系数应按表3.2.10的规定采用。

(2) 加筋式挡土墙目前在级别较高的工程中应用较少，不考虑挡土墙的级别是可以的。按照SL/T 225—98《水利水电工程土工合成材料应用技术规范》的规定，加筋式挡土墙在验算沿水平向的抗滑稳定性和按圆弧滑动法验算整体深层抗滑稳定性时，不论挡土墙的级别和荷载组合情况，其抗滑稳定安全系数均应不小于1.30。在基本荷载组合和特殊荷载组合时，应有所区别。参考土质地基上的其他类型挡土墙的抗滑稳定安全系数允许值的取值范围，在基本荷载组合和特殊荷载组合时差距为0.1～0.15。

〖检查要点和方法〗

设有锚碇墙的板桩式挡土墙，其锚碇墙抗滑稳定安全系数应按建筑物级别和荷载组合分别确定；加筋式挡土墙稳定安全系数则不考虑挡土墙的级别。

e) 3.2.12 土质地基上挡土墙的抗倾覆稳定安全系数不应小于表3.2.12规定的允许值。

表3.2.12 土质地基上挡土墙抗倾覆稳定安全系数的允许值

荷载组合	挡土墙级别			
	1	2	3	4
基本组合	1.60	1.50	1.50	1.40
特殊组合	1.50	1.40	1.40	1.30

f) 3.2.13 岩石地基上1～3级水工挡土墙，在基本荷载组合条件下，抗倾覆稳定安全系数不应小于1.50，4级水工挡土墙抗倾覆稳定安全系数不应小于1.40；在特殊荷载组合条件下，不论挡土墙的级别，抗倾覆稳定安全系数不应小于1.30。

〖摘编说明〗

(1) 对于土质地基上的挡土墙，其抗倾覆稳定是由地基稳定性和控制基底大小应力的比值来保证的。GB 50286—2013中规定，防洪墙按堤防工程级别分为5级，正常运用条件的抗倾覆稳定安全系数允许值为1.6～1.4，地震及其他稀遇荷载外的非正常运用条件的抗倾覆稳定安全系数允许值为1.5～1.3。抗倾覆稳定也是衡量挡土墙安全性的重要指标，对工程投资有直接影响，按建筑物级别分级取用抗倾覆稳定安全系数较为合理。本条规定的挡土墙抗倾覆稳定安全系数允许值与GB 50286—2013是一致的。

(2) 对于岩基上的挡土墙，抗倾覆稳定安全系数允许值的确定，以在各种荷载作用下不倾倒为原则，但应有一定的安全储备。参照现行有关规范对抗倾覆稳定安全系数允许值的规定，本条作出相应规定。

〖检查要点和方法〗

土质地基上的挡土墙，其抗倾覆安全系数应按建筑物级别和荷载组合分别确定；岩基上的挡土墙，抗倾覆安全系数在基本荷载组合条件下，与建筑物级别有关，但在特殊荷载组合条件下，与建筑物级别无关。

g)　3.2.14　对于空箱式挡土墙，不论其级别和地基条件，基本荷载组合条件下的抗浮稳定安全系数不应小于1.10，特殊荷载组合条件下的抗浮稳定安全系数不应小于1.05。

〖摘编说明〗

对于挡土墙来说，空箱式挡土墙的抗浮稳定性要求是个特例。参照现行有关标准的规定，作出本条规定。

〖检查要点和方法〗

空箱式挡土墙的抗浮稳定安全系数，与建筑物级别和地基条件无关。

h)　6.3.1　土质地基和软质岩石地基上的挡土墙基底应力计算应满足下列要求：

1　在各种计算情况下，挡土墙平均基底应力不大于地基允许承载力，最大基底应力不大于地基允许承载力的1.2倍。

2　挡土墙基底应力的最大值与最小值之比不大于表6.3.1规定的允许值。

表6.3.1　　挡土墙基底应力最大值与最小值之比的允许值

地　基　土　质	荷　载　组　合	
	基本组合	特殊组合
松　　软	1.50	2.00
中等坚实	2.00	2.50
坚　　实	2.50	3.00
注：对于地震区的挡土墙，其基底应力最大值与最小值之比的允许值可按表列数值适当增大。		

i)　6.3.2　硬质岩石地基上的挡土墙基底应力计算应满足下列要求：

1　在各种计算情况下，挡土墙最大基底应力不大于地基允许承载力。

2　除施工期和地震情况外，挡土墙基底不应出现拉应力；在施工期和地震情况下，挡土墙基底拉应力不应大于100kPa。

〖摘编说明〗

（1）对于土质地基以及软质岩石上的挡土墙，要求在各种计算情况下（一般控制在完建情况下），挡土墙平均基底应力不大于地基允许承载力，最大基底应力不大于地基允许承载力的1.2倍。由于地基允许承载力是指平均的允许承载力，因此不允许挡土墙平均基底应力超过平均的地基允许承载力，但允许局部的基底应力超过平均的地基允许承载力，即允许地基内出现局部的塑性变形。至于局部的基底应力允许超过的限度，一般是要求最大基底应力不要超过平均地基允许承载力的 1.2 倍。这一规定与 SL 265 等的有关规定是一致的。

（2）岩石地基上的挡土墙，同样有基底应力方面的要求。由于硬质岩石地基的允许承载力较大，压缩性极小，地基承载能力通常不存在问题，也不会因基底应力分布的不均匀而发生较大的沉降差，从而导致挡土结构倾覆，因此硬质岩石地基上挡土墙基底应力的最大值与最小值之比可不作限制。但为避免挡土墙基础底面与基岩之间脱开，要求在非地震情况下挡土墙基底不应出现拉应力；在施工期和在地震情况下基底拉应力不应大于 100kPa，这一规定与现行有关标准的规定是一致的。

〔**检查要点和方法**〕

（1）对于土质地基上特别是修建在软土地基上的挡土墙，要满足上述要求往往比较困难，需要通过减轻结构重量、调整结构重心或对地基进行人工处理才能达到。基底应力最大值与最小值之比的允许值的规定，主要是防止结构产生过大的不均匀沉降及可能的倾覆破坏。因此，对于人工加固的深基础，可不受表 6.3.1 的规定限制。

（2）对于岩石地基上挡土高度特别大，且又修建在强风化或有不良地质构造的岩石地基上的挡土墙，还应核算其地基承载能力状况。对于全风化的岩石地基，其地质条件已与土质地基基本相似，可按土质地基进行计算。

4-3-15 《水利水电工程边坡设计规范》SL 386—2007

a） 3.4.2 采用 5.2 节规定的极限平衡方法计算的边坡抗滑稳定最小安全系数应满足表 3.4.2 的规定。经论证，破坏后给社会、经济和环境带来重大影响的 1 级边坡，在正常运用条件下的抗滑稳定安全系数可取 1.30～1.50。

表 3.4.2 抗滑稳定安全系数标准

运用条件	边坡级别				
	1	2	3	4	5
正常运用条件	1.30～1.25	1.25～1.20	1.20～1.15	1.15～1.10	1.10～1.05
非常运用条件Ⅰ	1.25～1.20	1.20～1.15	1.15～1.10	1.10～1.05	
非常运用条件Ⅱ	1.15～1.10	1.10～1.05		1.05～1.00	

〔**摘编说明**〕

边坡抗滑稳定安全系数标准的主要依据是：相关标准的规定和已建水利水电工程边坡的实际取值。

实际边坡工程采用的安全系数标准和实际计算值，可反映目前边坡安全系数的应用现状。通过对 103 例边坡的抗滑稳定安全系数进行统计，结果表明：

（1）工程规定的安全系数标准变动区间，正常运用条件下的范围值为 1.10～1.60，非常运用条件Ⅰ下的范围值为1.00～1.30，非常运用条件Ⅱ下的范围值为1.05～1.20；而实际采用的计算值变动区间则相对较大，三种运用条件下的范围值分别为1.02～4.24、1.00～2.92和0.96～1.696。

（2）各工况间的安全系数数值级差。采用的安全系数标准正常运用条件数值比非常运用条件Ⅰ高13.6%，非常运用条件Ⅰ比非常运用条件Ⅱ高2.7%，实际计算值高出比例略大。与本规范规定的级差（4%～9%）基本相符合。

由于划分Ⅰ等工程的技术标准上限是不封顶的，如长江三峡、黄河小浪底等特大型工程，边坡在工程安全中的地位无疑是非常重要的。因此将此种重要且影响大的1级边坡正常运用条件下抗滑稳定最小安全系数定为1.30～1.50认为是合理的。

〖检查要点和方法〗

（1）抗滑稳定计算应以极限平衡方法为基本计算方法。对于1级边坡，可同时采用强度指标折减的有限元法验算其抗滑稳定性。

（2）对于土质边坡和呈碎裂结构、散体结构的岩质边坡，当滑动面呈圆弧形时，宜采用简化毕肖普法（Simplified Bishop）和摩根斯顿-普赖斯法（Morgenstern - Price）进行抗滑稳定计算。

当滑动面呈非圆弧形时，宜采用摩根斯顿-普赖斯法和不平衡推力传递法进行抗滑稳定计算。

（3）对于呈块体结构和层状结构的岩质边坡，宜采用萨尔玛法（Sarma）和不平衡推力传递法进行抗滑稳定计算。

（4）对由两组及其以上节理、裂隙等结构面切割形成楔形潜在滑体的边坡，宜采用楔体法进行抗滑稳定计算。

（5）抗滑稳定计算方法的公式、荷载计算及其各种假定应符合该规范附录D的规定。

4-3-16　《水利水电工程施工导流设计规范》SL 623—2013

a)　6.3.4　土石围堰、混凝土围堰与浆砌石围堰的稳定安全系数应满足下列要求：

1　土石围堰边坡稳定安全系数应满足表6.3.4的规定。

表6.3.4　　土石围堰边坡稳定安全系数表

围　堰　级　别	计　算　方　法	
	瑞典圆弧法	简化毕肖普法
3级围堰	≥1.20	≥1.30
4级、5级围堰	≥1.05	≥1.15

2　重力式混凝土围堰、浆砌石围堰采用抗剪断公式计算时，安全系数 K' 应不小于3.0，排水失效时安全系数 K' 应不小于2.5；按抗剪强度公式计算时安全系数 K 应不小于1.05。

〔摘编说明〕同4-3-11。

〔检查要点和方法〕同4-3-11。

4-3-17 《水利水电工程围堰设计规范》SL 645—2013

a) 6.5.1 土石围堰稳定计算应符合下列要求：

2 抗滑稳定采用瑞典圆弧法或简化毕肖普法时，土石围堰的边坡稳定安全系数应满足表6.5.1的规定。

表6.5.1 土石围堰边坡稳定安全系数表

围堰级别	计算方法	
	瑞典圆弧法	简化毕肖普法
3	≥1.20	≥1.30
4、5	≥1.05	≥1.15

b) 6.5.2 混凝土围堰稳定计算应符合下列要求：

4 混凝土重力式围堰采用抗剪断公式计算时，安全系数 $K' \geqslant 3.0$，排水失效时安全系数 $K' \geqslant 2.5$；按抗剪强度公式计算时安全系数 $K \geqslant 1.05$。

〔摘编说明〕同4-3-11。

〔检查要点和方法〕同4-3-11。

4-3-18 《预应力钢筒混凝土管道技术规范》SL 702—2015

a) 6.5.1 管道抗浮稳定安全系数应符合下列要求：

1 抗浮稳定安全系数不应小于1.1。

〔摘编说明〕

预应力钢筒混凝土管（PCCP）是在带有钢筒的混凝土管芯外侧缠绕环向预应力钢丝并用水泥砂浆做保护层而制成的管材，包括内衬式预应力钢筒混凝土管（PCCPL）和埋置式预应力钢筒混凝土管（PCCPE）。

预应力钢筒混凝土管具有高强度、高抗渗性、高密封性及耐久性好的优点，近10余年国内建成了一批预应力钢筒混凝土管道工程，积累了较丰富的设计、施工及运行经验。

抗浮稳定安全系数的取值与现行水利行业标准相关规定一致。

〔检查要点和方法〕

各种工况下，管道抗浮稳定安全系数不应小于1.1。

b) 6.5.2 管道直径变化处、转弯处、堵头、闸阀、伸缩节处的镇墩（支墩）或由限制性接头连接的管段抗滑稳定验算应符合下列要求：

1　抗滑稳定安全系数不应小于1.5，采用限制性接头连接多节管道时不应小于1.1。

〔摘编说明〕

抗滑稳定验算应按纯摩公式计算。在没有试验资料的情况下，管道或建筑物基底面与地基之间的摩擦系数 f 值，可根据地基类别按表6.5.3-2所列数值选用。

表6.5.3-2　　管道或建筑物基底面与地基之间的摩擦系数 f 值

地基类别		f
黏　土	软　弱	0.20～0.25
	中等坚硬	0.25～0.35
	坚　硬	0.35～0.45
壤土、粉质壤土		0.25～0.40
砂壤土、粉砂土		0.35～0.40
细砂、极细砂		0.40～0.45
中砂、粗砂		0.45～0.50
砂砾石		0.40～0.50
砾石、卵石		0.50～0.55
碎石土		0.40～0.50

限制性接头是指以形成限制管段为目的，采用夹钳式铠式、承口螺栓式铠式、开口环限制性、焊接及法兰连接等方式，实现传递轴向力为目的的特殊接头。

〔检查要点和方法〕

（1）检查管道的镇墩（支墩）抗滑稳定计算相关的荷载、设计参数、计算工况和计算结果，抗滑稳定安全系数不应低于1.5。

（2）采用限制性接头连接多节管道抗滑稳定安全系数不应低于1.1。

4-4　抗　　震

我国受环太平洋地震带及欧亚地震带的影响，地震活动频繁，历史上曾多次发生灾害性大地震，对人民生命财产和社会经济造成了巨大的损失，全国大部分地区为抗震设防区，近期又处于地震活动的上升期，因此，需要重视水工建筑物的抗震设计。

4-4-1　《水工建筑物抗震设计规范》　GB 51247—2018

a)　1.0.5　地震基本烈度为Ⅵ度及Ⅵ度以上地区的坝高超过200m或库容大于100亿 m^3 的大（1）型工程，以及地震基本烈度为Ⅶ度及Ⅶ度以上地区的坝高超过150m的大（1）型工程，其场地设计地震动峰值加速度和其对应的设计烈度应依据专门的场地地震安全性评价成果确定。

〖摘编说明〗

（1）地震的震级和地震烈度。地震的震级和烈度是反应地震特性和地震影响的两个不同的概念。地震震级是用来表示一次地震的规模大小的。一次地震的震级是根据地震时所释放的总能量来确定的。设 E 是地震时所释放的总能量（单位为尔格），地震震级为 M，则 E 和 M 的关系一般可表示为：

$$\lg E=11.8+1.5M$$

目前国际上比较通用的震级标准为里氏震级，它以标准地震仪所记录的最大地动位移 A（即振幅，以 μm 计）的常用对数值来表示一次地震的震级，其表达式是：

$$M=\lg A$$

我国地震震级是按里氏震级标准划分，最大震级一般不超过 9 级。

一次地震只有一个震级。一般来说，小于 2 级的地震人们感觉不到，称为微震。2～4 级的地震称为有感地震，5 级以上的地震就会在震中区附近引起不同程度的破坏，统称为破坏性地震，7 级以上的为强烈地震和大地震，8 级以上为特大地震。到目前为止所记录的世界上最大的地震是 1960 年 5 月 22 日发生在智利的 8.9 级特大地震，我国 1976 年的唐山大地震为 7.6 级，2008 年的汶川大地震为 8.0 级，2011 年的日本福岛大地震为 8.7 级。

地震烈度是指地震区地表运动的危害性及建筑物的破坏程度。这是工程师进行抗震设计的最为关心的。目前，地震烈度还没有合适的定量标准，一般是根据宏观现象，例如人的感觉、物体反应、建筑物的破坏程度和自然现象等因素来确定地震烈度。不同国家烈度的划分也不同。例如日本采用 0～7 度的 8 度制，少数的欧洲国家采用 10 度制，而绝大多数国家（包括苏联、美国等）均采用 12 度制。我国将地震烈度分为 12 度制，6 度以上的为有害地震。根据建筑物所处地区的历史震害调查和近代地震观测记录，可以划分地区的基本烈度。严格讲，地震基本烈度一般是指该地区在今后 50 年内可能遭遇的较大地震，其超越概率在 10%左右。我国目前仍以地震烈度作为各类工程抗震设防依据的基本指标，基本烈度是对未来地震的一种中长期预测。

（2）地震安全性评价。地震安全性评价是对特定地区确定未来一定时期内地震动参数超过某一定值的概率。

地震的发生在时间、空间和强度上都是随机的，地震波的传播也是一个具有许多不确定性因素的复杂过程。因此，地震安全性评价不仅要考虑发生地震大小的分布规律，而且需考虑时间上发生次数的分布规律，以及在空间上一定范围内不同距离的震源对特定场地地震效应的影响。地震安全性评价的主要内容和基本步骤为：

1）通常在以坝址为中心的 300km 半径的工作范围内，根据地质、地震条件确定潜在震源并选择合适的震级上限。

2）根据历史地震资料，计算各潜在震源不同震级地震的发生率，并选择地震发生次数的概率模型。目前广泛采用的是假定地震发生在时间和空间上都是独立的，同一地点同一时间发生两次地震的概率为零的均匀泊松模型。

3）由强震记录和历史地震等震级资料，确定从震源到坝址场地的地震动参数的衰减规律。

4）按概率理论估计发生一次或多次地震对给定场地的危险性，包括衰减规律的不确定性的校正。

5）综合各潜在震源影响得出给定场地总的地震危险性，最终给出不同年超越概率或设计基准期内的不同超越概率相对应的地震动参数曲线图表。

现行国家标准 GB 18306《中国地震动参数区划图》使用说明中规定，对重大工程、特殊工程、可能产生严重次生灾害的工程应进行专门地震安全性评价工作。鉴于重要高坝大库对国民经济建设中的重要性及其地震灾变后果的严重性，其设计地震动峰值加速度和设计烈度的设防水准需要依据在对工程场址地震地质条件做更深入勘察的基础上，进行专门的场址地震安全性评价确定。

在我国，地震安全性评价首先在 20 世纪 80 年代初应用于二滩水电工程。近年来，在建和拟建中的重大水利水电工程几乎都进行了专门的地震安全性评价工作。在这些分析成果中，除小浪底工程采用一般场地土外，其他都直接以基岩峰值加速度作为地震动参数，给出经过衰减规律不确定性校正过的年超越概率曲线，而且，许多工程还同时给出烈度或概率反应谱曲线的年超越概率曲线。

（3）地震基本烈度和设计烈度。一般工程，基本烈度按现行国家标准 GB 18306《中国地震动参数区划图》确定，其概率水平为 50 年基准期的超越概率 10%，相应的地震重现期为 475 年。对重大工程应通过专门的场地地震安全性评价工作确定。

设计烈度在基本烈度基础上确定的作为工程设防依据的地震烈度。一般工程取场址所在地区的基本烈度作为设计烈度；对工程抗震设防类别为甲类的水工建筑物，应在基本烈度基础上提高 1 度作为设计烈度。

〖**检查要点和方法**〗

（1）检查坝高和库容，是否进行专门的场地地震安全评价。

（2）场地设计地震动峰值加速度和设计烈度是否与地震安全评价成果一致。

〖**案例分析**〗

紫坪铺水利枢纽总库容 11.12 亿 m^3，为Ⅰ等大（1）型工程。2008 年 5 月 12 日汶川发生里氏 8 级大地震，震中距离紫坪铺水利枢纽工程约 17.7km，地震导致枢纽工程各类建筑物和设备发生不同程度的震损震害。汶川地震后，国家地震部门于 2008 年 6 月颁布了 GB 18306《中国地震动参数区划图》国家标准第 1 号修改单《四川、甘肃、陕西部分地区地震动峰值加速度区划图》，工程区地震动峰值加速度为 0.20g，相当于地震基本烈度 8 度。2009 年 3 月，中国地震局地震预测研究所又对工程区地震危险性进行评价。复核结论：50 年超越概率 10%基岩水平地震动峰值加速度为 0.185g，地震基本烈度为 8 度；基准期 100 年超越概率 2%地震动峰值加速度为 0.392g，作为工程震损除险加固的基本依据。

b）　3.0.1　水工建筑物应根据其重要性和工程场地地震基本烈度按表 3.0.1 确定其工程抗震设防类别。

表 3.0.1　　　　　　　　　　　工程抗震设防类别

<table>
<tr><th>工程抗震设防类别</th><th>建筑物级别</th><th>场地地震基本烈度</th></tr>
<tr><td>甲类</td><td>1级（壅水和重要泄水）</td><td rowspan="2">≥Ⅵ度</td></tr>
<tr><td>乙类</td><td>1级（非壅水）、2级（壅水）</td></tr>
<tr><td>丙类</td><td>2级（非壅水）、3级</td><td rowspan="2">≥Ⅶ度</td></tr>
<tr><td>丁类</td><td>4级、5级</td></tr>
</table>

注：重要泄水建筑物指其失效可能危及壅水建筑物安全的泄水建筑物。

〔摘编说明〕

根据国家标准 GB 50223《建筑抗震设防分类标准》，建筑遭遇地震破坏后，可能造成人员伤亡、直接和间接经济损失、社会影响的程度及其在抗震救灾中的作用等因素，建筑工程分为甲类、乙类、丙类和丁类4个抗震设防类别。

根据水工建筑物的级别和场地地震基本烈度，对水工建筑物划分工程抗震设防类别，确定设计地震动峰值加速度和设计烈度，选择抗震计算中地震作用效应的计算方法。

〔检查要点和方法〕

（1）检查水工建筑物的级别和场地地震基本烈度。

（2）泄水建筑物失效可能危及壅水建筑物安全时，工程抗震设防类别应划分为甲类。

c）　3.0.4　根据专门的场地地震安全性评价确定其设防依据的工程，其建筑物的基岩平坦地表水平向设计地震动峰值加速度代表值的概率水准，对工程抗震设防类别为甲类的壅水和重要泄水建筑物应取100年内超越概率 P_{100} 为0.02；对1级非壅水建筑物应取50年内超越概率 P_{50} 为0.05；对于工程抗震设防类别其他非甲类的水工建筑物应取50年内超越概率 P_{50} 为0.10，但不应低于区划图相应的地震动水平加速度分区值。

〔摘编说明〕

在需要做专门的场地地震安全性评价的工程中，对1级壅水和重要泄水建筑物，其设计地震动峰值加速度的概率水准，系根据已有重要水利水电工程场地地震安全性评价结果，对基本烈度提高1度的概率水准进行校准后确定的；对于1级非壅水建筑物，其设防水准规定为50年内超越概率 P_{50} 为0.05，较相应于基本烈度的超越概率水准有所提高；对其他建筑物，其设计地震动峰值加速度概率水准，仍维持现行行业标准确定的50年内超越概率 P_{50} 为0.1，但规定其设计地震动峰值加速度不应低于现行国家标准 GB 18306《中国地震动参数区划图》中相应的地震动水平加速度分区值。

〔检查要点和方法〕

（1）查阅场地地震安全性评价报告。

（2）复核工程抗震设防类别。

（3）对于工程抗震设防类别非甲类的水工建筑物，其设计地震动峰值加速度概率水准，不应低于 GB 18306《中国地震动参数区划图》相应的地震动水平加速度分区值。

d）　3.0.5　对应作专门场地地震安全性评价的工程抗震设防类别为甲类的水工建筑物，除按设计地震动峰值加速度进行抗震设计外，应对其在遭受场址最大可信地震时不发生库水失控下泄的灾变安全裕度进行专门论证，并提出其所依据的抗震安全性专题报告。其中："最大可信地震"的水平向峰值加速度代表值应根据场址地震地质条件，按确定性方法或 100 年内超越概率 P_{100} 为 0.01 的概率法的结果确定。

〖摘编说明〗

2008 年汶川地震后，国家相关部门提出了对于重大水利水电工程确保其在最大可信地震作用下抗震安全的要求。为力求确保 1 级壅水和重要泄水建筑物工程在坝址最大可信地震作用下不发生地震失事灾变，规定需要对此进行专门研究后提出抗震安全专题报告。

最大可信地震是场址可能发生最大地震动的地震。确定最大可信地震是分析评价工程抗震安全性的前提。目前，国内外确定重要大坝工程最大可信地震地震动通常有两种途径：一种是基于概率理论的坝址地震危险性分析方法，通常取相应于重现期为 10000 年的峰值加速度作为最大可信地震的地震动输入；另一种是确定性方法，即在对坝址地震动输入贡献最大的潜在震源中，假设与其震级上限相应的地震，在沿其主干断裂距坝址最近处发生，按点源的衰减关系求得坝址地震动峰值加速度，作为最大可信地震的地震动输入。由于最大可信地震为发生概率很小的事件，因而无论用上述哪种方式确定的地震动输入，都难以合理反映近断裂大震的地震动特征。

〖检查要点和方法〗

（1）对工程抗震设防类别为甲类的水工建筑物，应进行专门研究后提出抗震安全专题报告。

（2）"最大可信地震"的水平向峰值加速度代表值按确定性方法或 100 年内超越概率 P_{100} 为 0.01 的概率法确定。

e）　3.0.9　对坝高大于 100m、库容大于 5 亿 m^3 的新建水库，应进行水库地震安全性评价；对有可能发生震级大于 5.0 级，或震中烈度大于Ⅶ度的水库地震时，应至少在水库蓄水前 1 年建成水库地震监测台网并进行水库地震监测。

〖摘编说明〗

国内外已有不少水库发生水库地震实例，水库地震的发生机制目前仍在探索中。已有震例的统计分析结果表明，坝高大于 100m 和库容大于 5 亿 m^3 的新建水库，发生水库地震的概率增大。鉴于水库地震的这些特点，需进行专门的分析研究。对有可能发生震级大于 5.0 级，或震中烈度大于Ⅶ度的水库地震时，设计应要求至少在水库蓄水前 1 年建成水库地震监测台网，进行水库地震监测。蓄水前后的监测为研究其发展趋势和发生机理所必需。

〔检查要点和方法〕

（1）对坝高大于100m、库容大于5亿m^3的新建水库，是否进行水库地震安全评价。

（2）检查水库地震监测台网建成时间和水库地震监测成果。

4-4-2 《水工混凝土结构设计规范》SL 191—2008

a） 13.1.2 结构的抗震验算，应符合下列规定：

1 设计烈度为6度时的钢筋混凝土构件（建造于Ⅳ类场地上较高的高耸结构除外），可不进行截面抗震验算，但应符合本章的抗震措施及配筋构造要求。

2 设计烈度为6度时建造于Ⅳ类场地上较高的高耸结构，设计烈度为7度和7度以上的钢筋混凝土结构，应进行截面抗震验算。

〔摘编说明〕

（1）鉴于近数十年来，有些基本烈度为6度的地震区发生了较大的地震。因此，6度地震区的水工建筑物也必须考虑抗震构造要求及抗震措施。

（2）对于设计烈度为6度Ⅳ类场地上较高的高耸结构，其地震影响系数有可能高于同一结构在设计烈度为7度Ⅱ类场地条件下的地震影响系数，因此要求对这类条件下的高耸结构仍应进行结构抗震验算和构件的抗震承载力计算。

〔检查要点和方法〕

（1）结构抗震设计时，有关结构整体的抗震规划、场地的选择以及地震作用的计算等均应根据GB 50011《建筑抗震设计规范》、GB 51247《水工建筑物抗震设计标准》的有关规定进行。

（2）钢筋混凝土构件抗震设计时，无论是否进行截面抗震验算，均应根据建筑物的设计烈度提出相应的抗震验算要求、抗震措施和配筋构造要求。

4-4-3 《水工建筑物强震动安全监测技术规范》SL 486—2011

a） 1.0.3 下列情况应设置强震动安全监测台阵：

1 设计烈度为7度及以上的1级大坝、8度及以上的2级大坝，应设置结构反应台阵。

〔摘编说明〕

我国缺少水工建筑物地震强震动记录，预先在水工建筑物上设置强震结构反应台阵，一旦发生强震，可以自动获取加速度记录，进行及时分析和快速震害等级评估，采取应急措施，达到减灾、防灾的目的。规定应设置强震安全监测台阵的条件，考虑了以下因素：

（1）我国水利工程数量多，不可能对所有水工建筑物都设置强震安全监测台阵。因此，只选择在地震影响较大区域的重要建筑物进行设置，故规定设计烈度为7度及以上的1级大坝、8度及以上的2级大坝应设置结构反应台阵。

（2）单个水利工程设置的结构反应台阵应与国家强震安全监测台相联系，以作为国家强震安全监测网的组成部分。

〖检查要点和方法〗

设计烈度为7度及以上的1级大坝、8度及以上的2级大坝是否设置了结构反应台阵。

4-5　挡水、蓄水建筑物

4-5-1　《堤防工程设计规范》GB 50286—2013

a)　7.2.4　黏性土土堤的填筑标准应按压实度确定。压实度值应符合下列规定：

1　1级堤防不应小于0.95。

2　2级和堤身高度不低于6m的3级堤防不应小于0.93。

3　堤身高度低于6m的3级及3级以下堤防不应小于0.91。

〖摘编说明〗

（1）大堤土料的填筑质量与大堤安全密切相关，土料的填筑密实度是衡量土料填筑质量的主要标准之一。黏性土的填筑标准应以压实度作为设计控制指标；压实度＝设计干密度/最大干密度。

（2）压实度与实际施工压实水平和压实机械有关。近年来，采用凸块振动碾碾压粘性土，可以达到较高的压实度。借鉴SL 274—2001《碾压式土石坝设计规范》中填筑土料填筑标准，GB 50286—2013黏性土的压实标准比GB 50286—98有所提高。

〖检查要点和方法〗

（1）黏性土的最大干密度和最优含水率应按SL 237《土工试验规程》击实试验方法求取。

（2）黏性土的设计压实度根据堤防级别和堤身高度确定，其值不应小于规范规定值。

（3）填筑土料含水量应控制在最优含水率－3%～＋3%偏差范围内。

b)　7.2.5　无黏性土土堤的填筑标准应按相对密度确定，1级、2级和堤身高度不低于6m的3级堤防不应小于0.65，堤身高度低于6m的3级及3级以下堤防不应小于0.60。有抗震要求的堤防应按现行行业标准《水工建筑物抗震设计规范》SL 203的有关规定执行。

〖摘编说明〗

无黏性土的填筑标准按相对密度进行控制。相对密度的定义为：

$$D_{rds}=\frac{e_{max}-e_{ds}}{e_{max}-e_{min}}$$

式中　D_{rds}——设计压实相对密度；

e_{ds}——设计压实孔隙比；

e_{max}、e_{min}——试验最大、最小孔隙比。

〖检查要点和方法〗

（1）相对密度试验应按 SL 237《土工试验规程》规定的方法进行。

（2）无黏性土的相对密度根据堤防级别和堤身高度确定，其值不应小于规范规定值。

（3）地震区的相对密度设计标准应符合现行 GB 51247—2018《水工建筑物抗震设计标准》有关规定。

c） 10.1.3 修建与堤防交叉、连接的各类建筑物、构筑物，应进行洪水影响评价，不得影响堤防的管理运用和防汛安全。

〖摘编说明〗

修建与堤防交叉、连接的各类建筑物、构筑物，直接涉及堤防及堤防保护对象的防洪安全。

根据《中华人民共和国水法》《中华人民共和国防洪法》有关规定，修建与堤防交叉、连接的各类建筑物、构筑物应进行洪水影响评价，并报有关水行政主管部门审批。在洪水影响评价中，应评价与堤防交叉、连接的各类建筑物、构筑物对防汛安全和堤防管理运用的影响程度。

〖检查要点和方法〗

（1）修建与堤防交叉、连接的各类建筑物、构筑物应有通过有关水行政主管部门审批的洪水影响评价报告。

（2）与堤防交叉、连接的各类建筑物、构筑物，应根据自身的结构特点、运用要求、堤防工程的级别和结构等情况选择安全合理的位置和交叉、连接结构型式。并满足防洪及防汛管理要求。

4-5-2 《混凝土面板堆石坝设计规范》SL 228—2013

a） 3.1.6 混凝土面板堆石坝的泄水、放水建筑物布置，应考虑下列要求：

3 对于高坝、中坝和地震设计烈度为8度、9度的坝，不应采用布置在软基上的坝下埋管型式。低坝采用软基上的坝下埋管时，应有充分的技术论证。

4 高坝、重要工程、地震设计烈度为8度、9度的混凝土面板堆石坝，应设置放空设施。

〖摘编说明〗

（1）当地材料坝的坝下埋管是坝体渗漏和变形的薄弱环节，特别是布置在软基上的坝下埋管，由于不均匀沉降可能导致接头处止水破坏，危及大坝安全。

（2）混凝土面板堆石坝是否需要设置放空设施问题，国内外工程界有不同的意见。SL 228—98《混凝土面板堆石坝设计规范》规定“一般可不设置专门的放空设施”，2013年修订的根据近10年国内面板坝的经验和教训，认为对高坝、高地震区、重要工程应设置放空设施。

(3) 实际工程中对放空设施的设置不尽相同，如天生桥一级、水布垭等工程均设置了放空洞，又如澳大利亚采用“可爆堵头”放空水库，即利用导流洞堵头设置放空管，万一使用时可炸开连接螺丝，打开钢闷盖放水。

〖检查要点和方法〗

(1) 检查坝高和地震设计烈度。

(2) 坝下埋管是否布置在软基上。低坝采用软基上的坝下埋管时，是否有充分的技术论证。

(3) 高坝、重要工程、强震区的面板堆石坝是否设置放空设施。

〖案例分析〗

某面板堆石坝坝高 76m，1990 年建成，由于不均匀沉降，导致面板塌陷破坏、止水拉裂，漏水严重需放空检修。因大坝未设放空设施，检修十分困难。在 2000 年放空检修时，不得不加高原上游围堰，由发电引水洞导流。

b)　8.2.1　面板厚度的确定应满足下列要求：

1　应满足钢筋和止水布置要求，顶部厚度不应小于 0.3m。150m 以上的高坝宜加大面板顶部厚度。

2　控制渗透水力梯度不应超过 200。

〖摘编说明〗

观测资料表明，在水荷载作用下，面板的大部分区域受压，仅在坝顶和近岸边处有拉应变。面板应变和堆石体变形特性密切相关，与其厚度关系不大。可以认为混凝土面板只要抗裂性和耐久性满足要求，它的柔性越大越能适应坝体变形。确定面板厚度时，在满足上述要求的前提下，应选用较薄的面板厚度。对于 150m 以上的高坝，挤压破坏大多发生在高程较高处的面板，因此应适当加厚顶部面板的厚度。

〖检查要点和方法〗

(1) 检查钢筋和止水布置以及顶部厚度是否满足设计要求。

(2) 150m 以上的高坝面板顶部厚度是否加大。

(3) 面板厚度是否满足水力梯度要求。

4-5-3　《碾压式土石坝设计规范》SL 274—2001

a)　4.1.5　防渗土料应满足下列要求：

1　渗透系数：均质坝不大于 1×10^{-4}cm/s，心墙和斜墙不大于 1×10^{-5}cm/s。

2　水溶盐含量（指易溶盐和中溶盐，按质量计）不大于 3%。

3　有机质含量（按质量计）：均质坝不大于 5%，心墙和斜墙不大于 2%，超过此规定需进行论证。

〖摘编说明〗

(1) 渗透系数。国内已建成的心墙和斜墙坝防渗土料的渗透系数一般不大于 10^{-6}cm/s，

均质坝不大于 10^{-5}cm/s。防渗土料的渗透系数选择，与对水库的渗漏量要求有关。以供水、发电为主的水库，应采用渗透性更小的防渗土料；以防洪为主的水库，防渗土料的渗透系数相对可适当大一些。

（2）水溶盐含量。水溶盐一般分为易溶盐、中溶盐和难溶盐三类。易溶盐包括氯盐、重碳酸盐、碳酸钠和硫酸钠等，中溶盐主要是石膏，难溶盐包括碳酸钙、碳酸镁等。难溶盐在非侵蚀性水中淋洗速度很慢，引起的填土性质变化一般可以不计。因此，条文中仅提出“水溶盐的含量（指易溶盐和中溶盐，按质量计）不大于 3%”的要求。常用的筑坝土料中的易溶盐含量一般不大，但石膏在长期渗透水作用下的淋洗使土料性质变坏，会产生附加沉降，是实践中必须考虑的主要问题。为降低淋洗速度，工程实践中采用提高压实密度、降低渗透系数和减小渗透比降等措施。针对石膏淋洗将会产生附加沉降的情况，常采用增加超高的工程措施。

（3）有机质含量。土中有机质有两种：①未完全分解的植物残渣、树皮草根等，这些有机质的继续分解可以在土中形成孔洞，其化学变化能改变土的性质；②完全分解的有机质，这种有机质对土的影响与其处于分散或凝聚状态有关。苏联 СНиИ 2.06.05.84 规定，未完全分解的有机质含量不大于 5%，完全分解的有机质含量不大于 8%。日本坝工规范只说有机质含量高不好，没有定量规定。相比之下，条文中规定的有机质含量（按质量计）“均质坝不大于 5%，心墙和斜墙不大于 2%”偏于严格，但这一规定已沿用多年，国内也没有统计资料能证明可提高的幅度。因此，在设计实践中，还应严格按照条文规定执行。考虑规定偏于严格的情况，条文又规定“超过此规定需进行论证”。

〔检查要点和方法〕

防渗土料重点检查渗透系数。

b）　4.1.15　反滤料、过渡层料和排水体料应符合下列要求：

1　质地致密，抗水性和抗风化性能满足工程运用条件的要求。

2　具有要求的级配。

3　具有要求的透水性。

4　反滤料和排水体料中粒径小于 0.075mm 的颗粒含量应不超过 5%。

〔摘编说明〕

（1）质地致密坚硬的材料，对提高抗水性和抗风化能力有利。若抗水性差，在渗透水的作用下，粗颗粒会进一步软化破碎；若抗风化较差，在堆存、填筑过程中和填筑于表层时，可能会因颗粒进一步风化，使颗粒变细。这两种情况均会导致级配不满足要求，反滤料透水性减小。

（2）具有要求的颗粒级配，即是按照设计要求的级配，对于反滤层，应采用连续级配。施工中，很难完全避免发生粗细颗粒分离现象，采用连续级配料有利于防止粗细颗粒分离。

（3）反滤成功与否，与反滤料的透水性直接相关，因此要求具有透水性。

（4）1989年，国际大坝委员会（ICOLD）出版的《土石坝粒料反滤和排水》（EMBANKMENT DAMS GRANULAR FILTERS AND DRAINS，Review and Recommendations）一书中，对于 D_{60} 以下的颗粒，要求下包线与上包线的 D_n（$n \leqslant 60\%$）之比不大于5，其目的也是防止由于下包线与上包线范围过宽，在施工中发生粗细颗粒分离。小于0.075mm颗粒含量的多少影响反滤料的透水性，条文中规定不超过5%是根据一般经验确定的。

〖检查要点和方法〗

（1）反滤料、过渡层料和排水体料要有良好的级配。

（2）检查反滤料、过渡层料和排水体料小于0.075mm的颗粒含量。

c)　4.2.3　粘性土的压实度应符合下列要求：

1　1级、2级坝和高坝的压实度应为98%～100%，3级中、低坝及3级以下的中坝压实度应为96%～98%。

〖摘编说明〗

（1）黏性土的填筑标准应以压实度和最优含水率作为设计控制指标。压实度＝设计干密度/最大干密度。

（2）设计地震烈度为8度、9度的地区，宜取上述规定的大值。

（3）有特殊用途和性质特殊的土料的压实度宜另行确定。如填筑在混凝土防渗墙顶部的高塑性土，要求能承受较大的变形，并不要求太高的压实度；对于性质特殊的土料，如膨胀土，为减小其膨胀性，希望压实度低一些；湿陷性黄土，需最大限度地破坏其原状结构，使其不再具有湿陷性，希望压实度高一些。因此，对类似上述这些情况，就需要根据工程实际情况，确定合适的压实度。

（4）压实度与实际施工压实水平和压实机械有关。近年来，采用凸块振动碾碾压黏性土，可以达到较高的压实度。

（5）黏性土的施工填筑含水量应根据土料性质、填筑部位、气候条件和施工机械等情况，控制在最优含水率－2%～＋3%偏差范围以内。有特殊用途和性质的黏性土的填筑含水率应另行确定。

填筑含水率还应符合下列要求：

1）上限值。不影响压实和运输机械的正常运行；施工期间土体内产生的孔隙压力不影响坝坡稳定；在压实过程中不产生剪切破坏。

2）下限值。填土浸水后不致产生大量的附加沉降使坝顶高程不满足设计要求、坝体发生裂缝以及在水压力作用下不产生水力劈裂等，不致产生松土层而难以压实。

〖检查要点和方法〗

（1）黏性土的最大干密度和最优含水率应按SL 237—1999《土工试验规程》击实试验方法求取。

（2）施工填筑含水量应控制在最优含水率－2%～＋3%偏差范围以内。

d)　4.2.5　砂砾石和砂的填筑标准应以相对密度为设计控制指标，并应符合下列

要求：

1 砂砾石的相对密度不应低于 0.75，砂的相对密度不应低于 0.70，反滤料宜为 0.70。

2 砂砾石中粗粒料含量小于 50%时，应保证细料（小于 5mm 的颗粒）的相对密度也符合上述要求。

〖摘编说明〗

对于无黏性土，将相对密度作为控制无黏性土压实标准的指标，国内已沿用多年。条文规定不低于 0.75，这在一般工程经验范围之内。当粗料含量小于 50%时，其小于 5mm 的细料已参与材料的骨料作用，细料对坝料性质的影响较大，因此，条文要求要保证细料满足规定的相对密度要求。

〖检查要点和方法〗

对于砂砾石，实际应用中一般根据不同级配的室内试验结果整理出级配—干密度—相对密度关系，以便现场挖坑取样检查时，能根据测出的级配和干密度，查出相对密度是否满足要求，这样便于控制其填筑质量。

〖案例分析〗

（1）某水库大坝采用心墙砂砾壳坝，最大坝高 46m，1975 年海城发生 7.3 级地震，坝址距震中 33km，上游坝面发生大面积滑坡。震后从滑坡体中取样试验，小于 5mm 为 70%～95%，小于 0.1mm 为 10%～20%。砂砾料颗粒细和长期浸水饱和是滑坡的原因之一。

（2）某水库主坝为斜墙砂砾石坝，最大坝高 66m，1976 年唐山 7.8 级地震，坝址距震中 150km，相当于 7 度，地震造成上游斜墙保护层产生滑坡，滑坡面积共约 6 万 m^2，塌滑方量为 15 万 m^3。主要原因是保护层砂砾料颗粒细和相对密度低，震后用振动台做相对密度试验，其值仅 0.32。

e） 5.6.2 土质防渗体（包括心墙、斜墙、铺盖和截水槽等）与坝壳和坝基透水层之间以及下游渗流出逸处，如不满足反滤要求，均必须设置反滤层。

〖摘编说明〗

条文规定必须设反滤层的部位包括土质防渗体与坝壳、坝基透水层之间，以及下游渗流出逸处。土质防渗体与坝壳之间简单明了，易于执行。

下游渗流逸出处则需根据工程具体情况，划分区域范围。由于反滤层对防止渗透破坏起着关键性的作用，在执行本条规定时，应客观分析各种工况条件下坝体、坝基渗流场的形态和特点，以免遗漏。

有些坝址的覆盖层地质条件比较复杂，当不能查明砂性土层的分布特征，如砂层是否连续完整、各部位砂层的厚度是否满足要求等，或不能证明防渗体接触的任何部位的砂性土层与防渗体土料的层间关系均能满足反滤要求，还是尽量设置反滤层为好。

〖检查要点和方法〗

（1）坝的反滤层必须符合下列要求：①使被保护的土不发生渗透变形；②渗透性大于被保护土，能通畅地排出渗透水流；③不致被细粒土淤塞失效。

（2）反滤层设计包括掌握被保护土、坝壳料和料场砂砾料的颗粒级配，根据反滤层在坝的不同部位确定反滤层的类型，计算反滤层的级配、层数和厚度。

4-5-4　《混凝土拱坝设计规范》SL 282—2018

a）　9.4.6　帷幕体防渗标准和相对隔水层的透水率根据不同坝高采用下列控制标准：

1　坝高在100m以上，透水率 q 为1～3Lu。

2　坝高在50～100m之间，透水率 q 为3～5Lu。

〖摘编说明〗

（1）对于复杂坝基，宜通过辅助的渗流计算，综合分析，选择合适的防渗标准。

（2）设置防渗帷幕主要目的是为减小坝基及绕坝渗漏量，减小坝基渗流对坝基及两岸边坡稳定产生不利影响；防止坝基软弱夹层、断层破碎带、岩体裂隙充填物以及抗水性能较差的岩层发生渗透破坏；结合坝基及坝肩排水将坝基及坝肩渗透压力控制在设计允许范围以内；提高坝基及坝肩岩体质量的耐久性。就理论而言，防渗标准与坝高并不一定成正相关关系，还与工程规模、工程耐久性要求、地质条件、防渗工程量等有关。坝高50m以下的帷幕防渗标准和相对隔水层透水率指标，设计者可根据工程具体情况分析选取。

（3）帷幕线的位置应根据拱座和坝基应力情况等综合确定，一般布置在压应力区，且靠近上游面。

（4）国内外工程实践（特别是近些年的工程实践），多以透水率1Lu作为帷幕防渗的最高标准。

（5）对于水资源短缺水库，坝基防渗帷幕标准和相对隔水层的透水率 q 值的控制标准，宜取小值。

〖检查要点和方法〗

（1）防渗帷幕和相对隔水层透水率标准及帷幕布置应满足规范规定，布置合理。两岸帷幕线的走向及伸入岸坡的长度应根据工程地质、水文地质、地形条件、拱座稳定、工程防渗要求和渗流计算成果等综合确定，并与河床部位的帷幕保持连续。

（2）岩溶区的防渗帷幕应根据岩溶发育规律、分布范围、洞穴规模、充填物性质等进行设计。

4-5-5　《混凝土重力坝设计规范》SL 319—2018

a）　7.4.4　帷幕体防渗标准和相对隔水层的透水率根据不同坝高采用下列控制标准：

1　坝高在100m以上，透水率 q 为1～3Lu。

2　坝高在50～100m之间，透水率 q 为3～5Lu。

〔摘编说明〕

（1）对复杂坝基，宜通过辅助的渗流计算选择合适的防渗标准。

（2）丰满、青铜峡坝基帷幕灌浆岩体内透水率 q 分别在 2～3Lu，帷幕下游排水孔处实测扬压力分别为 0.2H、0.15H 和 0，均小于设计值，渗漏量也不大。统计的其他十多座混凝土坝，如新安江、丹江口、刘家峡、黄龙滩、龚嘴、高坝洲、隔河岩等坝基排水孔处大部分实测扬压力远小于设计值，渗漏量远小于河流多年平均流量的 0.1%～1%。美国、苏联、澳大利亚等国家的混凝土坝帷幕标准均在 3～7Lu。苏联规定坝高大于 100m 采用 1Lu。国内外工程实践（特别是近些年的工程实践），多以透水率 1Lu 作为帷幕防渗的最高标准。

（3）从理论上讲，设置防渗帷幕主要目的是确保坝基渗透稳定和减小坝基渗漏量，防渗标准与坝高并不一定成正相关关系，还与工程规模、工程耐久性要求、地质条件、防渗工程量有关。对坝高小于 50m 的重力坝，规范要求帷幕的防渗标准和相对隔水层的透水率为不大于 5Lu（非强制性条文），工程实践中，设计者可根据工程实际情况具体研究确定。

（4）对于抽水蓄能电站上库和水资源短缺水库，坝基防渗帷幕标准和相对隔水层的透水率 q 值控制标准，宜取小值。

〔检查要点和方法〕

（1）防渗帷幕及相对隔水层的透水率标准应满足规范要求。

（2）防渗帷幕的深度和两岸帷幕伸入岸坡的范围应结合水文地质条件研究确定。

（3）两岸帷幕应与河床帷幕保持连续。

4-6 输水、泄水建筑物

4-6-1 《小型水力发电站设计规范》GB 50071—2014

a） 5.5.12 有压引水隧洞全线洞顶以上的压力水头，在最不利运行工况下，不应小于 2.0m。

〔摘编说明〕

有压流留有 2.0m 压力水头是几十年来我国有压隧洞设计一直沿用的标准。

〔检查要点和方法〕

检查隧洞内流速大小、水头损失计算和管道纵剖面顶部压坡线。“最不利运行条件”应包含水锤工况，即在各种运行水位下，电站增加负荷工况，洞顶以上应有不小于 2.0m 的压力水头。

4-6-2 《水工隧洞设计规范》SL 279—2016

a） 5.1.2 洞内流态应符合下列要求：

1　有压隧洞不应出现明满流交替的流态，在最不利运行条件下，全线洞顶处最小压力水头不应小于2.0m。

2　高流速的泄洪隧洞不应出现明满流交替的流态。

〖**摘编说明**〗

水工隧洞的洞内尽量呈现单一压力状态，即有压流或无压流。

（1）若正常运行中隧洞内出现明满流交替，可能出现振动、空蚀、掺气和脉动压力等现象，对隧洞的过流能力、结构的受力状态，隧洞相邻建筑物产生不利影响。有压流留有2m水柱的压力裕量是几十年来我国设计一直沿用的标准，也是保证这一要求的重要措施。从国内外已建隧洞工程运行情况看，由于发生明满流交替而造成危害的工程实例较多。

（2）工程运行和模型试验表明，大于16m/s的高流速泄洪隧洞的水力学条件比较复杂，气蚀问题是工程设计中较难解决的问题之一，明满流过渡或明满流交替运行产生的负压造成气蚀破坏的可能性更大，工程上很难处理，故高流速泄洪洞不允许出现明满流交替运行状态。

〖**检查要点和方法**〗

检查洞内流速大小、水头损失计算和隧洞纵剖面洞顶压坡线，洞顶以上应有不小于2.0m的压力水头。

b）　9.8.8　封堵体按抗剪断强度计算的抗滑稳定安全系数不应小于3.0。

〖**摘编说明**〗

封堵体的抗滑稳定安全系数参考SL 319《混凝土重力设计规范》坝基面抗滑稳定的规定，基本荷载组合时抗滑稳定安全系数为3.0。水工隧洞封堵大体可分为导流洞封堵和水工隧洞的施工支洞封堵两类。导流洞一般与水库直接相连，封堵体与挡水建筑物级别相同，承受的内水压力为库水位在封堵体部位产生的静水压力，水库校核洪水位或地震情况时为特殊荷载组合；水工隧洞的施工支洞封堵体，在临水侧承受的内水压力为封堵体承受的最大内水压力，包含静水压力、水击压力、涌波压力、脉动压力等，均为基本荷载组合。

封堵体断面尺寸较小，因而封堵体长度变化对工程量影响不大。另外，封堵体在洞内施工，施工难度较大，封堵体侧向接触面的实际凝聚力与计算假定可能会有所差别。尽管导流洞封堵体有特殊荷载工况，因此不分工况均按基本荷载组合考虑，将封堵体抗滑稳定安全系数规定为不小于3.0。

〖**检查要点和方法**〗

检查封堵体位置，封堵体断面尺寸和长度，抗滑稳定计算方法和计算参数。

c）　10.1.1　混凝土、钢筋混凝土衬砌及封堵体顶部（顶拱）与围岩之间，必须进行回填灌浆。

〖**摘编说明**〗

受施工因素及混凝土收缩等影响，混凝土、钢筋混凝土衬砌结构顶部与岩面之间都存在缝隙或空腔，需进行回填灌浆，才能发挥围岩的承载作用，改善衬砌的受力条件。

封堵体属于大体积混凝土，由于混凝土的干缩使其周界同围岩（或原衬砌）之间存在缝隙，这些缝隙既是渗水通道，也可能造成围岩软弱结构面或充填物的溶蚀，进而导致围岩渗透破坏，也会由于有效接触面积减小导致封堵体承载力的下降。因此，封堵段固结灌浆、回填灌浆、接缝灌浆和接触灌浆是确保封堵体安全运行的重要手段。

工程实践中，回填灌浆范围一般在隧洞顶拱 90°～120°的部位，孔距、排距一般为 2～6m，灌浆压力一般采用 0.2～0.3MPa，灌浆孔钻穿衬砌深入围岩 0.5m。在具体工程中，需要根据衬砌结构型式、隧洞的工作条件以及施工方法等综合研究确定。使用的灌浆材料，应根据围岩工程地质、水文地质和隧洞的工作条件选用。当地下水具有腐蚀性时，应采用抗侵蚀的水泥。封堵体顶部回填灌浆，必要时应根据环境温度、施工工艺、封堵材料、封堵体的体积和体形等具体情况，进行封堵体变形（收缩）稳定后的二次回填灌浆。

〔检查要点和方法〕

混凝土、钢筋混凝土衬砌及封堵体顶部与围岩之间脱空是造成水工隧洞结构破坏的主要原因之一，是工程质量检查的关键部位，需认真检查是否按设计要求进行回填灌浆。

〔案例分析〕

未进行回填灌浆造成衬砌破坏的例子不乏报导，某引水发电有压圆形隧洞，采用混凝土或钢筋混凝土衬砌，首次充水后检查，隧洞的漏水量约为 0.4m^3/s。连续运行 15 个月后，引水隧洞放空，进行例行检查发现：引水隧洞顶部混凝土局部开裂、脱落 25 处，不规则环状裂缝有 28 处，隧洞顶部沿中线纵向裂缝 17 处。分析原因：一是由于施工和地质因素在隧洞顶部形成的“超挖”，混凝土衬砌顶部未能填满；二是隧洞纵、横缝、灌浆孔封堵不好，横缝和反缝多处渗水，止水效果很差。

4-6-3 《村镇供水工程技术规范》SL 310—2019

a) 7.1.5 村镇生活饮用水管网，严禁与非生活饮用水管网连接。

〔摘编说明〕

村镇生活饮用水水质应符合国家 GB 5749《生活饮用水卫生标准》和全国爱卫会、卫生部《农村实施〈生活饮用水卫生标准〉准则》的要求，非生活饮用水管网中的水不一定能达到生活饮用水的水质要求，为保障生活饮用水卫生安全，要求村镇生活饮用水管网不能与其他非生活饮用水管网连接。

〔检查要点和方法〕

检查村镇生活饮用水管网布设是否与工业加工供排水系统、农业灌溉供水系统等非生活饮用水管网连接。

4-6-4　《风力提水工程技术规程》SL 343—2006

a)　6.1.1　风力提水工程设计应符合下列基本要求：

2　风力机、水源口、蓄水池处应设有安全防护设施和警示标志。

4　蓄水池应建在有重力供水条件的高处；在蓄水池周围不应建垃圾点、牲畜引水处，避免对水源造成污染；蓄水池出水管应设有阀门。

b)　6.4.4　水池设计应符合下列要求：

4　封闭式水池应设置清淤检修孔，开敞式水池应设护拦，护拦应有足够强度，高度不宜小于1.1m。

〔摘编说明〕

第6.1.1条共5款，纳入强制性条文是第2款和第4款，主要是关系到劳动安全和保证供水水质不受污染的规定。

第6.4.4条共4款，其中第4款纳入强制性条文，对水池设计涉及劳动安全提出具体的要求。

〔检查要点和方法〕

风力提水工程设计对涉及人畜安全的部位应设置安全防护设施和警示标志等，以确保安全。

4-6-5　《预应力钢筒混凝土管道技术规范》SL 702—2015

a)　4.0.6　在输水管道运行中，应保证在各种设计工况下管道不出现负压，在最不利运行条件下，压力管道顶部应有不少于2.0m的压力水头。

〔摘编说明〕

如果在正常运行中压力管道内出现负压，一般会出现振动、空蚀、掺气和脉动压力等作用，对管道的过流能力、结构的受力状态都会产生不利影响。有压流留有2.0m压力水头是几十年来我国有压隧洞设计一直沿用的标准，对于泵站后压力管道和长压力输水管道，在事故停机（关阀）、非正常开机（开阀）情况下，保证全线2.0m压力水头有时难以实现，多采用设置补气阀的方式予以解决。对本条的理解部分设计单位也曾提出过异议。综合各方面因素，本条的“最不利运行条件”可以理解为最不利的正常运用条件。

〔检查要点和方法〕

检查管道内流速大小、水头损失计算和管道纵剖面顶部压坡线，各种正常运用条件管顶以上应有不小于2.0m的压力水头。

4-7　水电站建筑物

水电站建筑物一般包括进水口、引水隧洞、调压设施、压力管道、厂房及开关站等。本节强制性条文要求只涉及水电站厂房。

4-7-1 《水电站厂房设计规范》SL 266—2014

a） 7.1.14 地下厂房至少应有2个通至地面的安全出口。

〖摘编说明〗

为满足厂房防洪、防火和人员安全疏散的要求，地下厂房通至地面的安全出口应不少于2个，并应分散布置。

〖检查要点和方法〗

通往地面的安全出口至少应有2个，出口一般应布置在非常运用洪水位以上。山区河流，洪水有暴涨暴落情况，若洪水历时短或布置有困难时，洞口也可布置在非常运用洪水位以下，此时应在洞口加设防洪门、防洪堤及人行安全通道等措施。

4-8 防 火

防火设计是水电站和泵站等建筑物设计的重要组成部分，做好此项工作，是防止和减少建筑物发生火灾的根本。即使发生火灾，也可把火灾损失降低到最低限度。

防火设计主要由被动防火体系和主动防火体系两部分构成，同时应考虑人员安全疏散要求。

被动防火体系主要是根据燃烧的基本原理，采用措施防止燃烧的产生或削弱燃烧的发展，阻止火势蔓延。即控制建筑物内的火灾荷载密度，提高建筑物的耐火等级，采用不燃或难燃的建筑材料，控制和消除火源，采取分隔措施以防止火势蔓延。

主动防火体系主要是采取措施及早探测火灾，破坏已形成的燃烧条件，阻止燃烧的连锁反应，使火熄灭或把火灾控制在一定范围内，减少火灾损失。主动防火体系主要依靠设置火灾自动报警系统、灭火设施和防排烟系统来实现。

防火设计基本要求包括：

（1）确定建筑物的耐火等级。

（2）房屋的平面布置、建筑设备布置、防火和防烟分区及建筑构造应满足消防要求；重点控制建筑物之间的防火间距、建筑内部的防火分区面积和分隔构件、有较大火灾危险和爆炸危险的设备布置位置。

（3）建筑物通道和出口应满足安全疏散要求。重点控制疏散通道的距离和防护措施、出口数量和宽度。

4-8-1 《水利工程设计防火规范》GB 50987—2014

a） 4.1.1 枢纽内相邻建筑物之间的防火间距不应小于表4.1.1的规定。

b） 4.1.2 室外主变压器场与建筑物、厂外油罐室或露天油罐的防火间距不应小于表4.1.2的规定。

表 4.1.1　　枢纽内相邻建筑物之间的防火间距（m）

建（构）筑物类型			丁类、戊类建筑		厂外油罐室或露天油罐	高层副厂房	办公、生活建筑	
			耐火等级				耐火等级	
			一级、二级	三级			一级、二级	三级
丁类、戊类建筑	耐火等级	一级、二级	10	12	12	13	10	12
		三级	12	14	15	15	12	14
厂外油罐室或露天油罐			12	15	—	15	15	20
高层副厂房			13	15	15	—	13	15
办公、生活建筑	耐火等级	一级、二级	10	12	15	13	6	7
		三级	12	14	20	15	7	8

注：1　防火间距应按相邻建筑物外墙的最近距离计算，如外墙有凸出的燃烧构件，则应从其凸出部分外缘算起。

2　两座均为一级、二级耐火等级的丁类、戊类建筑物，当相邻较低一面外墙为防火墙，且该建筑物屋盖的耐火极限不低于1h时，其防火间距不应小于4.0m。

3　两座相邻建筑物当较高一面外墙为防火墙时，其防火间距不限。

表 4.1.2　　室外主变压器场与建筑物、厂外油罐室或露天油罐的防火间距（m）

名　　称		枢纽建筑物		其 他 建 筑			厂外油罐室或露天油罐
		耐火等级		耐火等级			耐火等级
		一级、二级	三级	一级、二级	三级	四级	一级、二级
单台变压器油量（t）	≥5，≤10	12	15	15	20	25	12
	>10，≤50	15	20	20	25	30	15
	>50	20	25	25	30	35	20

注：防火间距应从距建筑物、厂外油罐室或露天油罐最近的变压器外壁算起。

〔摘编说明〕

（1）防火间距是指一座建筑物着火后，在风力二级、三级并在20min内未采取补救措施的情况下，火灾不致蔓延到相邻建筑物的空间间隔。

（2）防火间距的确定主要考虑满足消防扑救需要和防止火势向相邻建筑物、设备的蔓延。通过对建筑物进行合理布局和设置防火间距，防止火灾在相邻建筑物之间相互蔓延，限制火灾和烟气在（或通过）建筑外部的蔓延，并为人员疏散、消防人员的救援和灭火提供保护，减少火灾时建筑物、邻近建筑物及其居住（或使用）者受到强辐射热和烟气的影响。

（3）防火间距应满足消防车的最大工作回转半径的需要。因此，其最小防火间距应能通过一辆消防车，即3.5m左右，一般为4m。

（4）防火间距的确定也要考虑节约用地，减少工程量等因素。

（5）对室外主变压器场与建筑物、厂外室外绝缘油和透平油油罐室以及露天油罐的防火间距规定是参考现行国家标准GB 50016—2006《建筑设计防火规范》中丙类液体储罐与建筑物的防火间距要求确定的。

〔检查要点和方法〕

（1）主变压器场和油库是水电站和泵站防火设计的重要部位，也是防火检查的关键部位。

（2）检查各建筑物的耐火等级。

（3）防火间距应按相邻建筑物外墙的最近距离计算，如外墙有突出的可燃构件，则应从其突出部分外缘算起。

（4）两座相邻建筑较高的一面外墙为防火墙时，其防火间距不限。

4-8-2 《水利系统通信运行规程》SL 306—2004

a） 6.1.2 水利通信机房应符合通信机房消防规范要求，严禁存放易燃、易爆和腐蚀性物品，严禁烟火。通信机房应备有适宜电气设备的消防器材，专人负责，定期检查，确保完好。

〖摘编说明〗

水利通信系统运行工作的首要任务是满足防汛抗旱通信的需求，保证各种防汛抗旱信息和调度决策指令的及时传递，为防汛抗旱、抢险救灾提供可靠的通信服务。水利通信机房是确保水利系统通信运行的关键部位，必须满足防火要求，保证通信电路畅通。

〖检查要点和方法〗

检查水利通信机房消防器材和电源。

4-9 安 全 监 测

4-9-1 《碾压式土石坝设计规范》SL 274—2001

a） 10.0.2 监测仪器、设施的选择，应在可靠、耐久、经济、适用前提下，力求先进和便于实现自动化监测。监测设施布置应符合下列规定：

3 内部监测设施至少应沿坝轴线的一个纵断面和最大坝高处（或其他有代表性的断面）的一个横断面布置，必要时可增设横断面。

4 坝肩及基岩断层带、坝基覆盖层最深处、承压含水层等，以及坝内有埋管或廊道处、坝的合龙段，应加设监测设施。

〖摘编说明〗

监测设施布置规定共8款，纳入强制性条文为第3、第4款。内部监测设施至少应布置一个有代表性的横断面。

〖检查要点和方法〗

检查内部监测设施横断面数量和布置位置；安全监测仪器、设施的选择应可靠、耐久。

b） 10.0.3 1级、2级坝及高坝应设置下列监测项目：

1 坝面垂直位移、水平位移（纵向和横向）和接缝位移。

2 坝基沉降。

3　坝体内部垂直位移。

4　坝体和坝基的孔隙压力及坝体浸润线。

〔摘编说明〕

本条文共6款，变形和渗流状态是关系土石坝安全的最重要的两个方面，是监测的重点，为此，将第1～4款纳入强制性条文。

〔检查要点和方法〕

土石坝应根据坝的等级、高度、结构形式以及地形、地质等条件，设置必要的监测项目及相应的设施，并及时整理分析观测资料。

c)　**10.0.6　地震监测设置应符合下列要求：**

1　设计地震烈度为8度、9度地区的1级、2级高坝，应至少选1～2个断面，沿不同高程设置测点，采用强震仪监测坝体的动力反应。

〔摘编说明〕

本条文共3款，仅第1款纳入强制性条文，强调设计地震烈度为8度、9度地区的1级、2级高坝，应进行地震监测。

〔检查要点和方法〕

检查地震监测断面数量、测点高程和监测仪器型号。

4-10　工 程 管 理 设 计

我国水利水电建设发展很快，在国民经济中发挥着巨大的基础性作用。同时，有些工程由于管理设施不健全，未能达到设计目标。造成这种情况的原因之一，就是设计阶段对管理设施考虑不周。为了保证工程安全和正常运行，充分发挥工程的经济效益，必须在工程的设计阶段做好管理设施的设计工作。

4-10-1　《堤防工程管理设计规范》SL 171—96

a)　**6.5.1　堤防通信设备的电源必须稳定可靠。1、2级堤防工程的1、2级管理单位，应采用双回路交流供电方式，并配置通信设备专用蓄电池和柴油机发电机组等备用电源。**

b)　**8.3.3　生产、生活区必须配置备用电源，备用电源的设备容量，应能满足防汛期间电网事故停电时，防汛指挥中心的主要生产服务设施用电负荷的需要。**

〔摘编说明〕

（1）电源是工程调度和通信设施以及生产、生活必不可少的动力来源。电源的配置必须稳定可靠，以免在灾情发生时造成供电中断，保证指挥调度灵活和通信联络畅通无阻。堤防管理单位，特别是重要的堤防和分蓄洪区的管理单位，与上级指挥机构和当地政府应保证通信联络畅通无阻。因此，除了通信方式和通信设备本身的可靠性外，还必须具有稳定可靠的电源。

（2）当汛期灾情发生时，可能造成电网中断和对外交通中断，故重要堤防和分蓄洪区的管理单位的通信设备必须配备备用电源，同时还必须为备用的柴油发电机组储备一定数量的燃料。备用电源的容量应能满足主要生产服务设施用电负荷的需要。

〔**检查要点和方法**〕

堤防工程与工程管理设计相关的强制性条文，主要检查电源的稳定可靠性、双回路交流供电方式和备用电源的设备容量、燃料等。

5 机电与金属结构

水利工程中的机电及金属结构，涵盖了水利工程中全部的水力机械设备、电气一次设备、电气二次及通信设备、金属结构等，只有这些设备组合中的每个环节都能安全稳定运行，才能确保水利工程整体安全稳定运行及人身安全，保证工业、农业和各个领域国民经济的持续发展，为国家创造社会效益、经济效益和生态环境效益。因此，机电及金属结构设备安全可靠运行是关系国计民生的大事，每个工程建设者都必须高度重视。本章涉及11项技术标准，强制性条文共40条，详见表5-1。

表5-1　　　　机电与金属结构部分涉及技术标准汇总表

序号	标　准　名　称	标准编号	强条数
1	小型水力发电站设计规范	GB 50071—2014	2
2	水利工程设计防火规范	GB 50987—2014	3
3	升船机设计规范	GB 51177—2016	3
4	水利水电工程启闭机设计规范	SL 41—2018	3
5	水利水电工程钢闸门设计规范	SL 74—2013	2
6	小型水力发电站自动化设计规范	SL 229—2011	2
7	水电站压力钢管设计规范	SL 281—2003	3
8	水利水电工程高压配电装置设计技术规程	SL 311—2004	8
9	水利水电工程厂（站）用电系统设计规范	SL 485—2010	2
10	水利水电工程机电设计技术规范	SL 511—2011	11
11	水利水电工程导体和电器选择设计规范	SL 561—2012	1

5-1　电　　气

5-1-1　《水利工程设计防火规范》GB 50987—2014

a)　6.1.3　相邻两台油浸式变压器之间或油浸式电抗器之间、油浸式变压器与充油电气设备之间的防火间距不满足本规范第6.1.1条、第6.1.2条规定时，应设置防火墙分

隔。防火墙的设置应符合下列规定：

1 高度应高于变压器油枕或油浸式电抗器油枕顶端 0.3m；

2 长度不应小于贮油坑边长及两端各加 1.0m 之和；

3 与油坑外缘的距离不应小于 0.5m。

b） 6.1.4 厂房外墙与室外油浸式变压器外缘的距离小于本规范表 4.1.2 规定时，该外墙应采用防火墙，且与变压器外缘的距离不应小于 0.8m。

距油浸式变压器外缘 5.0m 以内的防火墙，在变压器总高度加 3.0m 的水平线以下及两侧外缘各加 3.0m 的范围内，不应开设门窗和孔洞；在其范围以外需开设门窗时，应设置 A1.50 防火门或 A1.50 固定式防火窗。发电机母线或电缆穿越防火墙时，周围空隙应用不燃烧材料封堵，其耐火极限应与防火墙相同。

表 4.1.2　室外主变压器场与建筑物、厂外油罐室或露天油罐的防火间距（m）

名称		枢纽建筑物		其他建筑			厂外油罐室或露天油罐
		耐火等级		耐火等级			耐火等级
		一级、二级	三级	一级、二级	三级	四级	一级、二级
单台变压器油量（t）	≥5，≤10	12	15	15	20	25	12
	>10，≤50	15	20	20	25	30	15
	>50	20	25	25	30	35	20

注：防火间距应从距建筑物、厂外油罐室或露天油罐最近的变压器外壁算起。

〔摘编说明〕

（1）变压器是水电工程电气设备中非常重要的设备，而水利水电工程中大型变压器基本采用油浸式变压器。变压器绝缘油品是可燃烧的液体，虽然我国水利工程中的变压器真正着火燃烧的概率很低，但一旦着火燃烧，将影响周围的电气设备或附近的建筑物的安全，所以必须防火。

（2）本规范第 6.1.1 条、第 6.1.2 条是规定隔离间距的要求，使变压器故障引起着火燃烧的情况下，不蔓延至相邻的变压器、绝缘油罐、透平油罐及建筑物，减小因变压器失火而带来的损失。隔离距离的大小主要取决于变压器油量及电压等级的高低。

（3）水利水电工程，大多数建在山丘地区，地形复杂，如完全按变压器防火间距要求来布置变压器，则布置场地很难满足要求，第 6.1.3 条、第 6.1.4 条规定设置防火隔墙的设置要求，是为了限制已着火变压器的火焰向外扩散，使故障仅在着火变压器的范围内。

（4）油浸式变压器除了在布置方面考虑隔离间距，间距不满足要求时除设防火隔墙外，还须考虑灭火的措施。至于防火措施，一般水利水电工程现多为设置水喷雾灭火装置，现也有采用排油充氮灭火装置的。

〔检查要点和方法〕

检查设计文件中防火墙的设置是否满足本强条规定值得要求。

c） 10.1.2 消防用电设备应采用独立的双回路供电，并应在其末端设置双电源自动切换装置。

〖摘编说明〗

鉴于消防用电的重要性，为了保证供电的安全可靠，应采用独立的双回路供电，以避免与其他负荷共用回路造成可靠性降低的风险。设置双电源自动切换装置可保证当一路电源故障时，另一路电源可自动投入，确保消防设备可靠运行。

一般工程设计中，相应工程消防供电回路的电缆应采用耐火型电缆。

〖检查要点和方法〗

检查设计是否采用独立的双回路供电及设置电源自动切换装置。

5-1-2　《小型水力发电站自动化设计规范》SL 229—2011

a）　3.1.2　水轮发电机组自动控制应符合下列基本要求：

10　在机组控制屏上应设紧急事故停机按钮，采用硬接线方式分别关闭进水阀（快速闸门）、启动紧急停机电磁阀（事故配压阀）、启动事故停机流程。

〖摘编说明〗

机组控制屏距离机组较近，硬接线能够做到不受其他电磁等信号的干扰，更为直接可靠。在事故紧急情况下更能保证可靠的关闭有关阀门及保证机组及时停机，以免事故扩大及把损失控制在最小范围内。

〖检查要点和方法〗

检查是否在机组控制屏上设置了紧急按钮。检查是否采用了硬接线方式。

b）　3.2.6　快速（事故）闸门应在中控室设置紧急关闭闸门的控制按钮。

〖摘编说明〗

为了能在事故紧急情况下快速、可靠的关闭其闸门，使机组不至于飞逸损坏，保证机组及相关设备的安全。

〖检查要点和方法〗

检查是否在中控室设置紧急关闭闸门的控制按钮。

5-1-3　《水利水电工程高压配电装置设计规范》SL 311—2004

a）　3.1.11　在正常运行和短路时，电器引线的最大作用力应不大于电器端子允许的荷载。屋外配电装置的导体、套管、绝缘子和金具，应根据当地气象条件和不同受力状态进行力学计算。其安全系数应不小于表3.1.11的规定。

表3.1.11　导体和绝缘子的安全系数

类　别	荷载长期作用时	荷载短时作用时
套管、支持绝缘子及其金具	2.5	1.67
悬式绝缘子[a]及其金具	4	2.5
软导体	4	2.5
硬导体[b]	2.0	1.67
a：悬式绝缘子的安全系数对应于1h机电试验荷载。 b：硬导体的安全系数对应于破坏应力，若对应于屈服点应力，其安全系数应分别改为1.6和1.4。		

〖摘编说明〗

电器引线的最大作用力超过电器端子允许的荷载时，以及屋外配电装置的导体、套管、绝缘子、金具的安全系数不满足要求时，将会导致设备损坏或电路短路事故，进而引起电网故障及威胁人身安全。

有鉴于以上所述，强制性条文规定，在正常运行和短路时，电器引线所受的最大力作用不应大于电器端子允许的荷载，以及屋外配电装置的导体、套管、绝缘子和金具允许的荷载，应根据当地气象条件和不同受力状态进行力学计算，并必须满足安全系数要求值。

〖检查要点和方法〗

检查相关的选择及计算是否满足安全系数要求。

b)　4.1.1　屋外配电装置的安全净距应不小于表 4.1.1 的规定，并应按图 4.1.1－1、图 4.1.1－2 和图 4.1.1－3 校验。

当电气设备外绝缘体最低部位距地面小于 2.5m 时，应装设固定遮栏。

表 4.1.1　　屋外配电装置的安全净距　　单位：mm

符号	适应范围	图号	系统标称电压（kV）							
			3～10	15～20	35	66	110J	220J	330J	500J
A_1	带电部分至接地部分之间 网状遮栏向上延伸线距地 2.5m 处与遮栏上方带电部分之间	4.1.1－1 4.1.1－2	200	300	400	650	900	1800	2500	3800[c]
A_2	不同相的带电部分之间 断路器和隔离开关的断口两侧引线带电部分之间	4.1.1－1 4.1.1－3	200	300	400	650	1000	2000	2800	4300
B_1	设备运输时，其外廓至无遮栏带电部分之间 交叉的不同时停电检修的无遮栏带电部分之间 栅状遮栏至绝缘体和带电部分之间[a] 带电作业时带电部分至接地部分之间[b]	4.1.1－1 4.1.1－2 4.1.1－3	950	1050	1150	1400	1650[b]	2550[b]	3250[b]	4550[b]
B_2	网状遮栏至带电部分之间	4.1.1－2	300	400	500	750	1000	1900	2600	3900
C	无遮栏裸导体至地面之间 无遮栏裸导体至建筑物、构筑物顶部之间	4.1.1－2 4.1.1－3	2700	2800	2900	3100	3400	4300	5000	7500

续表

符号	适应范围	图号	系统标称电压（kV）							
			3～10	15～20	35	66	110J	220J	330J	500J
D	平行的不同时停电检修的无遮栏带电部分之间	4.1.1-1 4.1.1-2	2200	2300	2400	2600	2900	3800	4500	5800
	带电部分与建筑物、构筑物的边沿部分之间									

注1：110J、220J、330J、500J系指中性点直接接地电网。
注2：海拔超过1000m时，*A*值应按附录E进行修正。
注3：本表所列各值不适用于制造厂的产品设计。
a：对于220kV及以上电压，可按绝缘体电位的实际分布，采用相应的B_1值进行校验。此时，允许栅状遮栏与绝缘体的距离小于B_1值，当无给定的分布电位时，可按线性分布计算。校验500kV相间通道的安全净距，亦可用此原则。
b：带电作业时，不同相或交叉的不同回路带电部分之间，其B_1值可取A_2+750mm。
c：500kV的A_1值，双分裂软导线至接地部分之间可取3500mm。

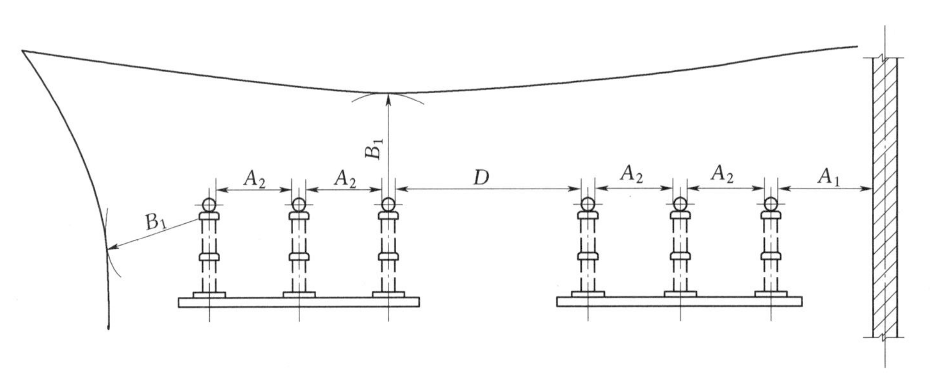

图4.1.1-1 屋外A_1、A_2、B_1、D值校验图

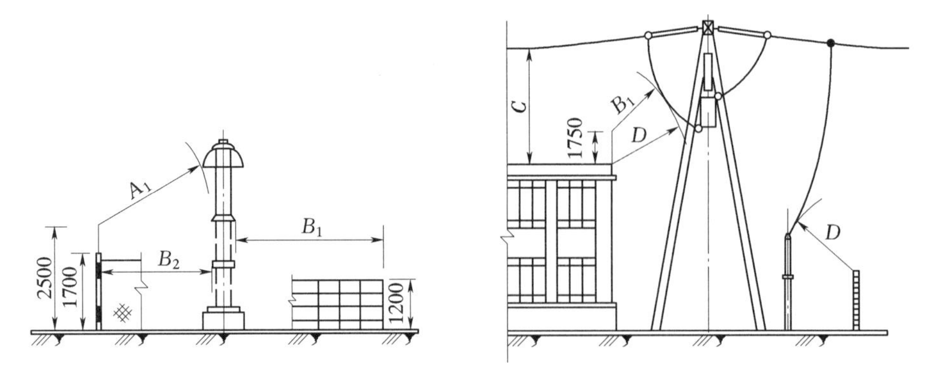

图4.1.1-2 屋外A_1、B_1、B_2、C、D值校验图

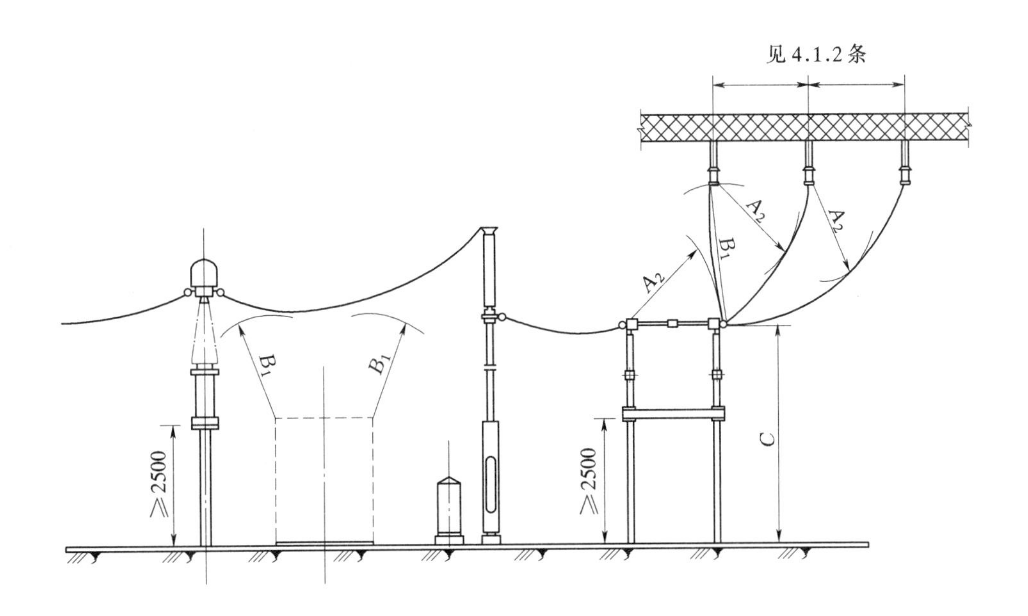

图 4.1.1－3 屋外 A_2、B_1、C 值校验图

c) **4.1.2** 屋外配电装置使用软导线时，在不同条件下，带电部分至接地部分和不同相带电部分之间的安全净距，应根据表 4.1.2 进行校验，并应采用其中最大数值。

表 4.1.2　　不同条件下的计算风速和安全净距　　单位：mm

条　件	校验条件	计算风速（m/s）	A 值	系统标称电压（kV）					
				35	66	110J	220J	330J	500J
雷电过电压	雷电过电压和风偏	10	A_1	400	650	900	1800	2400	3200
			A_2	400	650	1000	2000	2600	3600
操作过电压	操作过电压和风偏	最大设计风速的 50%	A_1	400	650	900	1800	2500	3500
			A_2	400	650	1000	2000	2800	4300
最高工作电压	最高工作电压、短路和 10m/s 风速时的风偏		A_1	150	300	300	600	1100	1600
	最高工作电压和最大设计风速时的风偏		A_2	150	300	500	900	1700	2400
注：在气象条件恶劣（如最大设计风速为 35m/s 及以上，以及雷暴时风速较大的地区），校验雷电过电压时的安全净距，其计算风速采用 15m/s。									

d) **4.1.3** 屋内配电装置的安全净距不应小于表 4.1.3 的规定，并应按图 4.1.3－1 和图 4.1.3－2 校验。

当电气设备外绝缘体最低部位距地面小于 2.3m 时，应装设固定遮栏。

表 4.1.3　　屋内配电装置的安全净距　　单位：mm

符号	适应范围	图号	系统标称电压（kV）								
			3	6	10	15	20	35	66	110J	220J
A_1	带电部分至接地部分之间；网状和板状遮栏向上延伸线距地 2.3m 处与遮栏上方带电部分之间	4.1.3-1	75	100	125	150	180	300	550	850	1800
A_2	不同相的带电部分之间；断路器和隔离开关的断口两侧引线带电部分之间	4.1.3-1	75	100	125	150	180	300	550	900	2000
B_1	栅状遮栏至带电部分之间；交叉的不同时停电检修的无遮栏带电部分之间	4.1.3-1 4.1.3-2	825	850	875	900	930	1050	1300	1600	2550
B_2	网状遮栏至带电部分之间[a]	4.1.3-1	175	200	225	250	280	400	650	950	1900
C	无遮栏裸导体至地（楼）面之间	4.1.3-1	2500	2500	2500	2500	2500	2600	2850	3150	4100
D	平行的不同时停电检修的无遮栏裸导体之间	4.1.3-1	1875	1900	1925	1950	1980	2100	2350	2650	3600
E	通向屋外的出线套管至屋外通道的路面[b]	4.1.3-2	4000	4000	4000	4000	4000	4000	4500	5000	5500

注 1：110J、220J 系指中性点有效接地电网。
注 2：海拔超过 1000m 时，A 值应按附录 E 进行修正。
注 3：本表所列各值不适用于制造厂的产品设计。
a：当为板状遮栏时，其 B_2 值可取 A_1+30mm。
b：通向屋外配电装置的出线套管至屋外地面的距离，不应小于表 4.1.1 中所列屋外部分之 C 值。

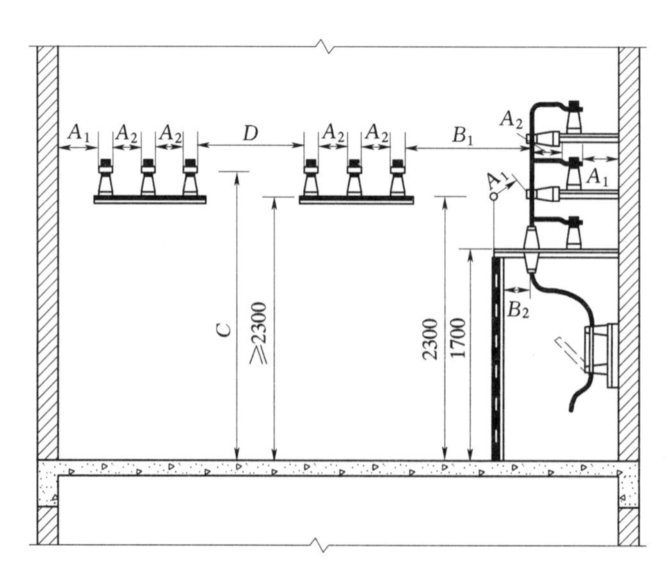

图 4.1.3-1　屋内 A_1、A_2、B_1、B_2、C、D 值校验图

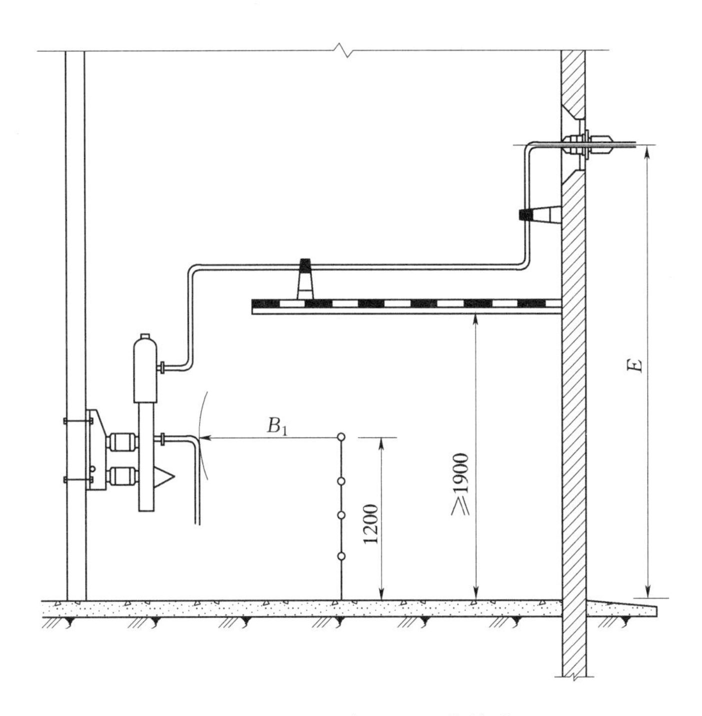

图 4.1.3-2 屋内 B_1、E 值校验图

〔摘编说明〕

(1) 安全净距是配电装置设计的基础，小于此距离就可能造成人身伤亡的触电事故或引起电网故障，因此，必须强制执行。

(2) A_1、A_2 值是决定配电装置其他值的基础。A_1、A_2 值根据是：①外过电压；②内过电压；③最大工作电压。考虑三种情况下所需的最大者决定的，是保证电器不被击穿或短路、人身不受伤害的最小距离。由于屋内配电装置的环境条件较屋外有利，所以屋内的 A_1、A_2 值一般比屋外为小。对于 220kV 电压级，虽然屋内环境条件较好，但是，由于屋内有墙和屋顶对电场分布的影响，致使屋内条件比屋外的恶化，空气间隙的放电电压降低，分散性也较大；而且，屋内配电装置发生事故时，波及面大，修复时间长；屋内散流条件稍差，不利于雷电冲击的保护等因素。因此，220kV 的 A_1、A_2 值，取屋内的值和屋外相同。

表中所列的 A_1、A_2 值适用于海拔 1000m 及以下，当海拔超过 1000m 时，每升高 100m，应将 A 值的绝缘强度增大 1%，而不是将 A 值增大 1%。因此，需根据空气的放电特性，按附录 E 的附图 4-1，对 A 值进行修正。

对于屋外配电装置使用软导线时，还需根据 4.1.2 条中表 4.1.2 进行校验，并采用其中最大值。

(3) B_1 值等于 A_1 + 750mm。750mm 是考虑一般运行人员手臂伸入栅状遮栏时，伸入距离不会超过 750mm；设备运输或移动时，检修人员在导体上、下活动距离也是按此值决定的。

（4）B_2 值等于 A_1＋100mm。网状遮栏是只允许手指伸入的网格制成的遮栏，网孔应小于40mm×40mm，万一运行人员的手指误入网状遮栅时，手指长不大于100mm。

（5）对于 C 值的取值，屋内配电装置为 A_1＋2300mm；对于屋外配电装置，考虑到施工时的场地平整误差200mm，屋外配电装置的 C 值为 A_1＋2500mm。2300mm是考虑一般运行人员举手后的总高度不会超过2300mm，这样就可以保证人举手时，手与带电裸导体之间的净距不小于 A_1 值，以防止触电事故的发生。对于积雪严重的地区，还应考虑积雪的影响，该距离可适当放大。

规定遮栏向上延伸线距地2500mm（屋内为2300mm）处与上方带电部位的净距不应小于 A_1 值，电气设备外绝缘体最低部位距地不小于2500m（屋内为2300mm）时，应装设固定遮栏，都是为了防止人举手时的触电事故。

对于500kV级电压，C 值的规定中，还考虑了静电感应场强对人体的影响。

（6）D 值是保证配电装置检修时，人和带电裸导体之间净距不小于 A_1 值，D 等于 A_1＋1800mm＋(150～200)mm。1800mm是考虑一般检修人员使用工具操作的活动范围不会超过此值；150～200mm是考虑屋外条件较复杂，计算及施工中可能出现的误差，此值在屋内配电装置就不考虑。

带电部分与建筑物、构筑物的边沿部分之间的净距要求按 D 值，也是考虑检修人员在这些部位操作的安全。

（7）E 值是指由出线套管内导体底部至屋外通道路面的净距。考虑人站在载重汽车车厢中，举手后总高度不大于3500mm，因此，35kV及以下的电压级定为4000mm，63kV及以上电压级取 $E=A_1+3500$mm，并向上靠，使前两位数为正整数，并将第二位数取为0或5。

（8）以往工程中往往出现问题之处是配电进出线构架处及双层交叉等处易疏忽而造成 A_1、A_2 值不满足要求问题。此问题基本是施工过程中或已施工完毕才发现，此时，相关设备已安装就位，相应土建部分已完成，再行修正或补救会很困难。因此，在工程设计过程中应特别注意。

〖**检查要点和方法**〗

检查各配电净距值是否满足规定值的要求。

e)　4.1.4　配电装置中相邻带电部分的系统标称电压不同时，应按较高的系统标称电压确定其安全净距。

〖**摘编说明**〗

按照就高原则，以便保证安全。

〖**检查要点和方法**〗

看其设计是否按较高的系统标称电压确定其安全净距。

f)　4.3.5　屋内外配电装置均应装设安全操作的闭锁装置及联锁装置。

〖**摘编说明**〗

误操作可能危及人身安全和导致电气事故，这类事故时有发生，为此，要求闭锁装置及联锁装置，避免此类误操作事故发生。

在闭锁装置及联锁装置设置时，在有可能情况，应既要设置电气连锁功能、又要设置机械联锁功能，才能保证其具有更高的可靠性及安全性。如高压开关柜的“五防”功能等。

〖检查要点和方法〗

看其设计是否装设了安全操作的闭锁装置及联锁装置。

g) 4.4.8 厂区外的屋外配电装置场地四周应设置2200～2500mm高的实体围墙；厂区内的屋外配电装置周围应设置围栏，高度应不小于1500mm。

〖摘编说明〗

(1) 厂区外屋外配电装置设围墙，是为防止外人进入配电装置区，以免造成误操作或引起触电事故。规定的围墙高度是防止外人不易翻身进入屋外配电装置区的高度。

(2) 厂区内的开敞式电气设备亦要设围栏，也是为防止人员随意或误入进入配电装置区，以免造成误操作或引起触电事故。规定的围栏高度可防止人员随便或误入进入屋外配电装置区。

(3) 本条文主要涉及人身安全方面，同时也关系到设备安全方面，符合强制性条文摘编的原则。

〖检查要点和方法〗

检查是否设置了围墙、围栏及高度是否满足要求。

〖案例分析〗

针对此条，检查要点一般不在于整体配电装置区（因为整体配电装置区大，而且明显，一般不会出现遗漏），而在于分散、单独设备等。如设置在主厂房顶、坝后及尾水平台的变压器、隔离开关、避雷器、互感器等电气设备。

如某水电工程由于受地形限制，在高压配电装置布置设计时，为了充分利用有限的开挖面积，电站工程把高压配电装置（GIS）布置在主厂房的后面立体布置。即一层布置主变，二层布置GIS管道及电缆，三层布置GIS设备，GIS室屋顶布置出线场地设备：有避雷器、电压互感器及阻波器等。此处设备应按厂区内的屋外配电装置要求设计，原没有考虑围栏布置，建成后带电运行过程中出现过人误入其中的情况，后又增加了围栏，致使其空间尺寸较紧张，对运行维修不便。

h) 7.0.1 配电装置室的建筑，符合下列要求：

1 长度大于7m的配电装置室，应有两个出口，并宜布置在配电装置室的两端；长度大于60m时，宜增添一个出口；当配电装置室有楼层时，一个出口可设在通往屋外楼梯的平台处。

3 配电装置室应设防火门，并应向外开启，防火门应装弹簧锁，严禁用门闩。相邻配电装置室之间如有门时，应能双向开启。

〖摘编说明〗

由于电气短路将产生强大的短路电流可能引起火灾事故及其他危险情况时，为了使有关人员尽快、顺利地逃离事故现场，保证其人身安全，强条做出了相应规定。

〖检查要点和方法〗

检查配电室出口设置个数、位置，防火门的设置等是否满足要求。

5－1－4　《水利水电工程厂（站）用电系统设计规范》SL 485—2010

a）　3.1.5　有泄洪要求的大坝闸门启闭机应有2个电源。

〖摘编说明〗

由于大坝泄洪事关大坝及相关范围内人民生命财产的安全，影响重大，保证泄洪闸门供电可靠性尤为重要，因此对供电电源数量提出明确要求。

〖检查要点和方法〗

检查供电是否为2个独立的电源。

b）　3.1.6　对特别重要的大中型水力发电厂、泵站、泄洪设施等，如有可能失去厂（站）用电电源，影响大坝安全度汛或可能水淹厂房而危及人身设置安全时，应设置能自动快速启动的柴油发电机组或其他应急电源，其容量应满足泄洪设施、渗漏排水等可能出现的最大负荷的需要。

〖摘编说明〗

鉴于特别重要的大中型水力发电厂、泵站、泄洪设施等的重要性，其一旦失去厂（站）用电电源（包含引自内及外引电源），可能对有关人员及财产造成十分严重后果的考虑，必须增设应急电源。为满足工程的需要，要求应急电源必须既能够做到快速响应，同时又能满足可能出现最大负荷容量的需要。本条要求除应有两个独立电源外，还应增设自备的自动快速启动的柴油发电机组或其他应急电源。

〖检查要点和方法〗

检查应急电源是否设置及容量是否满足要求。

5－1－5　《水利水电工程机电设计技术规范》SL 511—2011

a）　3.6.10　屋内外配电装置均应装设安全操作的闭锁装置及联锁装置。

〖摘编说明〗

由于误操作可能会危及人身安全和导致电气事故，为此，要求设置闭锁装置及联锁装置，有效阻止此类误操作事故的发生，保障运行维护人员人身安全。如要求高压开关柜具有“五防”功能等。

设置闭锁装置及联锁装置时，在可能实现情况下，应设置电气闭锁、机械闭锁及联锁功能，保证其具有更高的可靠性及安全性，如厂用主母线上的两个不同电源进线之间开关的闭锁，应同时设置电气及机械功能。

〖检查要点和方法〗

检查是否设置了安全操作的闭锁装置及联锁装置。

b) 3.7.5 有泄洪要求的大坝闸门启闭机应有2个电源。

〖摘编说明〗

由于大坝泄洪事关大坝及相关范围内人民生命财产的安全，影响重大，保证泄洪闸门供电可靠性尤为重要，因此对供电电源数量提出明确要求。

〖检查要点和方法〗

检查供电是否为2个独立的电源。

c) 3.7.6 对特别重要的大中型水电厂、泵站和泄洪设施等，如有可能失去厂（站）用电电源，影响大坝安全度汛或可能水淹厂房而危及人身设备安全时，应设置能自动快速启动的柴油发电机组或其他应急电源，其容量应满足泄洪设施、渗漏排水等可能出现的最大负荷的需要。

〖摘编说明〗

鉴于特别重要的大中型水力发电厂、泵站、泄洪设施等的重要性，其一旦失去厂（站）用电电源（包含引自内及外引电源），可能对有关人员及财产造成十分严重后果的考虑，增设应急电源是必要的。为满足工程的需要，要求应急电源必须既能够做到快速响应，同时又能满足可能出现最大负荷容量的需要。本条要求除应有两个独立电源外，还应增设自备的自动快速启动的柴油发电机组或其他应急电源。

〖检查要点和方法〗

检查应急电源是否设置及容量是否满足要求。

d) 3.10.6 各场所照明电压的选择应符合下列规定：

3 对照明器具安装高度低于2.4m的场所，如水轮机（水泵）室、发电机（电动机）风洞和廊道等，应设有防止触电的安全措施或采用24V及以下安全特低电压。

〖摘编说明〗

（1）水利水电工程中的水轮机（水泵）室、发电机（电动机）风道和廊道等场所，因空间条件限制，照明器具的安装高度会受到限制。对于水轮机（水泵）室和某些廊道除高度受到限制外，通常还会比较潮湿。条文中2.4m的高度是考虑一般人员举手后的总高度不会超过2.3m，另外，考虑误差加0.1m。当照明灯具安装高度低于2.4m时，就有可能触及带电部分。

（2）水轮机室、发电机风洞一般灯具安装高度难以达到2.4m，但由于其照明范围较为集中，并且范围不大，一般多采用特低电压照明灯具，即《特低电压（ELV）限值》GB/T 3805国家标准规定值中的24V及以下。

（3）在水利水电工程中，廊道一般较长，并且范围较广，采用特低电压照明一般难以满足要求，故多采用220V电压、带防护罩的照明灯具方式（如果高度不够，强调灯具一定要设有防止触电的安全措施）。注意：采用此方式时，对于经常有人员通行或潮湿的廊道，除照明灯具设有防止触电的安全措施外，还需要其供电回路宜配置剩余电流保护，这样对人员更会加安全，其剩余电流动作保护电器的类型，应根据现行国家标准

GB/Z 6829《剩余电流动作保护电器的一般要求》的有关规定选择。

〖检查要点和方法〗

检查照明器具安装高度，若安装高度低于 2.4m、应检查是否有防止触电的安全措施或电压是否为 24V 及以下。

4 检修用携带式作业灯应采用 24V 及以下安全特低电压供电。

〖摘编说明〗

检修照明采用携带式的安全灯，是因为其灯一般为随身携带，在使用中更容易发生触电情况。因此，为保证使用人员触电时也不会受到伤害，特别规定采用 24V 及以下安全特低电压。

〖检查要点和方法〗

检查携带式作业灯电压是否为 24V 及以下。

e) 3.11.8 电缆隧道每隔 60m 处、电缆沟道每隔 200m 处和电缆室每隔 300m²，均宜设一个防火分隔物。防火分隔物应采用耐火极限不低于 1.0h 的非燃烧材料。防火分隔物两侧各 1m 的电缆区段上，应采取防止串火措施。防火分隔物上设的门应为丙级防火门。

f) 3.11.9 电缆竖（斜）井的上、下两端可用防火网封堵，竖（斜）井中间每隔 60m 应设一个封堵屋（分隔物），进出竖（斜）井电缆的孔口应采用耐火极限不低于 1.0h 的非燃烧材料封堵。

g) 3.11.10 电缆穿越楼板、隔墙的孔洞和进出开关柜、配电盘、控制盘、自动装置盘、继电保护盘等的孔洞，以及靠近充油电气设备的电缆沟盖板缝隙处，均应采用非燃烧材料封堵。

〖摘编说明〗

水利水电工程中电缆四通八达。目前使用的电缆，其绝缘材料主要为交联聚乙烯、聚氯乙烯，这些电缆在一定高温、时间的火焰作用下，具有可燃烧性，一旦电缆失火，火沿着电缆蔓延，将使发电、供电中断，甚至危机人身安全及造成设备损坏事故。所以，电缆防火极为重要。在高压电缆方面，目前还不能制造出能持久耐火的电缆，只在 1kV 以下，生产有耐火电缆，该电缆成本高及敷设受一定限制，只能在个别的重要供电回路采用。一般阻燃电缆同样也具有可燃烧性能，只是在火焰失去后能够自熄。因此规定了防止电缆着火蔓延的分隔及封堵措施，使电缆火灾事故限制在局部范围内，减少或避免对关联电缆及设备损失。

防火分隔物的非燃烧材料耐火极限通过国家消防 3C 认证。

〖检查要点和方法〗

检查防火分隔设置及间隔划分、封堵措施及材料是否满足要求。

h) 6.4.7 布置在地下或坝体内的主变压器室，应为一级耐火等级，并应设置独立的事故通风系统。防火隔墙应封闭到顶，并采用甲级防火门或防火卷帘，且不应直接开

向主厂房或正对进厂交通道。地下主变压器廊道应设有 2 个安全出口。

〖摘编说明〗

由于主变压器内部储有大量可燃的绝缘油，主变压器又是电站的重要核心设备，并且当其布置在地下或坝体内时，一旦发生火灾，会对外围相关设备及人员危害极大。因此，必须严格限制其事故影响范围，即事故损害尽可能局限于本体单元间隔内，故要求设置独立的事故通风系统、防火隔墙应封闭到顶、采用甲级防火门或防火卷帘及其不应直接开向主厂房或正对进厂交通道。另外，还需使有关人员能尽快、顺利的撤离事故现场，保证其人身安全，要求地下主变压器廊道应设有 2 个安全出口。

〖检查要点和方法〗

检查主变压器室及其防火门耐火等级、防火隔墙高度、事故通风系统是否独立、开门位置、通道出口数量。

i)　6.5.18　厂区外的屋外配电装置场地四周应设置 2.2～2.5m 高的围墙；厂区内的屋外配电装置四周应设置围栏，其高度应不小于 1.5m。

〖摘编说明〗

（1）厂区外屋外配电装置设围墙，是为防止无关外部人员等进入配电装置区，引起触电或损坏设备等事故。所规定的围墙高度，可以有效防止外部人、畜轻易进入屋外配电装置区。

（2）厂区内的开敞式电气设备应设围栏，也是为防止人员随意进入或误入配电装置区，以免造成误操作或引起触电事故。所规定的围栏高度可有效防止人员随便进入或误入屋外配电装置区。

〖检查要点和方法〗

检查是否设置了围墙、围栏，围墙、围栏高度是否满足要求。

j)　6.5.20　屋外配电装置带电部分的上部或下部，不应有照明、通信和信号线路架空跨越或穿过；屋内配电装置裸露带电部分的上部不应有明敷的照明或动力线路跨越。

〖摘编说明〗

由于照明、通信和信号线路绝缘强度低，在屋外配电装置带电部分的上部或下部架空跨越或穿过，可能会出现反击或感应电压或断线造成事故，或因维修照明、通信和信号线路时误触高压的危险。屋内配电装置裸露带电部分的上部有明敷的照明或动力线路跨越。可能会因照明或动力线路的脱落造成短路等事故。另外，对于屋内外配电装置的照明灯具的布置亦应考虑其维修时的安全问题。

〖检查要点和方法〗

检查屋外配电装置带电部分的上部或下部是否有照明、通信和信号线路架空跨越或穿过。屋内配电装置裸露带电部分的上部是否有明敷的照明或动力线路跨越。

k)　6.5.21　配电装置中相邻带电部分的额定电压不同时，应按高的额定电压确定其

安全净距。

〖摘编说明〗

在配电装置中相邻带电部分的额定电压不同时，只有在其安全净距满足高的额定电压的规定值时才能保证各自部分的运行及维护等的安全，即按照就高原则执行。

〖检查要点和方法〗

检查是否按高的额定电压确定了安全净距。

5-1-6 《水利水电工程导体和电器选择设计规范》SL 561—2012

a） 2.0.15 户外配电装置的导体、套管、绝缘子和金具，应根据当地气象条件和不同受力状态进行力学计算。其安全系数不应小于表 2.0.15 的规定。

表 2.0.15 导体、套管、绝缘子和金具的安全系数

类 别	荷载长期作用时	荷载短时作用时
套管、支持绝缘子及其金具	2.50	1.67
悬式绝缘子及其金具	5.30	3.30
软导体	4.00	2.50
硬导体	2.00	1.67

注 1：悬式绝缘子的安全系数系对应于额定机电破坏负荷。
注 2：硬导体的安全系数系对应于破坏应力，若对应于屈服点应力，其安全系数应分别改为 1.60 和 1.40。

〖摘编说明〗

电器引线的最大作用力超过电器端子允许的荷载时，以及屋外配电装置的导体、套管、绝缘子、金具的安全系数不满足要求时，将会导致设备损坏或电路短路事故，进而引起回路故障及威胁人身安全。

有鉴于以上所述，强制性条文规定，在正常运行和短路时，电器引线所受的最大力作用不应大于电器端子允许的荷载，以及屋外配电装置的导体、套管、绝缘子和金具允许的荷载，应根据当地气象条件和不同受力状态进行力学计算，并必须满足安全系数要求值，才能保证其安全要求。

注意：本条与 SL 311—2004《水利水电工程高压配电装置设计规范》第 3.1.11 条有所不同。

（1）SL 311—2004 第 3.1.11 条：表中的“悬式绝缘子及其金具”的荷载长期作用时安全系数是 4.0 ，“悬式绝缘子及其金具”的荷载短时作用时安全系数是 2.5 。

（2）本规范对应条款表中“悬式绝缘子及其金具”的荷载长期作用时安全系数是 5.30 ，“悬式绝缘子及其金具”的荷载短时作用时安全系数是 3.30 。

由上述可见两者系数差异较大，这是因为两者的取值前提条件不同，前者的悬式绝缘子的安全系数对应于 1h 机电试验荷载，而后者的悬式绝缘子的安全系数系对应于额

定机电破坏负荷（因近几年悬式绝缘子产品样本一般不提供1h机电试验荷载，而是标出额定机电破坏负荷，故作此修改），设计时应特别注意所采用的数据前提，以免计算有误。

〖检查要点和方法〗

检查相关计算的安全系数取值是否满足要求。

5-2 金 属 结 构

5-2-1 《小型水力发电站设计规范》GB 50071—2014

a) 5.5.53 焊接成型的钢管应进行焊缝探伤检查和水压试验。试验压力值不应小于1.25倍正常工作情况最高内水压力，也不得小于特殊工况的最高内水压力。

〖摘编说明〗

水电站压力钢管的安全直接关系到厂房的安全，焊接成型的钢管如存在焊接缺陷，轻则可能导致漏水，严重的可能引起钢管爆裂，造成水淹厂房的安全事故，因此，必须对钢管的焊缝进行探伤检查，并进行水压试验。

〖检查要点及方法〗

检查设计文件中是否提出了焊缝探伤检查和水压试验的要求，试验压力是否满足要求。

b) 8.1.4 潜孔式闸门门后不能充分通气时，应在紧靠闸门下游孔口的顶部设置通气孔，其顶端应与启闭机室分开，并高出校核洪水位，孔口应设置防护设施。

〖摘编说明〗

为保证安全运行，对于潜孔式闸门（包括工作、事故和检修闸门），如门后等不能充分通气时，应在紧靠闸门下游处顶部设置通气孔。对通气孔的要求是：面积足够，位置适宜，通气均匀，安全可靠。通气孔上端应设在远离行人处，与启闭机房分开。

根据泄水管道运行要求，闸门后应设置通气孔。其作用是管道充水时用以排气，管道泄水时用以补气。它对于保证泄水道的流态稳定，避免空蚀，减轻闸门的动荷载等有相当大的作用。管道因不设通气孔或者通气孔面积偏小或者位置不适当，都会造成闸门操作的故障，影响安全运行，加剧空蚀、振动等现象。对于下游止水的潜孔闸门后的通气孔是建筑物必不可少的组成部分，是保证闸门正常工作，改善泄洪道内的流态，防止空蚀、振动，减轻闸门启闭力的重要措施之一。因不设通气孔或通气孔尺寸设计偏小、位置不当、通气量不足等原因引起空蚀的例子很多。同时，由于通气孔的风速一般都比较大，气锤喷水会危及人身和建筑物安全，为保证运行人员和设备的安全，应将孔口通到启闭机室之外，并高出校核洪水位。通气孔上端如通到坝顶或平地上，还应设网格盖板，以保护人身安全并防止杂物落入。

〖检查要点及方法〗

检查潜孔闸门后是否设置通气孔，通气孔的面积是否满足通气要求，通气孔的上端是否与启闭机室分开、是否设有保护措施。

〖案例分析〗

某些水库工程，由于通气孔与机房联在一起，当关闭闸门时发生气锤喷水，发生人员受伤事故，影响安全运行。

5-2-2 《升船机设计规范》GB 51177—2016

a) 4.3.14 垂直升船机提升钢丝绳的安全系数按整绳最小破断拉力和额定荷载计算不得小于8.0，平衡钢丝绳的安全系数按静荷载计算不得小于7.0，钢丝强度等级不应大于1960MPa。

〖摘编说明〗

钢丝绳是卷扬式升船机承船厢的悬吊支承构件。钢丝绳的安全性及运行寿命涉及过往船只和人员的安全，对于升船机整体安全性起到至关重要的作用。升船机钢丝绳荷载高、数量多，运转低速、频繁，直径大且设计寿命要求长。为保证升船机的安全可靠，对钢丝绳的安全系数以及影响钢丝绳寿命的钢丝强度指标做出强制性的规定是必要的。

〖检查要点及方法〗

检查升船机的设计文件，查看其连接卷筒和承船厢的提升钢丝绳的计算安全系数、平衡钢丝绳的安全系数及选用的钢丝强度等级是否满足本条要求。

〖案例分析〗

在国家“七五”攻关针对三峡升船机钢丝绳进行的专项研究中，根据国外升船机钢丝绳及我国矿井提升机钢丝绳安全系数的研究，同时考虑到升船机多绳提升及设计寿命长的特点，建议三峡升船机钢丝绳安全系数取8.0，钢丝的强度等级为1770MPa；比利时斯特勒比升船机钢丝绳安全系数为8.0；德国吕内堡升船机钢丝绳的安全系数为7.0。

b) 6.5.16 在锁定状态下安全机构螺杆与螺母柱的螺纹副必须可靠自锁。

〖摘编说明〗

此规定是为保证当齿轮齿条爬升式升船机在升降过程中，承船厢因漏水等事故产生较大的不平衡力时，有可靠的安全机构对其进行保护以确保承船厢不发生失衡，从而避免发生更大的事故。此安全机构是通过旋转螺杆螺纹副的斜面将事故时产生的巨大不平衡荷载向基础传递，以保证承船厢的平衡，因此，保证该部件的可靠至关重要，其中安全螺杆和螺母柱的螺纹自锁是保证安全机构可靠承载的必要条件。设计时应保证螺母柱和旋转螺杆设定的最大螺纹升角应小于螺牙材料的自锁角。

〖检查要点及方法〗

检查升船机设计文件中关于螺杆与螺母柱的计算结果是否符合自锁条件，即螺母柱和旋转螺杆的最大螺纹升角小于螺牙材料的自锁角。

c)　6.7.5　顶紧装置应符合下列规定：

3　顶紧装置应采用机械式自锁机械，不得采用液压油缸直接顶紧方案。顶紧机构及其液压控制回路必须设置自锁失效安全保护装置。

〖摘编说明〗

承船厢与闸首对接期间，如果乘船厢纵向位置发生改变，可能会破坏间隙密封的止水效果，大的泄漏甚至会造成承船厢纵向失衡的事故。因此为保持承船厢纵向位置，须设置顶紧装置。顶紧装置的作用是在船厢与上（下）闸首对接过程中，提供船厢的纵向水平支承。顶紧装置应采用具有自锁功能的机械式结构，不应采用液压缸直接顶紧的方案。这是由于顶紧荷载属于被动荷载，液压油缸难以做到密封绝对可靠，油缸在对接期间出现泄漏后，将会造成乘船厢纵向位置改变。一般顶紧机构均采用液压油缸操作，作为机械自锁失效的安全保护措施，因此顶紧机构及其液压控制回路应设置防止自锁失效的安全保护装置。

〖检查要点及方法〗

（1）检查顶紧装置的设计是否符合要求，是否采用机械式自锁结构。

（2）检查液压控制回路设计，是否设置自锁失效的安全保护装置。

5-2-3　《水利水电工程启闭机设计规范》SL 41—2018

a)　3.1.7　启闭机选型应根据水利水电工程布置、门型、孔数、操作运行和时间要求等，经全面的技术经济论证后确定，启闭机选择应遵循下列规定：

2　具有防洪、排涝功能的工作闸门，应选用固定式启闭机，一门一机布置。

〖摘编说明〗

用于防洪、排涝的工作闸门，工作时具有一定的紧迫性，要求各孔闸门能在短时间内开启或关闭，以防发生危及工程及生命财产的安全事故。因此，这类闸门需要采用固定式启闭机，一门一机布置。

〖检查要点及方法〗

检查具有防洪、排涝功能的工作闸门启闭机是否为固定式且一门一机布置。

b)　7.1.16　液压启闭机必须设置行程限制器，工作原理应不同于行程检测装置，严禁采用溢流阀代替行程限制器。

〖摘编说明〗

液压启闭机用于操作闸门时，如果到达上下极限位置时由于行程检测误差导致仍继续运行，可能对闸门及启闭机造成严重损坏，因此液压启闭机除行程检测装置外应另外设置极限位置的保护开关，即行程限制器，当闸门到达上、下极限位置时，行程限位保护开关就要动作，切断电源，使闸门处在要求的位置上。行程限制器不可以采用溢流阀代替，主要因为安全溢流阀主要用于偶然发生的过压保护，频繁用于行程限制时易损坏而失去保护作用，可能引发过载、爆管、环境污染和人身伤害，影响闸门安全运行。

〖检查要点及方法〗

（1）检查液压启闭机是否除行程检测装置外，另行单独设置了行程限制器。

（2）是否按要求未采用溢流阀代替行程限制器。

c)　9.2.2　有泄洪要求的闸门启闭机应由双重电源供电，对重要的泄洪闸门启闭机还应设置能自动快速启动的柴油发电机组或其他应急电源。

〖摘编说明〗

工程泄洪事关人民生命财产的安全，影响重大，保证泄洪闸门启闭设备供电可靠性尤为重要，因此明确要求有泄洪要求的启闭机应有双重电源供电。对特别重要的大型水力枢纽、泄洪闸等泄洪闸门启闭机，还应考虑双重电源都无法供电时对人民生命财产的安全带来巨大的威胁，因此，必须增设能自动快速启动的柴油发电机组或其他应急电源作为保安电源。且保证电源的供电能力应满足可能出现最大负荷容量的需要。

〖检查要点及方法〗

（1）对于有泄洪要求的闸门启闭机，检查启闭机供电电源是否为双重电源供电。

（2）对于重要的泄洪闸门启闭机，检查除双重电源供电外，还设置能自动快速启动的柴油发电机组或其他应急电源、容量是否满足工程运用的要求。

5-2-4　《水利水电工程钢闸门设计规范》SL 74—2013

a)　3.1.4　具有防洪功能的泄水和水闸系统工作闸门的启闭机应设置备用电源。

〖摘编说明〗

具有防洪功能的闸门（如泄水、溢洪系统的工作闸门）的启闭机除保证主电源外，还应设置独立的可靠备用电源。这是确保泄洪安全的重要措施。

〖检查要点及方法〗

检查具有防洪功能的泄水闸门的启闭机是否设置独立的可靠备用电源。

〖案例分析〗

某水库溢洪道弧形闸门未设置备用电源，由于暴风袭击使电源断电，导致闸门不能正常开启泄洪，水位增高超过闸门的设计水位，闸门失事。

b)　3.1.9　当潜孔式闸门门后不能充分通气时，则应在紧靠闸门下游的孔口顶部设置通气孔，其上端应与启闭机室分开，并应有防护设施。

〖摘编说明〗

为保证安全运行，对于潜孔式闸门包括工作、事故和检修闸门，如门后闸门槽、竖井或出口等不能充分通气时，应在紧靠闸门下游处顶部设置通气孔。对通气孔的要求是：面积足够，位置适宜，通气均匀，安全可靠。通气孔上端应设在远离行人处，与启闭机房分开。

根据泄水管道运行要求，闸门后应设置通气孔。其作用是管道充水时用以排气，管道泄水时用以补气。它对于保证泄水道的流态稳定，避免空蚀，减轻闸门的动荷载等有相当大的作用。管道因不设通气孔或者通气孔面积偏小或者位置不适当，都会造成闸门操作的故障，影响安全运行，加剧空蚀、振动等现象。

〔检查要点及方法〕

检查设计文件中潜孔闸门后是否设置通气孔，通气孔的上端是否与启闭机室分开、是否设有保护措施。

〔案例分析〕

某些水库工程，由于通气孔与机房联在一起，当关闭闸门时发生气锤喷水，发生人员受伤事故，影响安全运行。

5-2-5 《水电站压力钢管设计规范》SL 281—2003

a) **6.1.4 钢管抗外压稳定计算见附录A、附录B。安全系数不得小于下列各值：**

1 明管：钢管管壁和加劲环为2.0。

2 地下埋管和坝内埋管：光面管和锚筋加劲的钢管管壁为2.0；用加劲环加劲的钢管管壁和加劲环为1.8。

A.4 加劲环抗外压强度及稳定分析

A.4.1 加劲环的临界外压 P_{cr} 可按式（A.4.1-1）、式（A.4.1-2）计算并取小值：

$$P_{cr1}=\frac{3EJ_R}{R^3 l} \tag{A.4.1-1}$$

$$P_{cr2}=\frac{\sigma_s F_R}{rl} \tag{A.4.1-2}$$

式中 F_R——支承环或加劲环有效截面面积（包括管壁等效翼缘面积）（mm^2）；

J_R——支承环或加劲环有效截面对重心轴的惯性矩（mm^4）；

R——支承环或加劲环有效截面重心轴处的半径（mm）；

l——加劲环间距（mm）。

B.2 抗外压稳定分析

B.2.1 光面管的临界外压可按式（B.2.1-1）～式（B.2.1-5）计算。

1 用经验公式（B.2.1-1）初步计算：

$$P_{cr}=620\left(\frac{t}{r_1}\right)^{1.7}\sigma_s^{0.25} \tag{B.2.1-1}$$

式中 P_{cr}——临界外压（N/mm^2）；

σ_s——钢材屈服点（N/mm^2），按表6.1.1的注1取值。

2 用阿姆斯图兹公式计算：

$$\left(E'\frac{\Delta}{r_1}+\sigma_N\right)\left[1+12\left(\frac{r_1}{t}\right)^2\frac{\sigma_N}{E'}\right]^{3/2}=3.46\frac{r_1}{t}(\sigma_{s0}-\sigma_N)\left[1-0.45\frac{r_1(\sigma_{s0}-\sigma_N)}{tE'}\right] \tag{B.2.1-2}$$

$$E'=E/(1-\mu^2)$$

$$P_{cr}=\frac{\sigma_N}{\frac{r_1}{t}\left[1+0.35\frac{r_1(\sigma_{s0}-\sigma_N)}{tE'}\right]} \tag{B.2.1-3}$$

$$\sigma_{s0}=\frac{\sigma_s}{\sqrt{1-\mu+\mu^2}} \tag{B.2.1-4}$$

$$\Delta_p=\frac{qr_3}{1000K_{01}}\left(1-\frac{M_d}{E_d}\right) \tag{B.2.1-5}$$

式中　σ_N——管壁屈曲部分由外压引起的平均应力（N/mm^2）；

Δ——缝隙，包括施工缝隙 Δ_0、钢管冷缩缝隙 Δ_s、围岩冷缩缝隙 Δ_R 及围岩塑性压缩缝隙 Δ_p，Δ_0、Δ_s、Δ_R 同内压应力分析见 B.1.1；

Δ_p——围岩塑性压缩缝隙；

q——同覆盖岩层厚度的分析，见 B.1.3；

M_d——围岩变形模量（N/mm^2）；

E_d——围岩弹性模量（N/mm^2）。

当 $K_{01}=0$ 时，Δ_p 公式已不适用，缝隙值 Δ 应在 $\Delta_0+\Delta_s+\Delta_R$ 或 $\sigma_{01}r_1E'$ 两者间取大值。σ_{01} 计算见式（B.1.3-5）。

阿姆斯图兹公式已制成图表，见图 B.2.1。

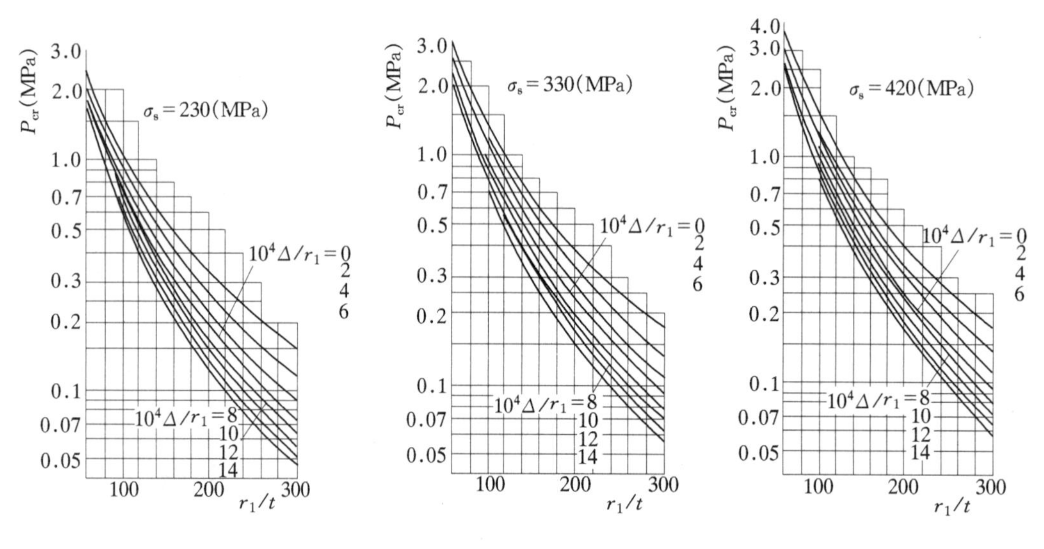

图 B.2.1　埋管临界外压力曲线
（阿姆斯图兹公式 1969，$\upsilon=1$）

B.2.2　加劲环式钢管的临界外压计算。

1　加劲环间管壁的临界外压；

采用米赛斯（Miese）公式计算，见附录 A.3.2。

2　加劲环的临界外压：

$$P_{cr}=\frac{\sigma_s F}{r_1 l} \tag{B.2.2}$$

式中　F——加劲环有效截面积（包括管壁等效翼缘）（mm^2），见图 B.2.2。

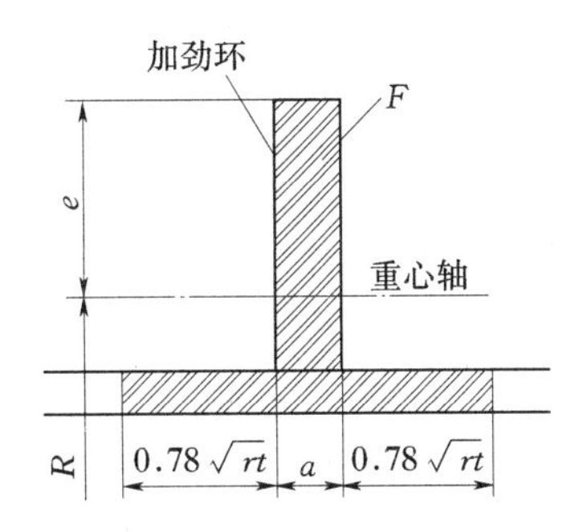

图 B.2.2 加劲环处断面特性

3 加劲环的应力可采用锅炉公式计算。

〔摘编说明〕

明管抗外压稳定安全系数是沿用苏联规范 TY9－51，其安全系数为 2.0。对于埋管和坝内埋管的抗外压稳定安全系数：我国地下埋管承受外压稳定的实践表明，光面管失稳时，钢管屈曲范围将迅速扩大。而具有加劲环的管壁，屈曲波在加劲环处会被阻止。光面管和具有加劲环的管在失稳后，造成事故的程度是不一样的，故将具有加劲环钢管的抗外压稳定安全系数定为 1.8，光面管的安全系数定为 2.0。

〔检查要点和方法〕

检查其设计结果是否按照条文规定的安全系数进行计算。

〔案例分析〕

国内某水电站运行一年后，进入钢管检查，发现钢管大范围破坏，钢管从底部向上突起，从下半圈脱离外包混凝土后向上凸起，严重变形，横断面变形呈凸状、双峰状、半台阶状多种状态。

b） 10.1.1 凡属于下列情况之一者应作安全监测：

1 1、2 级压力钢管。

2 电站装机容量大于或等于 100MW 的压力钢管。

3 管径 $D\geqslant 4$m，或作用水头 $H\geqslant 100$m，或 $HD\geqslant 400$m^2 的 3 级压力钢管。

4 采用新结构、新材料、新工艺、新设计理论和方法的压力钢管。

c） 10.2.3 首次安全检测应在钢管运行后 5～10 年内进行。以后每隔 10～15 年进行一次中期检测。钢管运行满 40 年，必须进行折旧期满安全检测，并确定钢管是否可以继续运行和必须采取的加固措施。

〔摘编说明〕

钢管安全监测是确保电站安全运行的条件，必不可少，尤其对大、中型电站更为重要。电站如发生事故，后果不堪设想。钢管设计时，应布设有监测设备，特别应注意钢管不易更换的特点，而采用先进、耐久、可靠的仪器设备。电站运行期应注重设备仪器的运作、维修、保护以及定期观察，以便对电站运行提供科学的依据。对运行多年的工程，由于钢管的锈蚀和磨损以及原钢管材料本身的缺陷（如夹层、焊接质量等）等原因，压力钢管必须进行安全检测，并根据检测的情况对钢管采取加固措施。

对钢管运行检查周期作了规定，即分为首检、中检和终检。首检一般在钢管运行后5～10年内进行，中检在首检后每隔10～15年进行一次，终检待钢管运行满40年，进行折旧期满安全检测，以确定是否继续使用和必须采取的加固措施。

〖**检查要点和方法**〗

对于上述压力钢管应检查是否埋设检测设备。在电站运行期应检查设备仪器的运作、维修、保护以及定期观察的相应资料，以确保压力管道的正常运行。

在钢管运行检查周期应检查是否作了首检、中检和终检。待钢管运行满40年，应检查是否进行了折旧期满的检测。

6　环境保护、水土保持和征地移民

水利水电工程开发建设不可避免会涉及环境改变、土壤扰动、淹没移民等，随着社会进步和经济发展，国家对环境保护、水土流失和土地保护的要求越来越高，移民和环境问题越来越成为制约水利水电工程建设的重要因素。在水利水电项目建设过程中，必须切实保护和合理利用土地资源，妥善安置移民，促进社会经济的可持续发展，以实现保护环境、维持良好生态、构建和谐社会的目的。

本章分环境保护、水土保持和征地移民 3 节，涉及 11 项技术标准，强制性条文共 46 条，详见表 6-1。

表 6-1　　环境保护、水土保持和征地移民部分涉及技术标准汇总表

序号	标　准　名　称	标准编号	强条数
1	开发建设项目水土保持技术规范	GB 50433—2018	2
2	水土保持工程设计规范	GB 51018—2014	2
3	环境影响评价技术导则　水利水电工程	HJ/T 88—2003	8
4	江河流域规划环境影响评价规范	SL 45—2006	1
5	水土保持治沟骨干工程技术规范	SL 289—2003	2
6	水利水电工程建设征地移民安置规划设计规范	SL 290—2009	9
7	水坠坝技术规范	SL 302—2004	3
8	农田水利规划导则	SL 462—2012	1
9	水利水电工程环境保护设计规范	SL 492—2011	3
10	水利水电工程水土保持技术规范	SL 575—2012	7
11	水利水电工程水库库底清理设计规范	SL 644—2014	8

6-1　环　境　保　护

6-1-1　《江河流域规划环境影响评价规范》SL 45—2006

a)　1.0.6　流域规划环境影响评价作为流域规划的组成部分，应贯穿流域规划的全过

程。流域规划环境影响评价工作深度应与规划的层次、详尽程度相一致。

〖**摘编说明**〗

已有的经验表明，防洪、水资源保护、灌溉和节水等流域规划均涉及工程布局等问题，工程布局中若对生态与环境问题考虑不足，其后果将难以弥补，具有长期性和流域性。流域规划环境影响评价属区域环境影响评价范畴，流域规划阶段从生态和环境及其二者的整体性、区域性、变动性等特征的角度以及流域可持续发展的战略角度出发，对流域规划多项水利水电工程和水利措施所组成的近期、远期规划方案进行预估和评价，参与规划方案比选。研究维护和改善环境的对策，修正规划目标、完善规划方案，使推荐的规划方案既满足经济发展的要求，又满足环境目标的要求和公众意愿。要求规划环境影响评价工作要与流域规划工作密切结合，成为流域规划的组成部分，而且要贯穿于规划的全过程。有些流域规划属于指导性规划，规划指标及有关成果具有宏观性特点，有些专业规划属于相对具体的规划，有较为详尽的规划指标或成果。规划环境影响评价工作深度应在规划工作的基础上进行，其层次和详尽程度保持一致。工作程序见图 6－1。

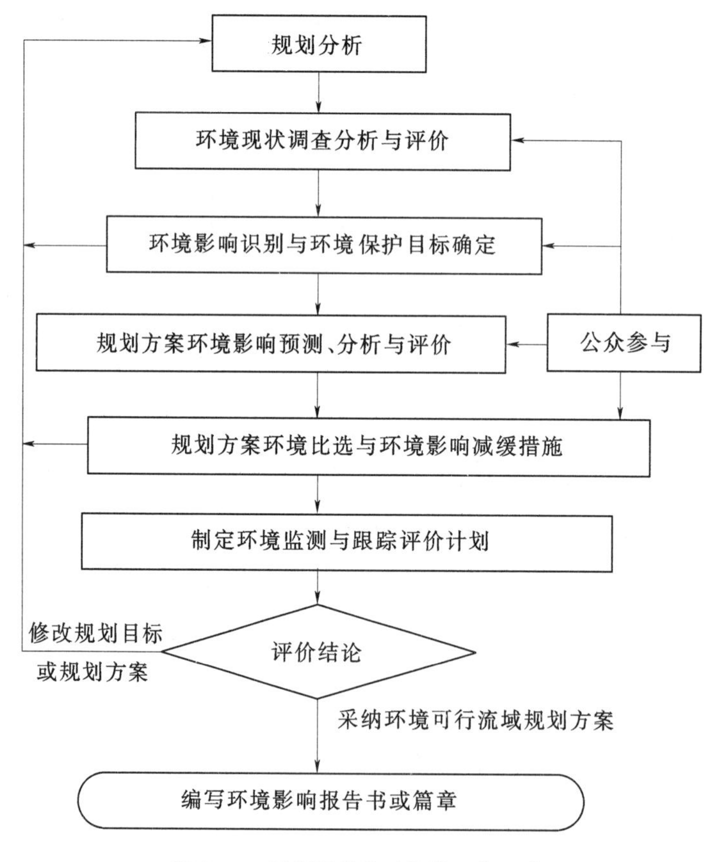

图 6－1　规划环境影响评价工作程序

〖**检查要点和方法**〗

检查要点：规划环境影响评价报告书或规划报告中环境影响评价篇章、批复意见及相关文件，以及规划工作策划文件和规划工作会议纪要等。

检查方法：检查有关规划工作大纲或工作计划、有关规划工作会议纪要等是否有规划环评的工作内容，规划报告中是否有环境影响评价的篇章或者附有环境影响评价报告书；检查规划环境影响评价工作的深度是否达到规划的层次、详细程度。

常见的违反本条要求的几种情况：因流域规划环境影响评价工作的缺失，未在规划初期开始全程参与规划编制工作，或环境影响评价工作深度达不到规划层次或详细程度的要求，重大环境影响可能会被忽视，进而在规划实施过程中，因缺少有效的环境保护措施，使生态环境和人类生命财产安全受到威胁。

6-1-2 《农田水利规划导则》SL 462—2012

a) 4.4.5 在地下水超采区，地下水的开采量不应大于补给量；在受海水、咸水入侵的地区，应根据其危害程度限制或禁止开采地下水，并采取有效补源或其他防治措施；在大型地下水水源地，地下水的开采量应维持多年平均采补平衡。

〖摘编说明〗

地下水超采会造成地下水位下降、地面沉降、海水入侵，导致河道断流、湖泊湿地萎缩，破坏陆生、水生生态环境。因此，对地下水的开发利用，要提出实现采补平衡、防治污染及海咸水入侵的对策措施。

〖检查要点和方法〗

掌握批复的有关规划中地下水资源调查与评价成果，检查是否对规划区地下水开发利用方面存在的问题进行了分析；检查规划区是否属于地下水超采区，检查地下水可开采量与规划开采量的对比及地下水位（埋深）、漏斗区面积的变化；检查地下水水质监测与评价结果。检查是否提出了地下水压采、防治污染和海咸水侵害的对策措施。

6-1-3 《水利水电工程环境保护设计规范》SL 492—2011

a) 2.1.1 根据初步设计阶段工程建设及运行方案，应复核工程生态基流、敏感生态需水及水功能区等方面的生态与环境需水，提出保障措施。

〖摘编说明〗

水利工程的建设将减少或改变河湖径流过程，影响河湖水生态系统及鱼类等水生生物的生存环境，工程建设需通过工程措施和管理措施保证河湖生态需水，维护水生态系统良性循环和水生生物基本生境。

〖检查要点和方法〗

掌握环境影响报告书（表）及其批复意见及相关文件中有关生态需水量和水库运行期生态需水保障要求相关内容。

检查环境保护设计篇章中是否根据本阶段规划成果对生态基流、敏感生态需水及水功能区等方面的生态与环境需水进行了复核，是否提出了生态需水的调度、下泄、监测等保障措施。

〖案例分析〗

西部某河段河道内生态需水量包括该河段的河谷林生态需水量、水环境需水量、生态基流。河谷林生态需水量主要考虑河谷林淹灌要求，每年集中放水一次，每次放水7d，7d平均流量为250m^3/s；水环境需水量按满足水功能区水质目标要求所需水量计算，为8.5m^3/s；坝址处生态基流按枯水期不小于该断面天然条件下多年平均径流量的10%计算，为8.5m^3/s，丰水期按多年平均径流量的30%计算，为25m^3/s；各种生态用水可以结合使用的取其外包线，计算生态总需水量。

b)　2.1.4　水库调度运行方案应满足河湖生态与环境需水下泄要求，明确下泄生态与环境需水的时期及相应流量等。

〖摘编说明〗

水库调度运行方案是满足工程开发任务要求，实现工程综合效益而对水量实施调度的具体规则。为保障设计提出的生态和环境需水，必须在水库调度运行方案中，明确生态需水下泄的时间过程及相应流量。

〖检查要点和方法〗

检查工程调度运行方案是否体现和满足了环境影响报告书及其批复对生态与环境需水量和过程的要求。

c)　3.3.1　水生生物保护应对珍稀、濒危、特有和具有重要经济、科学研究价值的野生水生动植物及其栖息地，鱼类产卵场、索饵场、越冬场，以及洄游性水生生物及其洄游通道等重点保护。

〖摘编说明〗

珍稀、濒危、特有和具有重要经济、科学研究价值的野生水生动植物是生态系统的重要组成部分，对其实施重点保护是维护生物多样性的重要内容。维护鱼类产卵场、索饵场、越冬场，以及洄游性水生生物洄游通道等生境是保护鱼类等水生生物繁殖和生存的关键。

水利工程建设可能对生物多样性和鱼类等水生生物生境产生影响。在设计中，应根据环境影响报告书及其批复意见，提出相应的保护措施设计。

〖检查要点和方法〗

通过已批复的环评报告书（表）、可研报告环境影响评价章节，检查工程是否涉及珍稀、濒危、特有和具有重要经济、科学研究价值的野生水生动植物及其栖息地、鱼类产卵场、索饵场、越冬场，以及洄游性水生生物及其洄游通道等重点保护对象；检查环境影响报告书及其批复意见中有关水生生物保护措施在设计文件中的落实情况；检查水生生物保护措施是否有针对性、可行性和可操作性。

〖案例分析〗

某水利枢纽工程，所在河段是中华鲟、鳗鲡、花鳗鲡等鱼类洄游、肥育的必经通道，其中中华鲟为国家一类珍稀保护鱼类，花鳗鲡是国家二级水生野生保护鱼类，为了满足该段鱼类洄游要求，保护珍稀鱼类，达到可持续发展和保护生物多样性的目的，工程采取兴建鱼道的措施，满足洄游性鱼类上溯要求。鱼道投运后，鱼道过鱼现象良好，基本达到预期目的。

6-1-4 《环境影响评价技术导则 水利水电工程》HJ/T 88—2003

a) 6.2.1 水环境保护措施

a. 应根据水功能区划、水环境功能区划，提出防止水污染，治理污染源的措施。

b. 工程造成水环境容量减小，并对社会经济有显著不利影响，应提出减免和补偿措施。

c. 下泄水温影响下游农业生产和鱼类繁殖、生长，应提出水温恢复措施。

〖摘编说明〗

灌溉工程、河道整治、清淤工程以及各类型水工程的施工期可能产生污染源，造成长期或短期的水质恶化；水利水电工程通过修建坝、闸、供水工程等影响水文情势，使天然河流水文过程发生改变，进而影响下游河段水环境容量，使受影响河段水体稀释自净能力下降，若不对污染源提出治理措施，将造成水环境质量下降；对于水温分层型的水库，下泄水温较天然河流的变化可能影响下游农业生产和鱼类繁殖。

本条文为直接涉及河流、湖泊、水库及地下水水质安全的环境保护技术要求，从工程和管理的角度对引起水质下降的三类胁迫因素（排污、水环境容量下降、水温变化）逐一提出解决措施，目前水环境保护措施已广泛应用于水工程环境影响评价工作，将此条文作为强制性条款将进一步加强水工程建设中水环境保护工作的科学性及实施效果。

〖检查要点和方法〗

检查要点：检查环境影响报告书（表）及其批复意见及相关文件中水环境保护方面要求的落实情况。

检查方法：不同类型水工程对水环境影响方式不同，对水环境保护措施的强制性要求也因工程类型不同有所差别。建议参照表 6-2，检查不同类型水工程环境影响报告书中水环境现状调查、评价及水环境影响识别、预测等相关内容中对工程建设或运行造成的水环境影响特点，并据此检查水环境保护措施选择的合理性。需要注意的是，针对措施 a，可研阶段应重点检查工程建设与所在河流相关水功能区划、水环境功能区划的符合性；针对措施 b，应检查是否提出有可能影响工程规模的环境约束（如最小生态流量或下游环境需水量）；针对措施 c，应检查工程是否涉及对水温敏感的生态保护目标，如农作物、鱼类等，同时检查工程是否存在下泄水温变化问题，若二者同时存在，则应检查是否制订了合理的水温恢复措施。检查报告书批复意见中措施的批复情况。

表 6-2　　各类水工程水环境保护措施选择

工程类型	水环境影响内容	应采取的措施
水库工程	对库区及坝下游水体稀释扩散能力、水质、水体富营养化和河口咸水入侵的影响；污染源污染物排放对水源地水质产生影响	a、b、c
梯级开发工程	对下一级工程水质的影响	a、b、c
供水工程	对引水口、输水沿线、河渠交叉处、调蓄水体水质的影响；污染源污染物排放对供水水质产生影响	a、b
灌溉工程	对灌区地下水水质的影响，灌区回归水对受纳水体水质的影响	a、b
河道整治、清淤工程	底泥清运、处置对水质的影响	a
各类工程施工期	生产和生活废污水量、主要污染物及对水质的影响	a、b

注：a—防止水污染、治理污染源措施；b—水环境容量减小的减缓和补偿措施；c—水温恢复措施。

〖**案例分析**〗

（1）楠溪江供水工程水污染防治对策要求及水环境容易减小的减免和补偿措施。

楠溪江供水工程是以供水为目的的水利工程，引楠溪江水向乐清市虹柳平原及永嘉县部分地区提供生活及工业用水，远期供水补给洞头北片大小门岛、玉环县玉环本岛的城镇用水。

1）涉及水功能区及水污染防治对策要求：根据《浙江省地面水环境保护功能区划分》，工程所在的楠溪江流域水功能区划包括 4 处水质多功能区及 3 处Ⅰ类水质集中式生活饮用水水源一级保护区。经分析，工程涉及的主要工业污染源均分布在工程拦河闸以下。根据相关法律法规，考虑工程区实际设置饮用水水源保护区，划定一级、二级水源保护区，并严格遵守有关的管理规定和要求。加强工程运行过程中可能产生水源污染风险的防范，并制定相应的处理预案，保护水质安全。工程建设后，通过枢纽实现大范围的跨流域调水，为保证引水区河道水质，需进一步加强对上游生活、农业等各种污染源的管理和治理。拦河闸上游河道两岸严格控制排放有毒有害工业废水的企业生产，关停重污染企业，河道沿线城镇生活污水纳入现有和规划的污水处理工程，减少生活污水直接排河量。

2）水环境容量减小的减免和补偿措施：引水后泄放流量不得低于下游生态用水要求，并能够维持河口系统一定的污染物稀释净化能力以及维持河道系统中天然和人工动植物、渔业用水、两岸地下水入渗补给等多种功能。在工程运行过程中，制定严格的制度保障措施，建立明确和强制性的运行监督管理体制，保障下游的基本环境用水。并要求主体工程设计中增设放水管，实现生态环境流量的不间断泄放。

（2）某水利枢纽水温恢复措施。

长江一级支流某水利枢纽，以城市供水为主，同时兼顾沿线小城镇、农业灌溉及农村人畜用水。经预测，水库水温结构为分层型，水库单层取水方案下泄水温平水年 4—8 月下泄水温较河道天然水温偏低 3.3～6.4℃，对农业灌溉及水库下游水生生态影响较明显。工程设计采用 4m×8 层的叠梁门分层取水方案，经预测 4—8 月下泄水温有较大上升，与天然河道水温相差不大，可以有效避免低温水下泄对灌溉和下游水生生物的不利影响。

b) 6.2.2 大气污染防治措施：应对生产、生活设施和运输车辆等排放废气、粉尘、扬尘提出控制要求和净化措施；制定环境空气监测计划、管理办法。

c) 6.2.3 环境噪声控制措施：施工现场建筑材料的开采、土石方开挖、施工附属企业、机械、交通运输车辆等释放的噪声应提出控制噪声要求；对生活区、办公区布局提出调整意见；对敏感点采取设立声屏障、隔音减噪等措施；制定噪声监控计划。

d) 6.2.4 施工固体废物处理处置措施：应包括施工产生的生活垃圾、建筑垃圾、生产废料处理处置等。

〖**摘编说明**〗

此三项条文主要针对各类水工程施工期，由于施工机械设备、生产、生活设施及运输车辆等产生的大气、噪音及固体废弃物污染，若处置不当不仅影响居民正常生活，而且可能造成施工区生态环境不可逆转的破坏，因此必须高度重视。三项措施已广泛应用于各类水工程环境影响评价工作，同时应作为强制性条文在将来工作中继续落实。

〖**检查要点和方法**〗

检查要点：环境影响报告书（表）及其批复意见及相关文件中大气污染防治、环境噪声控制、施工固体废物处理处置方面要求的落实情况。

检查方法：参照表6-3，检查环境影响报告书中环境影响预测与评价及措施相关内容是否全面并符合要求。检查报告书批复意见中措施的批复情况。

表6-3 水工程施工废气、噪声、固废污染特点及采取措施

污染类型	污　染　源	环境影响	措　施
大气污染	粉尘及扬尘：钻探、爆破、土石方开挖、砂石料加工、混凝土拌和系统、水泥运输等； 废气：交通运输、施工机械燃油废气等	环境空气质量下降、引起人类呼吸道疾病、出现酸雨、土壤酸化、植被受影响	湿法钻孔、开挖；凿裂法施工；锅炉、车辆安装除尘净化、尾气净化装置；路面绿化、适时洒水；水泥等粉状材料运输和堆放应有遮盖、防漏等
噪音污染	钻孔和施工机械设备；爆破；交通运输等	操作人员听觉神经系统及身心健康受到伤害。噪音敏感点，如居民区、医院、学校，环境受到干扰。 若夜间施工，影响更大	噪声源控制：合理安排施工计划，选用低噪声设备和工艺； 敏感目标保护：设置隔声屏，加强管理； 施工人员防护：配发防噪音设备
固体废物	建筑弃渣和生活垃圾	产生水土流失，损毁农田，堵塞河道；污染空气，有碍美观，造成蚊蝇孳生，鼠类大量繁殖，加大各种疾病传播机会	施工弃渣可用于坑凹回填、修筑道路或造田。堆放弃渣选址应符合水土保持约束性要求，尽可能减少植被破坏，并设置排水沟、挡土墙，防止水土流失。 施工区生活垃圾应及时清理，运送至符合卫生填埋要求的填埋场处理

e)　**6.2.5　生态保护措施**

a. 珍稀、濒危植物或其他有保护价值的植物受到不利影响，应提出工程防护、移栽、引种繁殖栽培、种质库保存和管理等措施。工程施工损坏植被，应提出植被恢复与绿化措施。

b. 珍稀、濒危陆生动物和有保护价值的陆生动物的栖息地受到破坏或生境条件改变，应提出预留迁徙通道或建立新栖息地等保护及管理措施。

c. 珍稀、濒危水生生物和有保护价值的水生生物的种群、数量、栖息地、洄游通道受到不利影响，应提出栖息地保护、过鱼设施、人工繁殖放流、设立保护区等保护与管理措施。

〖摘编说明〗

各类型水利工程建设的施工期及运行期均可能造成对珍稀濒危植物、动物及水生生物的影响。由于淹没和浸没改变了工程影响区域的生态条件，使生物物种资源遭到不同程度的破坏，如：陆生植物受淹，珍稀、特有植物原产地被毁，鱼类觅食、产卵、洄游受阻，珍稀水生动物生存和繁殖受到影响等。而水工程对生态环境的影响又往往是不可逆的，因此对一些珍稀、濒危和具有保护价值的物种的保护尤为重要。

珍稀、濒危植物的确定主要根据《中国珍稀濒危保护植物名录》《中国植物红皮书》以及《国家重点保护野生植物名录》，此外包括古树名木（古树一般指树龄在百年以上的大树；名木指树种稀有、名贵或具有历史价值和纪念意义的树木）。

珍稀、濒危陆生动物及水生动物的确定主要根据《中国濒危动物红皮书》及《国家重点保护野生动物名录》。

此外，珍稀濒危陆生植物、动物及水生生物的重要生境包括《水产种质资源保护区》，以及野生生物类、生态系统类《自然保护区》所划定的范围。

〖检查要点和方法〗

检查要点：环境影响报告书（表）及其批复意见中生态保护相关要求的落实情况。

检查方法：检查工程是否涉及珍稀濒危陆生、水生动植物；珍稀濒危陆生动、植物、水生生物及其生境的影响方式及程度（如闸坝建设是否阻隔鱼类洄游通道、初期蓄水及运行期水库下泄流量是否满足鱼类，敏感期生态需水等）；检查环境影响报告书（表）及其批复意见中生态保护相关要求量否落实；生态保护措施是否有针对性，且具有可操作性。

〖案例分析〗

（1）某水库引水灌区工程经生态环境影响分析，项目区分布有国家保护珍稀濒危植物苏铁、云南苏铁、樟树和任豆，其中樟树和任豆存在野生种。在生态保护措施中拟对涉及的樟树和任豆采取移植、人工栽培等方式进行保护。

（2）安谷水电站建设在环境影响评价区域内分布有国家Ⅱ级重点保护动物6种，即鸢、雀鹰、游隼、短耳鸮、斑头鸺鹠、水獭；另外有四川省重点保护动物豹猫1种。在生态保护措施中，对两栖、爬行动物的保护主要是采取合理安排蓄水时间的方式以避免因蓄水将处于冬眠的动物淹死；对鸟类的保护主要是做好库区周边植树造林工作和库周防护林带建设，对周边植被较为单一的生境增加其生境的多样性和异质性，从而增加鸟类的多样性，另外，施工期间合理安排施工期以防止或减轻对鸟类的惊扰；对于兽类，尤其是国家保护动物水獭资源以保护栖息地入手，尽快恢复遭破坏的生境，并提出坚决制止在水库和各支流电击捕鱼的违法行为，保证水獭的食物来源鱼类的种类和数量，以及避免电击对水獭产生的影响等要求。

(3) 楠溪江供水工程由于工程拦河闸的修建，在非洪水期阻断了鱼类的洄游通道，因此，水生态保护措施提出必须修建鱼类洄游通道。采用横隔板式鱼道，鱼道净宽2m，两边侧墙厚度0.5m。鱼道每隔2.4m设置一隔板，隔板高度1.5m，隔板靠近池底设置一个50cm×50cm的过鱼孔，位置交错布置。鱼道总长482.9m，由于受地形条件的限制，鱼道采用螺旋上升式布置。鱼道设计最大过鱼高度7.5m，鱼道纵坡比1∶73，隔板单级水头为0.04m。鱼道进、出口均为喇叭形扩大段，利于鱼类出入，满足鱼类洄游的要求。除鱼道外，调流闸门也可作为鱼类的过游通道。闸门弧门孔口尺寸(宽×高)均为5m×5m，底坎高程2.0m，闸门设计水头7.0m。根据近5年楠溪江香鱼放流的情况来看，通过放流香鱼种，使楠溪江的香鱼资源得到了一定程度的恢复，对河蟹的放流实验也取得了一定的效果。工程建成后，要进一步加强香鱼种和河蟹的放流，同时进一步实施封江禁捕等措施，特别是要加强洄游通道区的保护和管理，严厉打击各种非法破坏行为，保护洄游鱼类资源。

f) 6.2.6 土壤环境保护措施

a. 工程引起土壤潜育化、沼泽化、盐渍化、土地沙化，应提出工程、生物和监测管理措施。

b. 清淤底泥对土壤造成污染，应采取工程、生物、监测与管理措施。

〔摘编说明〕

本条文主要针对水资源调度和使用及清淤底泥处置不当对土地资源退化的影响提出。工程运行期对土壤环境的影响主要体现在工程运行过程中由于水资源时空分布的变化，造成局部区域土壤水分条件的变化，从而影响土壤演化过程，对土壤环境造成影响。如灌区开发和水库浸没可能导致地下水位上升，会产生土壤潜育化、沼泽化或次生盐碱化；在干旱、半干旱地区，水利工程兴建如水资源分配不当，可能导致局部地区地下水位下降，使土壤发生沙化。清淤底泥若处理不当，底泥中的有机物、重金属等污染物质经过长期的雨水淋溶，污染物呈累积性析出，将污染土壤，因此必须对清淤底泥进行严格控制与管理，清淤底泥中污染物应按GB 4284—84《农用污泥中污染物控制标准》规定要求控制。

针对工程引起的土壤潜育化、沼泽化、盐碱化、土地沙化等问题，工程措施主要包括灌溉系统防渗建设、建立完善的灌排体系、节水防盐灌溉技术等；生物措施可考虑根据土壤的水盐动态规律，调整耕作方式、合理施肥等，针对土地沙化，采用恢复地表植被等方法；另外，监测与管理措施通过合理的地下水位及水盐动态监测系统布设，可以及时了解和掌握影响区域的水盐动态变化及其发展趋势，结合完整的配套管理措施，可以预防工程影响区土壤次生盐碱化、沼泽化等。

〖检查要点和方法〗

检查环境影响报告书（表）及其批复意见及相关文件中土壤环境保护要求的落实情况。检查方法主要包括：检查环境影响报告书（篇章）中环境影响预测部分对水工程引起的土壤潜育化、沼泽化、盐碱化、土地沙化的预测情况；河道整治、清淤工程对污染源的产生量、处置方式、主要污染因子的分析及对土壤环境产生影响的范围和程度的预测情况；检查环境影响报告书（表）及其批复意见中土壤环境保护方面要求的落实情况；环境保护措施是否合理可行。

〖案例分析〗

（1）河北省黑龙港地区引汉灌区崔庄典型区设计。崔庄典型区规划为引汉直灌区。典型区规划设计以防治土壤盐碱化为目标，以引汉灌区配套规划为依据，因地制宜，充分利用灌区已有工程，完善机井工程，以调控地下水位；完善排水系统，以防涝渍；做好支渠以下季节性农灌渠道的防渗处理，采取各种简便易行的低投入防渗工程，统一规划排灌路林，发挥生物防碱措施的作用。

利用现有工程，支、斗级为地下渠道，排灌两用，不设置排水农沟，地下水位调控主要由浅井调控；灌水农渠为地上渠道，提水灌溉，采用原土夯实防渗措施。全区增打浅井 40 眼，沿灌水渠布设。

（2）我国太湖流域在底泥疏浚工程中已进行了多方面尝试和研究。过去采用的传统排泥场处置方式虽方便实用，但对于大规模太湖底泥疏浚工程，则受到土地资源紧缺的制约。有关方面也进行了大量的试验研究，如在上海苏州河开展了疏浚底泥烧结多孔砖、烧制陶粒及陶瓷工艺品和疏浚底泥用作填埋场封场覆盖防水材料的试验研究；大运河（杭州段）疏浚底泥进行了土地利用可行性及其生态影响试验研究. 这虽给太湖疏浚底泥处置提供了有益启示，但从技术经济性分析，尚不能直接照搬应用到太湖大规模疏浚底泥处置工程。目前，有关研究针对太湖底泥疏浚的实际情况，提出底泥处置与湖滨带生态修复工程相结合及陆上排泥场循环利用，提高排泥场处置能力等新思路。

g)　6.2.7　人群健康保护措施应包括卫生清理、疾病预防、治疗、检疫、疫情控制与管理，病媒体的杀灭及其孳生地的改造，饮用水源地的防护与监测，生活垃圾及粪便的处置，医疗保健、卫生防疫机构的健全与完善等。

〖摘编说明〗

水利工程建设期外来施工人员及其相关人员较多，工区人员集中，人口密度增大，相互感染的可能性增大，易暴发流行性疾病。随着蓄水位上升，鼠类将在库周向上迁移，使水库周边地区鼠类密度变大，就有可能发生出血热病、钩端螺旋体等自然疫源性传染疾病流行。水库建成后，形成的库湾、支叉等浅水区域，有利于水草生长，加之库岸潮湿的生态环境，为蚊媒的孳生提供了条件，有可能引起疟疾、乙脑等虫媒传染的疾病发病率上升。这些都对人群健康构成威胁，必须采取措施保护人群健康。

人群健康保护目标为防治工程建设引起环境变化带来的传染病和地方病传播和流行。包括施工区人群健康保护、移民安置区人群健康保护、水库卫生清理与消毒、运营期人群健康保护。

〖检查要点和方法〗

检查要点：检查环境影响报告书（表）及其批复意见及相关文件中人群健康保护内容的落实情况。

检查方法：检查设计文件有关篇章中是否对库底污染物可能造成的危害人群健康的因素及血吸虫病等可能由水利工程引起的人群传染病的发生进行识别与预测；环境保护措施部分是否针对预测中存在的问题采取有效的措施；检查报告书（表）及其批复意见中有关要求的落实情况。

〖案例分析〗

水库建设与疟疾发生的关系。有报道在疟疾区修建水库灌溉工程，因旱地改为水稻田后，浅水区骤增，农作物生长茂盛，水库消落区积水凼出现，以及灌区局地气候趋于湿热等环境条件变化，给蚊蝇提供了适宜的孳生环境，可能引发疟疾的暴发流行。如山东省安丘县牟山水库区，1950 年疟疾发病率为 40.79/10 万，1960 年建库蓄水，1961 年疟疾暴发，发病率高达 4590.4/10 万；邹县西苇水库区 1959 年疟疾发病率为 1.2/10 万，1962 年水库竣工蓄水，1963 年疟疾发病率为 525.6/10 万；广东省新丰江水库 1959 年蓄水、随后流域内发生过 2 次疟疾暴发与流行。

h) 6.2.10 工程对取水设施等造成不利影响，应提出补偿、防护措施。

〖摘编说明〗

水利工程开发项目常引起河流水文情势的变化，水库蓄水、水位上升、坝下流量减少或受清水冲刷，水位下降，由此也会造成水质恶化，这些均会对原取水用户的用水量或水质带来不利影响。应与用水户共同协商，提出取水设施改建或防护措施，根据对取用水的影响程度，可作出适当补偿，使取用水户权益得到保护。

〖检查要点和方法〗

检查要点：检查环境影响报告书相关内容、报告书批复意见及相关文件中工程对取水设施影响及措施方面内容。

检查工程涉及的用水户，取水户类型及工程建设前的取水量情况，检查工程是否对取水设施造成不利影响；是否提出补偿、防护措施，措施是否合理；通过公众参与听取用水户意见。检查报告书批复意见中措施的批复情况。

〖案例分析〗

某水电站由于现有渠道均为无坝引水，工程建成后 A 取水口将由于河道水位下降而不能保证达到引用流量或根本无法取水。因此，电站建设将对在工程河段内取水的农田灌溉产生一定的不利影响。需对原取水口进行改造。

A 取水口位于工程建设后左岸汊河内，渠道设计流量 $1.5m^3/s$，控灌河道左岸多个乡镇 0.1 万 hm^2 耕地，并担负灌区人畜饮用水。由于所处河段为减水河段，取水水量受到影响。因此，需下泄一定的流量，保证 A 取水口的取水。考虑在库尾左岸副坝通过闸门下泄 $60m^3/s$ 的流量满足取水需求。

6-2　水　土　保　持

6-2-1　《开发建设项目水土保持技术规范》GB 50433—2018

a)　3.2.3　严禁在崩塌和滑坡危险区、泥石流易发区内设置取土（石、砂）场。

〔摘编说明〕

在崩塌和滑坡危险区、泥石流易发区内设置取土（石、砂）场将增加崩塌、滑坡和泥石流发生几率或加剧其发生强度，可能对工程及施工带来危害，特别是施工人员生命受到威胁或身体受到伤害、施工设备损坏，并加剧水土流失。

〔检查要点和方法〕

检查工程区地形地貌、区域地质情况，崩塌和滑坡危险区、泥石流易发区分布情况；检查施工总布置图或土料场分布图是否避开上述地质不稳定区域；必要时现场查勘相关土料场地形地貌、区域地质情况。

b)　3.2.5　严禁在对公共设施、基础设施、工业企业、居民点等有重大影响的区域设置弃土（石、渣、灰、矸石、尾矿）场。

〔摘编说明〕

弃土（石、渣、灰、矸石、尾矿）场设置在对公共设施、基础设施、工业企业、居民点等有重大影响的区域时，一旦发生意外会对这些区域内设施、人员财产等造成损失。因此应避开在这类地区设置弃土场。

〔检查要点和方法〕

检查工程取土场、弃土场设置是否满足本条文要求。

检查施工弃土区是否设在公共设施、基础设施、工业企业、居民点等的周边，以及在设定的弃土弃渣是否存在对公共设施、基础设施、工业企业、居民点等有重大安全风险和影响的问题。

〔案例分析〕

山西某铁矿尾矿溃坝，在已封闭的尾矿库上挖库排尾，未考虑到溃坝对周围区域的重大影响，惨重损失。

2008 年 9 月 8 日 7 时 58 分，某铁矿矿区 980 平硐尾矿库发生特别重大溃坝事故。事故泄容量 26.8 万 m^3，过泥面积 $30.2hm^2$，波及下游 500m 左右的矿区办公楼、集贸市场和部分民宅，造成 277 人死亡、4 人失踪、33 人受伤，直接经济损失达 9619.2 万元。是一起违法违规生产导致的重大责任事故。

发生事故的铁矿尾矿库，坝高约 36.4m，其坐落的山体与地面落差近 100m。此库建于 20 世纪 80 年代，1992 年尾矿库被封闭，先后采取碎石填平、黄土覆盖坝顶、植树绿化、库区上方建设排洪明渠等闭库处理措施。2007 年某矿业公司通过拍卖购得铁矿产权，因擅自启用尾矿库，在旧库上挖库排尾，从而造成尾矿库大面积液化，坝体失稳，并引发了这起重特大溃坝事故。事故发生前，尾矿坝总坝高约 50.7m，总库容约 36.8 万 m^3，储存尾砂约 29.4 万 m^3。经由国务院调查组调查认定，此次事故原因为“责任事故”。

6-2-2 《水土保持工程设计规范》GB 51018—2014

a) 7.1.5 淤地坝放水建筑物应满足 7 天放完库内滞留洪水的要求。

〖摘编说明〗

从淤地坝坝设计计算、坝地农作物生长等因素，规定放水建筑物泄量设计时要求，一般原则放水工程泄量应按 3～5d 放空 10 年一遇洪水总量，或按 4～7d 放空一次设计洪水总量计算。综合考虑，本标准规定了淤地坝放水建筑物应在 7d 放完库内滞留洪水，以保障淤地坝行洪安全，防止坝地农作物受淹时间过长以及坝地盐碱化的基本要求。

〖检查要点和方法〗

检查设计泄水流量能否满足 7d 放空一次设计洪水总量。通过检查放水建筑物的设计泄量、设计尺寸和现场检查实际尺寸，复核实际达到的泄水流量，核查能否满足设计规范要求。

〖案例分析〗

某淤地坝设计洪水重现期为 30 年一遇，300 年一遇校核，设计淤积年限为 20 年。其放水建筑物采用卧管，设计泄水流量按 4d 放完 10 年一遇一次洪水总量，并在设计时按以放水工程的正常流量加大 20%安全运行考虑，设计泄量为 0.45m^3/s。经复核，卧管尺寸考虑水位变化而导致放水流量的调节，正常情况下 4d 可放完库内滞留洪水，满足规范 7d 内放完要求。

b) 12.2.2 弃渣场选址应符合下列规定：

2 严禁在对重要基础设施、人民群众生命财产安全及行洪安全有重大影响的区域布设弃渣场。

〖摘编说明〗

该条为弃土（石、渣）场的选址限制性因素，弃土（石、渣）场选择时对于重要基础设施、人民群众生命财产安全及行洪安全有重大影响的区域，如：应严禁布设弃土（石、渣）场，避免对周边的影响。

〖检查要点和方法〗

检查设计文件中的弃土（石、渣）场选址分析是否包括重要基础设施、人民群众生命财产安全、行洪安全三方面内容，弃渣场选址是否避开了上述需要规避的区域。

6-2-3　《水土保持治沟骨干工程技术规范》SL 289—2003

a)　5.2.2　坝体在汛前必须达到20年一遇洪水重现期防洪度汛高程，否则应采取抢修度汛小断面等措施。

〖摘编说明〗

该条内容主要是指治沟骨干工程（淤地坝或拦沙坝）的坝体必须能够拦挡本工程坝址以上20年一遇洪水且不发生破坏。具体说，就是坝顶高程要高于20年一遇坝前洪水位，且有一定的超高。如果因技术、工期等条件不能够使坝体全断面在汛前修筑至预定规模，坝顶达不到20年一遇洪水位加安全超高确定的高程时，就应分期施工，抢修坝体的上游部分（度汛小断面）迎接洪水。这样的规定是为防止发生小于等于20年洪水时不会冲毁坝体，造成较大损失。同时，技术层面上能够做到且经济合理，因此是必要的。

〖检查要点和方法〗

设计阶段主要检查水文、水利计算、施工进度表等设计文件，必要时询问规划、施工专业相关设计人。施工期主要是在汛前现场检查。

b)　7.4.2　骨干坝在设计水位情况下，必须确保安全运用。对超标准洪水应制定安全运用对策，保护工程安全，将损失降低到最低程度。当建筑物出现严重险情或设备发生故障时，必须尽快泄空库内蓄水，进行检查抢修。对病险坝库，必须空库运用。

〖摘编说明〗

本条目的是保证蓄水运用的骨干坝安全。对于蓄水运用的骨干坝，汛期应按照调度方案运行，无洪水时库水位不得超过汛限水位；对超标准洪水应有预案，预案应考虑下游具体情况，使损失最小；本条强调病险坝库必须空库运用，以确保安全。

〖检查要点和方法〗

检查设计文件中洪水设防标准、坝体设计方案是否能满足运行安全，以及出现超标准洪水时是否有预案；运行期汛前是否进行现场检查，及时排除隐患。

6-2-4　《水坠坝技术规范》SL 302—2004

a)　5.1.1　应清除坝基范围内的草皮、树根、含有植物的表土、乱石以及各种建筑物，将其运到指定地点堆放，并采取防护措施。

b)　8.1.2　坝体填筑应在坝基处理及隐蔽工程验收合格后方可进行。

c)　8.5.3　非均质坝应采用全河床的全断面冲填，不应采用先填一岸的分段冲填方式。

〖摘编说明〗

以上3条规定主要考虑水坠坝的安全。5.1.1条中“清除坝基范围内的草皮、树根、含有植物的表土、乱石以及各种建筑物”，主要是防止渗透破坏。“将其运到指定地点堆放，并采取防护措施”主要是防治土壤流失；非均质坝如果不采用全河床的全断面冲填，可能导致筑坝材料的不连续，容易引起各坝段之间不均匀沉降和防渗达不到要求，进而引起破坏。

〖检查要点和方法〗

检查施工组织设计是否对清除坝基范围内的草皮、树根、含有植物的表土、乱石以及各种建筑物有明确要求和规定，其堆放地点是否符合水土保持要求；检查施工组织设计文件和有关验收文件，坝体填筑是否在坝基处理及隐蔽工程验收合格后进行的；检查设计文件中非均质坝施工方案及进度计划，是否采用全河床的全断面冲填。

6-2-5　《水利水电工程水土保持技术规范》SL 575—2012

a)　4.1.1　水利水电工程水土流失防治应遵循下列规定：

1　应控制和减少对原地貌、地表植被、水系的扰动和损毁，减少占用水土资源，注重提高资源利用效率。

2　对于原地表植被、表土有特殊保护要求的区域，应结合项目区实际剥离表层土、移植植物以备后期恢复利用，并根据需要采取相应防护措施。

3　主体工程开挖土石方应优先考虑综合利用，减少借方和弃渣。弃渣应设置专门场地予以堆放和处置，并采取挡护措施。

4　在符合功能要求且不影响工程安全的前提下，水利水电工程边坡防护应采用生态型防护措施；具备条件的砌石、混凝土等护坡及稳定岩质边坡，应采取覆绿或恢复植被措施。

5　水利水电工程有关植物措施设计应纳入水土保持设计。

6　弃渣场防护措施设计应在保证渣体稳定的基础上进行。

〖摘编说明〗

（1）主体工程进行建设工程征地范围界定时，应将减少工程扰动和损毁地表和植被面积作为限制性因素之一，工程建设过程中应首先严格限定开挖和扰动区域，施工中应尽可能保护地表植被，提高土地的利用效率。

（2）对于天然草皮损毁后难以人工恢复的高山草甸区等生态脆弱区以及东北黑土区等表土易流失区域，应根据工程的覆土及植被恢复的需要，采取表土剥离、保护、植被移植等措施。

（3）主体工程进行土石方平衡时，应优先考虑开挖土石方的综合利用，尽可能减少取料量和弃土石渣量。弃渣不可随意堆放，必须堆放于指定的弃渣场，并采取挡护措施。

（4）在不影响边坡防护功能和安全的前提下，应采取生态型边坡防护措施，以利于工程与自然和谐。

（5）应将草皮护坡、护堤林、防浪林、管理区绿化、临时占地植被恢复等水利水电工程所涉及的植物措施纳入到水土保持设计中。

（6）弃渣场渣体稳定是弃渣场布设防护措施的前提条件，因此，工程弃渣应保证渣体整体稳定。

〖检查要点和方法〗

(1) 根据工程设计文件，分析工程占地范围的合理性，施工中应对施工企业提出保护地表植被的要求。

(2) 高山草甸区等生态脆弱区以及东北黑土区等表土易流失区域，检查设计文件是否根据工程的覆土及植被恢复的需要，采取了表土剥离、保护、植被移植等措施，施工时是否按设计文件要求进行了表土剥离和保护等措施。

(3) 检查设计文件中土石方平衡结果，开挖土石方是否优先考虑了综合利用，施工中应对施工企业提出严禁弃渣随意堆放的要求。

(4) 检查设计文件中有关边坡防护目的、功能、形式，是否能采用生态防护方案；具备条件的砌石、混凝土等护坡及稳定岩质边坡是否进行了覆绿或恢复植被等内容。

(5) 检查设计文件及投资文件中关于植物措施内容。

(6) 检查设计文件中是否按规定进行了渣场稳定性分析，渣体整体稳定的计算方法、参数选取是否适当。

b)　4.1.5　弃渣场选址应遵循 GB 50433—2008 第 3.2.3 条的规定，并应符合下列规定：

2　严禁在对重要基础设施、人民群众生命财产安全及行洪安全有重大影响的区域布设弃渣场。弃渣场不应影响河流、沟谷的行洪安全；弃渣不应影响水库大坝、水利工程取用水建筑物、泄水建筑物、灌（排）干渠（沟）功能，不应影响工矿企业、居民区、交通干线或其他重要基础设施的安全。

〖摘编说明〗

此条为弃土（石、渣）场的选址限制性因素，弃土（石、渣）场的选择需经分析论证，不应影响行洪、水利设施及周边的其他基础设施。

〖检查要点和方法〗

检查重点内容为设计文件施工组织中土石方平衡及弃渣处置方案、水土保持方案中弃土（石、渣）场选址分析，相关地形图及渣场布置图，核实选址是否满足该条文约束性要求。

c)　4.1.11　工程施工除满足 GB 50433—2008 第 3.2.5 条有关规定外，尚应符合下列规定：

2　风沙区、高原荒漠等生态脆弱区及草原区应划定施工作业带，严禁越界施工。

〖摘编说明〗

对风沙区、高原荒漠等生态脆弱区，施工对地表植被一旦破坏很难恢复或无法恢复，因此，工程建设过程中应严格限定扰动区域，严禁扩大施工范围。

〖检查要点和方法〗

检查施工图中是否明确了施工作业带；检查施工企业实际施工区域是否超出了施工

作业带。

d)　**4.2.1　水库枢纽工程应符合下列规定：**

4　对于高山峡谷等施工布置困难区域，经技术经济论证后可在库区内设置弃渣场，但应不影响水库设计使用功能。施工期间库区弃渣场应采取必要的拦挡、排水等措施，确保施工导流期间不影响河道行洪安全。

〖摘编说明〗

对于一定规模水库，弃渣量占用死库容的容量有限，采取必要的防护措施后，对水库设计功能和运行不会造成影响。因此，对于高山峡谷等选择弃渣场困难的区域，经技术经济论证后可在库区内设置弃渣场，应弃于死水位以下，远离水库其他建筑物，并需采取必要的防护措施。

〖检查要点和方法〗

检查重点内容为根据工程设计文件，检查弃渣场是否影响河道行洪安全、水库设计功能和使用寿命；检查弃渣场是否有必要的拦挡、排水等，确保施工导流期行洪安全。

e)　**6.1.2　特殊区域的评价应符合下列规定：**

1　国家和省级重要水源地保护区、国家级和省级水土流失重点预防区、重要生态功能（水源涵养、生物多样性保护、防风固沙）区，应以最大限度减少地面扰动和植被破坏、维护水土保持主导功能为准则，重点分析因工程建设造成植被不可逆性破坏和产生严重水土流失危害的区域，提出水土保持制约性要求及对主体工程布置的修改意见。

2　涉及国家级和省级的自然保护区、风景名胜区、地质公园、文化遗产保护区、文物保护区的，应结合环境保护专业分析评价结论按前款规定进行评价，并以最大限度保护生态环境和原地貌为准则。

3　泥石流和滑坡易发区，应在必要的调查基础上，对泥石流和滑坡潜在危害进行分析评价，并将其作为弃渣场、料场选址评价的重要依据。

〖摘编说明〗

以上3款是对特殊区域主体工程建设的约束性规定，主要针对水利水电工程建设产生的水土流失影响与危害程度，提出水土保持制约性要求及对主体工程布置的修改意见。

〖检查要点和方法〗

检查重点为设计文件中有关主体工程水土保持评价的内容和结论，工程设计方案、施工及占地及移民安置等是否充分考虑减少地面扰动和植被破坏、保护生态环境的要求。泥石流和滑坡易发区是否开展了相关地质调查。

f)　**6.4.1　水库枢纽工程评价重点应符合下列规定：**

4　生态脆弱区高山峡谷地带的枢纽施工道路布置，应对地表土壤与植被破坏及其恢复的可能性进行分析，可能产生较大危害和造成植被不可逆性破坏的，应增加桥隧比例。

〔摘编说明〕

在生态脆弱区的高山峡谷地带进场公路和施工道路采用桥梁、隧道方案，可大大减少地面扰动和植被破坏。

〔检查要点和方法〕

检查重点为设计文件中高山峡谷地带对于进场公路和施工道路的桥隧设计方案及现场查看对植被的扰动破坏情况；结合地形地质条件，是否符合尽可能增加桥涵比例的要求。

g）　10.5.2　弃渣场抗滑稳定计算应分为正常运用工况和非常运用工况：

1　正常运用工况：弃渣场在正常和持久的条件下运用，弃渣场处在最终弃渣状态时，渣体无渗流或稳定渗流。

2　非常运用工况：弃渣场在正常工况下遭遇Ⅶ度以上（含Ⅶ度）地震。

〔摘编说明〕

弃渣场稳定性是弃渣场防护措施设计的关键，以上两条给出了渣场稳定计算的计算工况，目的是保证弃渣场的稳定。

〔检查要点和方法〕

主要检查设计文件中渣场稳定计算条件、参数选取，是否满足正常运行和非常运行两种工况的要求。

6－3　征　地　移　民

6－3－1　《水利水电工程建设征地移民安置规划设计规范》SL 290—2009

a）　2.2.2　水库设计洪水回水计算及回水末端处理应按以下规定执行。

1　水库设计洪水回水水面线，应考虑水库运行方式，按照坝前起调水位和入库流量，计算回水水位。回水水面线应以坝址以上天然洪水与建库后设计采用的同一频率的分期（汛期和非汛期）洪水回水位组成的外包线的沿程回水高程确定。

2　水库回水尖灭点，应以回水水面线不高于同频率天然洪水水面线0.3m范围内的断面确定；水库淹没处理终点位置，一般可采取尖灭点水位水平延伸至天然河道多年平均流量的相应水面线相交处确定。

3　水库设计洪水回水位的确定，应根据河流泥沙特性、水库运行方式、上游有无调节水库以及受淹对象的重要程度，考虑10～30年的泥沙淤积影响。

〔摘编说明〕

水库淹没影响范围包括水库淹没区和因水库蓄水而引起的影响区。水库淹没影响范围的确定，关系到人民群众的生命财产安全，应本着安全、科学、经济合理的原则综合分析确定。

水库淹没区包括正常蓄水位以下的经常淹没区和正常蓄水位以上受水库洪水回水和

风浪、船行波、冰塞壅水等淹没的临时淹没区。临时淹没区的确定，一般坝前段考虑风浪和船行波两个因素，通过计算取其大值确定，不能叠加。由于规范附录中只给了风浪爬高的计算公式，没有给出船行波的计算公式，国内这方面资料也比较欠缺，因此实际上是以风浪爬高确定的；其他河段采用设计洪水回水和冰塞壅水回水的外包线确定。设计洪水回水临时淹没范围的确定需考虑以下三个方面的因素：

一是以坝址以上天然洪水与建库后同频率的汛期、非汛期洪水回水位组成外包线沿程高程为依据。为了防洪需要，有些水库在汛期降低水位运行，汛期结束后再恢复到正常蓄水位。因此汛期和非汛期的起调水位不同，需分别计算回水，取其外包线；对北方严寒地区，库尾段还应考虑不与洪水回水同时发生的冰塞壅水回水影响。设计洪水回水和冰塞壅水回水取其外包线，不能叠加。影响冰塞壅水的因素比较复杂，需通过收集历史资料分析确定。一般如果有居民点分布，需要收集的资料应多一些；如果只有土地没有居民点，则冰塞壅水影响分析可适当简化。

二是水库回水末端的设计终点位置确定，应在设计回水曲线不高于同频率天然洪水水面线 0.3m 的范围内，采用水平延伸至与天然河道多年平均流量的相应水面线，这里明确了延伸是与天然河道多年平均流量的相应水面线相交而不是与河床相交。因不同淹没对象采用不同设计洪水标准，其回水末端的设计终点位置也不同。

三是还应考虑 10～30 年的泥沙淤积影响。对河流输沙量大，并且淤积后影响的对象属于重要设施的，考虑淤积年限可以长一些；反之，可以短一些。但是从充分利用资源的角度出发，30 年最高限应慎用。

水库的临时淹没区要根据不同地区、不同河流水库的不同条件综合分析确定。

水库淹没影响区包括因水库蓄水引起的浸没、坍岸、滑坡等地质灾害地段，库周喀斯特地貌发育地区的邻谷可溶岩洼地出现库水倒灌、滞洪内涝而造成的影响范围，失去生产、生活条件的库边地段、孤岛和引水式电站坝址下游河道脱水影响地段。

〖**检查要点和方法**〗

检查重点是回水计算成果和回水末端处理。一般情况下，回水尖灭点选择设计回水曲线与同频率天然洪水水面线相差 0.3m 时即可，但库尾有居民点和城集镇等敏感对象时，应适当延伸或增加计算断面。

利用河道两侧堤防挡水的电站或水闸，应重点检查堤防防渗处理措施和对两岸农田的浸没影响。而引水式电站和调水工程重点检查下游减水或脱水影响段。

〖**案例分析**〗

在一些工程设计中，为了避免淹没影响损失太大影响工程立项或工程效益指标，往往对可能引起的浸没、下游河道脱水影响缺乏考虑或考虑不够，人为减少征地移民投资。如汉江流域某径流式电站，利用河道两岸堤防挡水，水库区淹没损失并不大，但堤防背水侧耕地和居民点众多，电站建设时仅在堤防坡脚设置了排水沟和减压井，堤防本身的截渗措施不够。电站建成蓄水后，在堤防背水侧内出现了多处浸没区；该电站下游的另一个水利枢纽，为减少水库区淹没损失，将河道内居民搬迁列入河道整治项目，但浸没问题不能完全解决。

b) 2.2.3 设计洪水标准应根据以下原则确定：

1 淹没对象的设计洪水标准，应根据淹没对象的重要性、水库调节性能及运用方式，在安全、经济和考虑其原有防洪标准的原则下，在表2.2.3所列设计洪水标准范围内分析选择。选取其他标准应进行专门分析论证，并阐明其经济合理性。

2 表2.2.3中未列的铁路、公路、输变电、电信、水利设施及文物古迹等淹没对象，其设计洪水标准按照《防洪标准》（GB 50201）和相关技术标准的规定确定。

表2.2.3 不同淹没对象设计洪水标准表

淹 没 对 象	洪水标准（频率,%）	重现期（年）
耕地、园地	50～20	2～5
林地、草地	正常蓄水位	—
农村居民点、集镇、一般城镇和一般工矿区	10～5	10～20
中等城市、中等工矿区	5～2	20～50
重要城市、重要工矿区	2～1	50～100

〖摘编说明〗

水库淹没处理设计洪水标准，关系到人民生命财产的安全，对淹没实物指标、工程造价和工程效益有直接影响，也涉及政治、经济、社会等问题，在采用设计洪水标准时，必须认真对待。在实际应用时，主要根据淹没对象的重要程度、防洪规划、实际防洪标准、天然洪水时的淹没影响情况综合分析，在规范规定的范围内选定。

〖检查要点和方法〗

表2.2.3中除了林地、草地采用正常蓄水位之外，其他淹没对象都有一个上下限变化幅度。在实际工作中，大型水库采用2年一遇下限标准的比较少见。重要城市和重要工矿区是作为水库坝址和正常蓄水位选择的控制因素，一般水库不可能淹没重要城市。

除了耕地、园地和居民点淹没处理标准需要重点检查外，还需检查铁路、公路、输变电、电信设施等专业项目的淹没处理标准。

〖案例分析〗

长江流域某二级支流拟建水库对不同淹没对象确定的设计洪水标准如表6-4所示，其中大桥、中桥是三级公路上的桥梁。

表6-4 不同淹没对象设计洪水标准表

淹 没 对 象	设计洪水标准/%	重现期/年
耕地、园地	20	5
林地、牧草地、未利用土地	正常蓄水位	—
农村居民点、一般城镇	5	20

续表

淹没对象		设计洪水标准/%	重现期/年
专项设施	三级公路	4	25
	机耕道	10	10
	小桥	5	20
	大桥、中桥、35kV输电线	2	50
	中型水电站	3.3	30
	10kV输电线	4	25
	架空光电缆、通信基站	3.3	30
	文物	5	20

c) 2.5.8 移民居民点设计应符合以下要求：

3 移民居民点新址应布设在居民迁移线以上并避开浸没、滑坡、坍岸等不良地质地段。防洪高水位设置在正常蓄水位以上的水库，移民居民点新址一般应设在防洪高水位以上。

6 集中安置的农村居民点应当进行水文地质与工程地质勘察，进行场地稳定性及建筑适宜性评价，并依法做好地质灾害危险性评估。

〖摘编说明〗

居民点选择关系到移民的切身利益和人身安全，首先必须满足安全要求。水库周边后靠移民新建房屋及恢复改建设施的建设高程，应布设在居民迁移线以上（防洪高水位设置在正常蓄水位以上的水库，应在防洪高水位以上），并避开地质不良地段，如浸没、滑坡、塌岸等，同时也要尽量避免深挖方或高填方。居民点建设应尽量挖填平衡，挖方或填方须有相应的防护措施。

移民居民点布设，应有利生产、方便生活和节约用地。有利生产、方便生活主要指居民点布设应以生产安置方案为前提，与生产安置紧密结合，如耕作半径应合理，上学、就医、出行等方面比较方便等；节约用地是我国的基本国策，居民点布设应尽量少占用耕地。

〖检查要点和方法〗

由于集中居民点安置人数相对较多，一旦发生供水困难或地质灾害时影响人数众多，特别是在汶川大地震和舟曲泥石流灾害发生后，对居民点新址的水文地质与工程地质勘察要求也相应提高，在居民点规划设计时必须保证新址安全性。居民点地质灾害危险性评估可以根据区域地质特点分区域进行评估；重要的单项工程，应检查相应的地质勘察报告。

d) 2.6.3 迁建新址的选择应符合以下要求：

1 城（集）镇新址，应选择在地理位置适宜、地形相对平坦、地质稳定、水源安全可靠、交通方便、防洪安全、便于排水、能发挥服务功能的地点。选择新址，还应与当地城镇体系规划相协调，并为远期发展留有余地。

2　城（集）镇选址应进行水文地质和工程地质勘察，进行场地稳定性及建筑适宜性评价，并进行地质灾害危险性评估。

〔摘编说明〕

城（集）镇人口密集，在当地具有举足轻重的地位和作用，淹没后重新选择新址应十分慎重，需要综合考虑以下各种因素：

（1）城（集）镇所选新址应有区位优势，因集镇、城镇一般是当地区域的政治、经济、文化中心、交通中心或物质集散地，所以，选择的新址在地理位置方面应尽可能发挥其原有的功能。

（2）城（集）镇人口密集，应充分考虑其安全性、人群健康，应选择地质稳定、防洪安全、水源可靠的新址。

（3）城（集）镇迁建工程量大、投资大，应充分考虑其技术经济的合理性，新址地形应相对平坦、交通方便、便于排水。

（4）由于城（集）镇的地位和作用大，应充分考虑与其他重要设施，如现有交通网络、重要工矿区、现有集镇、城镇布局等相协调。

（5）重要的基础设施建设、用地范围等应为远期发展留有余地。

〔检查要点和方法〕

城（集）镇新址的选择应进行必要的水文地质和工程地质勘察。从安全、经济的角度出发，不同设计阶段应进行相应深度的、与城（集）镇的规划设计同步进行的地质勘察。一般在可行性研究报告阶段进行初步勘察，初步设计阶段进行详细勘察，技施阶段必要时复核详勘成果和根据需要进行补充详勘。地质勘察工作应满足本行业规范相应的深度要求，同时，还应满足规划设计提出的要求。检查方法是查看相应的水文和地质勘察报告。

〔案例分析〕

长江流域某二级支流拟建水库淹没集镇新址的水文地质和工程地质勘察报告如下（摘要）：

（1）水文地质条件。

区内地下水类型为松散堆积层中孔隙水和基岩裂隙水，受大气降水及地表径流补给，排泄于冲沟及支溪。场地地表大多是水田，有的还有鱼塘等，表明场地崩、坡、洪积层透水性不好。钻探施工时各孔均返水，未见地下水，注水试验显示土层渗透系数小于 5×10^{-5}。

新址北部有支溪一级支流发育，二叠系灰岩中有大量的岩溶泉出露，其中 3 个特大泉的流量分别为 105.53L/s、80.00L/s、51.30L/s（1977 年 7 月）。上游建有 2 座小型水库，除了满足电站、水厂及灌溉用水外，其他地表水通过多达 5 条冲沟排泄至支溪，水流清澈，呈无色透明状态。

（2）物理地质现象。

场地位于大山向斜 SE 翼及其次级褶皱头渡向斜轴部地带，岩层倾角平缓，属不良地质现象不发育地带。受暴雨、洪水的影响，场地物理地质现象主要表现为覆盖层局部边坡失稳。

（3）主要工程地质与环境地质问题。

堆积体为杂乱的崩、坡、洪积，物质组成主要为黏土含灰岩漂块碎石、页岩碎片等，表层为耕植土。其中灰岩漂、块（碎）石含量超过40%，一般为40%～60%，强度高、多呈棱角状，在土体中形成骨架。其各段物质组成无明显差异，土体中偶见灰绿色透镜状砂质黏土层以及残存的河流冲积砂卵石，表明堆积物成因是由于河流逐渐侵蚀下切、上部二叠系灰岩崩塌堆积以及常年洪流搬运充填堆积而成。

土层一般厚度30～50m，最厚达80m。呈现上部及下部厚度较小、中部平缓地带厚度较大、东部厚度小、中西部厚度较大的特点。下伏基岩有志留系砂页岩。其中在中部偏北段页岩出露地表，地层产状285°∠4°～6°，而在距离基岩出露点仅70m的ZK1覆盖层厚度达到59.50m，说明基岩面在这两点之间存在突变陡坎，这与库区小河坝组粉砂岩常形成侵蚀陡坎是一致的，说明该地段堆积前即为侵蚀陡坎。结合水库区其他勘探资料，表明场地下伏基岩面多呈起伏台阶状。

此外，勘察中未发现土体中或基岩接触面有软弱滑动面存在，斜坡上民房等建筑物也从未见变形痕迹；斜坡最大地形坡度未超过25°；水库库区可行性研究勘察曾对土体中细粒土进行过大型剪切试验，以其参数计算表明，堆积体整体稳定性较好。

总体看来，场地整体稳定性较好，适宜新建场镇。

e) **2.9.1 在水库临时淹没、浅水淹没或影响区，如有重要对象，具备防护条件，且技术可行、经济合理，应采取防护措施。**

f) **2.9.2 防护工程设计标准应按以下原则确定：**

4 防浸没（渍）标准应根据水文地质条件、水库运用方式和防护对象的耐浸能力，综合分析确定不同防护对象容许的地下水位临界深度值。

5 排涝工程的内外设计水位应根据防护对象的除涝防渍要求、主要防护对象的高程分布和水库调度运用资料，综合分析，合理确定。

〖摘编说明〗

国内已建的水库中，防护工程有较为成功的经验，也有不少失败的教训。在实际工作中，特别在当地环境容量不充裕的时候，要杜绝片面夸大防护措施的作用，严格按防护基本条件选择防护对象和防护地点，否则既达不到预期防护效果，还会造成损失，甚至二次搬迁。因此，该条文强调了选择防护对象的基本条件：①防护对象位于水库临时淹没区、浅水淹没区（一般指正常蓄水位以下2m深范围以内）或影响区（如倒灌、浸没影响区等）；②防护对象比较重要，如大片农田、人口密集的村庄、城（集）镇、重要工业企业、重要专业设施等；③具备防护条件，如有合适的地形、地质和建设条件；④技术经济合理，是否进行防护应进行全面的方案比较。

〖检查要点和方法〗

防护区选择除了满足基本条件外，选择防护方案时还应考虑：①防护方案形成后的环境、环保等问题；②防护区内地下水位显著提高的影响问题；③防护工程运行费问题；④防护后造成的库容损失问题。

防浸没（渍）标准，主要取决于防护对象容许地下水位埋藏的临界深度，应通过水文地质勘察或根据实际经验确定。当同一防护区内不同对象容许的地下水位埋藏的临界深度不一致时，应将主要防护对象容许的地下水位埋藏的临界深度作为防护工程的防浸设计标准。

排涝标准应根据防护对象的性质、重要性和地区经济社会发展程度进行选择。设计暴雨的重现期农田可采用3～5年一遇、农村居民点和一般集镇可采用5～10年一遇暴雨，重要城（集）镇及大中型工业企业等重要防护对象可适当提高。暴雨历时和排涝时间一般应根据防护对象可能承受淹没的状况分析确定，缺乏分析资料时也可参考SL 290—2009《水利水电工程建设征地移民安置规划设计规范》的表2.9.2确定。为了避免涝灾的频繁发生，应尽可能在防护区内预留暴雨洪水的调蓄容量。

表2.9.2　　不同防护对象暴雨历时和排涝时间表

防护对象		暴雨历时	排涝时间
农田	旱地	1～3d	1～3d
	水田	1～3d	3～5d
农村居民点、集镇		24h	24h
城镇和大中型工业企业		12～24h	12～24h

排涝工程的内外设计水位是确定排涝工程类型和规模的重要依据。防护区内的设计排涝水位应根据防护对象的除涝防渍要求、主要防护对象的高程分布分析确定，设计外水位可根据与排涝设计标准相应的设计洪水过程和水库调度运用原则综合分析确定。

g）　2.11.5　建（构）筑物拆除与清理应符合以下要求：

1　清理范围内的各种建筑物、构筑物应拆除，并推倒摊平，对易漂浮的废旧材料按有关要求进行处理。

2　清理范围内的各种基础设施，凡妨碍水库运行安全和开发利用的应拆除，设备和旧料应运至库区以外。残留的较大障碍物要炸除，其残留高度不宜超过地面0.5m。对确难清除的较大障碍物，应设置蓄水后可见的明显标志，并在水库区地形图上注明其位置与标高。

3　水库消落区的地下建（构）筑物，应结合水库区地质情况和水库水域利用要求，采取填塞、封堵、覆盖或其他措施进行处理。

〖摘编说明〗

随着国民经济的持续发展和综合国力的提高，对水环境要求也越来越高。为保证水库运行安全，保护库周及下游人群健康，保障库区良好的环境状态，并为水库水域开发利用创造条件，在水库蓄水前必须进行库底清理。

水库蓄水前进行库底清理的作用体现在以下四个方面：

（1）保证水库运行安全。库底的残留建筑物、构筑物，高大树木直接影响水库的运行安全，过多的漂浮物也直接威胁水工建筑物及航行的安全，同时破坏景观。

(2) 保护库周下游人群健康。各种污染源、污染物、过多的林木枝叶被水浸泡，都会对水质造成直接的污染，威胁人类健康。

(3) 保障库区良好的环境状态。很多水库具有供水功能，将库底残留的各种垃圾清理干净有助于保持库区一池清水，保护水库周边、下游及受益区人群健康。

(4) 为水库水域开发利用创造条件。水库水域开发包括选定的水产养殖场、捕捞场、游泳池、水上运动场、航运、港口码头、供水工程取水口、疗养区等，不同的开发项目对库底清理都有不同程度的要求，属库底清理中的特殊清理，应根据不同项目的要求确定库底清理的对象和方法。

〖检查要点和方法〗

库底清理包括三个方面的内容，即建（构）筑物拆除与清理、卫生清理、林木砍伐与迹地清理。

本条规定是对库底一般清理中的建筑物拆除与清理提出要求。清理的目的主要是保证水库及水工建筑物运行安全，保证人民生命安全。清理范围是指移民迁移线至死水位（含极限死水位）以下 3m 的库区。规定有三点：

(1) 各种建筑物、构筑物必须拆除或炸除，残留高度一般不超过地面的 0.5m，对确难清除的较大障碍物，应设置蓄水后可见的明显标志，并在水库区地形图上注明其位置与标高。

(2) 设备及材料、易漂浮物应运出库外利用、处理或就地烧毁。

(3) 从安全的角度出发，水库消落区的各种地下建筑物，如人防工程、隧道、井巷及其他坑穴，应采用填塞、封堵、覆盖或其他措施进行处理。

〖案例分析〗

某水库对建筑物拆除方法规定如下：

(1) 土木、砖木、附属房屋及 3 层以下（含 3 层）砖混结构的房屋采用人工或机械方式拆除。

(2) 4 层以上（含 4 层）砖混结构的房屋采用机械或爆破方式拆除。

(3) 框架结构房屋采用爆破与机械结合方式拆除。

(4) 建筑物密集区采用爆破方式拆除应考虑对移民迁移线以上房屋及设施的影响，必要时应采用定向爆破方式拆除。

该水库对构筑物拆除方法规定如下：

(1) 对库岸稳定性有利的建（构）筑物基础、挡土墙等，除蓄水后对航运安全造成隐患需拆除外，一般情况下不予拆除。对确难清理的较大障碍物，应设置蓄水后可见标志，并在地形图上注明其位置与标高。

(2) 围墙分砖（石）墙和土墙两类，采用人工或机械方式推倒。

(3) 用于烧砖（瓦、石灰）的独窑采取人工方式破除坍塌。

(4) 牌坊和高出地面的水池可采用人工或机械方式推倒。

(5) 线杆包括铁塔、水泥杆、木杆等，各类线杆采取人工方式拆除，拆除的线材、铁制品、木杆等应回收运至库外。

(6) 低于5m的烟囱及水塔可采用人工或机械方式拆除，5m及以上的烟囱及水塔采用爆破方式拆除。

(7) 砖厂砖窑、水泥窑、冶炼炉等采用爆破或机械方式拆除并推平。

(8) 地面的储油罐、油槽拆除后运至库外，经批准不需拆除的地下储油罐、油槽经无害化处理后封堵。

(9) 石拱桥、混凝土桥、渡槽等采取爆破方式拆除，残留高度一般不得超过地面0.5m；吊桥、索桥两端固定设施采取爆破或人工、机械结合方式拆除。

h) 2.11.6 卫生清理应符合以下要求：

1 卫生清理工作应在建（构）筑物拆除之前进行。

2 卫生清理应在地方卫生防疫部门的指导下进行。

3 库区内的污染源及污染物应进行卫生清除、消毒。如厕所、粪坑（池）、畜厩、垃圾等均应进行卫生防疫清理，将其污物尽量运至库区以外，或薄铺于地面曝晒消毒，对其坑穴应进行消毒处理，污水坑以净土填塞；对无法运至库区以外的污物、垃圾等，则应在消毒后就地填埋，然后覆盖净土，净土厚度应在1m以上且应夯实。

4 库区内的工业企业积存的废水，应按规定方式排放。有毒固体废弃物按环境保护要求处理。

5 库区内具有严重放射性、生物性或传染性的污染源，应委托有资质的专业部门予以清理。

6 库区内经营、储存农药、化肥的仓库、油库等的污染源，应按环境保护要求处理。

7 对埋葬15年以内的坟墓，应迁出库区；对埋葬15年以上的坟墓，是否迁移，可按当地民政部门规定，并尊重当地习俗处理；对无主坟墓压实处理。凡埋葬结核、麻风、破伤风等传染病死亡者的坟墓和炭疽病、布鲁氏菌病等病死牲畜的掩埋场地，应按卫生防疫的要求，由专业人员或经过专门技术培训的人员进行处理。

8 有钉螺存在的库区周边，在水深不到1.5m的范围内，在当地血防部门指导下，提出专门处理方案。

9 清理范围内有鼠害存在的区域，应按卫生防疫的要求，提出处理方案。

〖摘编说明〗

不论水库任务是灌溉、供水、发电、旅游等多目标还是单一目标，在水库蓄水前进行卫生清理都是十分必要的。卫生清理的目的是保一湖清水，保证库周及下游人群健康。

〖检查要点和方法〗

卫生清理应在地方卫生防疫部门、血防部门、环保部门的指导下进行。在卫生清理前需进行污染源及污染物调查，清理完成后必要时应进行卫生检测。检查时应要求提供卫生清理实施方案。

库区内所指的范围是指移民迁移线以下的库区。清理项目包括污染源及污染物，如医院、卫生所、屠宰场、兽医站、厕所、粪坑（池）、畜厩、污水池、埋葬15年以内的坟墓、传染病死亡者的坟墓、传染病死亡牲畜的掩埋地、垃圾、钉螺、灭鼠、严重化学性的生产及经营场所、仓库、废水、有毒物质等。这些项目的清除、消毒、处理方法应符合卫生防疫、血防、环保有关规范（标准）的要求。

i)　2.11.7　林木砍伐与迹地清理应符合以下要求：

1　林地及零星树木应砍伐并清理，残留树桩不得高出地面0.3m。

2　林地砍伐残余的枝桠、枯木、灌木林（丛）等易漂浮的物质，在水库蓄水前，应就地处理或采取防漂措施。

3　农作物秸秆及泥炭等其他各种易漂浮物，在水库蓄水前，应就地处理或采取防漂措施。

〖摘编说明〗

林木砍伐与迹地清理不仅关系到水库水质，还影响水库运行安全，必须在水库蓄水前予以妥善处理。

本条规定强调两点：一是林木应砍伐并清理外运，其残留树桩不得高出地面的0.3m；二是砍伐后的枝桠、灌木林（丛）、农作物秸秆、泥炭等各种易漂浮物质，应就地烧毁或运出库外，或采取防漂措施。

〖检查要点和方法〗

水库在进行库底清理前应编制库底清理技术要求或清理方案，检查时应看其中对林木砍伐与迹地清理的要求是否符合规定。

库底清理除了建（构）筑物拆除与清理、卫生清理、林木砍伐与迹地清理外，实施时还应注意以下四点：

（1）分期蓄水的水库，库底清理应同各阶段移民搬迁同步进行，在该期水位蓄水之前完成该范围的库底清理。

（2）建筑物、构筑物的拆除清理应防止对库岸稳定造成影响。

（3）需要进行卫生清理的建筑物，卫生清理应在建筑物拆除之前进行。

（4）建筑物在进行卫生清理完成后再进行拆除与清理。先使用人工或机械拆除低矮建（构）筑物，清理完场地后再对需爆破的高大建（构）筑物进行拆除，拆除过程中应保证交通道路的畅通和安全。

〖案例分析〗

某水库对林木砍伐规定如下：

（1）采伐地径6cm以上的树木伐根高度不得超过0.1m，地径6cm以下的树木伐根高度不得超过0.3m。伐倒的树木及其枝桠等易漂浮物应运至库外，并对残余物进行处理。

（2）林木清理过程中，严禁火烧。

（3）对支流上具备清理条件的灌木林应予清理。

（4）对清理范围内的珍稀植物、古树名木及经济价值较高的树木加以移植保护。

（5）采伐林木前应按照森林法有关规定办理相应的审批手续。

6－3－2　《水利水电工程水库库底清理设计规范》SL 644—2014

a）　6.3.3　对确难清除且危及水库安全运行的较大障碍物，应设置明显标志，并在地形图上注明其位置与标高。

〖摘编说明〗

随着国民经济的持续发展和综合国力的提高，对水环境要求也越来越高。本条规定是对库底建（构）筑物的拆除与清理提出的要求。清理的目的主要是保证水库运行安全，保证人民生命、财产安全。本条所指“危及水库安全运行”并非是对水库工程本身有危害，主要是针对航运和水库开发利用而言。对确难清理的较大障碍物，提出设置明显标志，并在地形图上注明其位置与标高的要求。其主要作用是在设置航道、水上运动场、捕捞场、工程取水口等开发项目时，（以便）应避开这些障碍物，以策安全。

〖检查要点和方法〗

检查确实难以清理且危及水库安全运行的较大障碍物，是否设置了明显标志，并在地形图上是否注明了其位置与标高。

b）　9.4.2　有炭疽尸体埋葬的地方，清理后表土不应检出具有毒力的炭疽芽孢杆菌。

c）　9.4.3　灭鼠后鼠密度不应超过1%。

d）　9.4.4　传染性污染源应按100%检测，其他污染源按3%～5%检测。

〖摘编说明〗

不论水库任务是灌溉、供水、发电、旅游等多目标还是单一目标，在水库蓄水前进行卫生清理都是十分必要的。清理项目包括污染源及污染物，如医院、卫生所、屠宰场、兽医站、厕所、粪坑（池）、畜厩、污水池、埋葬15年以内的坟墓、传染病死亡者的坟墓、传染病死亡牲畜的掩埋地、垃圾、钉螺、灭鼠、严重化学性的生产及经营场所、仓库、废水、有毒物质等。9.4.2条是传染性污染源、9.4.3条是为了防止鼠疫。9.4.4条的提出，是为控制传染性污染源以及其他污染源对水库水质的污染。将此3条作为强条，主要目的是为了控制传染性污染源以及其他污染源对水库水质的污染，保护水库水质，保证库周及下游人群健康。

〖检查要点和方法〗

（1）是否有污染源及污染物调查叙述。

（2）检查时应要求对污染源及污染物提供卫生清理实施方案。

（3）清理完成后必要时应进行卫生检测。

卫生清理应在地方卫生防疫部门、血防部门、环保部门的指导下进行。在卫生清理前需进行污染源及污染物调查，清理完成后必要时应进行卫生检测。检查时应要求提供卫生清理实施方案。

库区内所指的范围是指移民迁移线以下的库区。清理项目包括污染源及污染物，如医院、卫生所、屠宰场、兽医站、厕所、粪坑（池）、畜厩、污水池、埋葬15年以内的坟墓、传染病死亡者的坟墓、传染病死亡牲畜的掩埋地、垃圾、钉螺、灭鼠、严重化学性的生产及经营场所、仓库、废水、有毒物质等。

上述项目的清除、消毒、处理方法应符合卫生防疫、血防、环保有关规范（标准）的要求。

e)　10.2.3　市政污水处理设施（包括沼气池、废弃的污水管道、沟渠等）中积存的污泥应予以清理。

〖摘编说明〗

近年来随着水利水电基础设施建设项目增加，水库淹没处理范围内涉及了大量城镇拆迁工作，因此也必然涉及大量的市政污水处理设施。

此条规定强调的污水处理设施，主要包括沼气池、污水管道和排污沟渠等，市政排放设施中雨污分流中的雨水排放管道不在清理范围之中。

〖检查要点和方法〗

在清理之前应调查市政污水处理设施数量，检查这些设施中积存的污泥是否全部清理，并运出水库淹没区以外做无害化处理。如污泥存放地位于库周，应注意做好防护措施，避免雨水冲刷后污泥或污水流入库区污染水质。

f)　10.2.5　下列危险废物应予以清理：

1　医疗卫生机构、医药商店、化验（实验）室等产生的列入《医疗废物分类目录》（卫医发〔2003〕287号）的各种医疗废物。

2　电镀污泥、废酸、废碱、废矿物油等以及列入《国家危险废物名录》（环境保护部、国家发展改革委令第1号）的各种废物及其包装物。

3　根据GB 5085检测被确认具有危险特性的废物及其包装物。

4　化工、化肥、农药、染料、油漆、石油以及电镀、金属表面处理等废弃的生产设备、工具、原材料和产品包装物以及废弃的原材料和药剂。

5　农药销售商店、摊点和储存点积存、散落和遗落的废弃农药及其包装物。

〖摘编说明〗

为保障水库水质以及库周和下游人群健康和安全，水库蓄水前必须对危险废物进行清理。原《水利水电工程建设征地移民安置规划设计规范》中已对危险废物清理有相应规定，但对危险废物的种类以及清理要求没有明确规定。本条第1、2、3款明确规定了必须清理的危险废物的种类和范围；第4、5款则把生产上述危险物的设备、工具、原材料、包装物等也列为清理对象。

〖检查要点和方法〗

危险废物（医疗废物除外）的处理应满足GB 18598或GB 18484的有关要求；医疗废物的处理应满足《医疗废物集中处置技术规范》的有关要求。

g)　10.2.6　废放射源及含放射性同位素的固体废物应予以清理。

〔摘编说明〕

此条作为强条是因为废放射源及含放射性同位素的固体废物直接危及到人身安全，应委托有资质的专业部门予以清理。

〔检查要点和方法〕

检查库底是否有废放射源及含放射性同位素的固体废物项目，若有，其处理方案是否应满足《城市放射性废物管理办法》〔（87）环放字第239号〕的有关要求。

h)　10.2.7　危险废物以及磷石膏等工业固体废物清理后的原址中的土壤，如果其浸出液中一种或一种以上的有害成分浓度大于或等于表10.2.4中所列指标，应予以清理。

表10.2.4　　水库库底工业固体废物与污染土壤处理鉴别标准

序号	项　　目	浸出液浓度（mg/L）	序号	项　　目	浸出液浓度（mg/L）
1	化学需氧量（COD）	60	10	烷基汞	不应检出
2	氨氮	15	11	总镉	0.1
3	总磷（以P计）	0.5	12	总铬	1.5
4	石油类	10	13	六价铬	0.5
5	挥发酚	0.5	14	总砷	0.5
6	总氰化合物	0.5	15	总铅	1.0
7	氟化物	10	16	总镍	1.0
8	有机磷农药（以P计）	不应检出	17	总锰	2.0
9	总汞	0.05			

〔摘编说明〕

本条中的危险废物及磷石膏等工业固体废物的原址中的土壤浸出液的有害成分大于表10.2.4所列指标时，应清理。

〔检查要点和方法〕

对上述危险废物及磷石膏等工业固体废物的原址中的土壤应做浸出实验，实验结果是否满足表中的规定，是否有清理方案。在取样时应具有代表性。

〔案例分析〕

某水库区有多年前遗留的硫磺矿渣30万m^3和废弃的硫磺矿炉9座。为确保水质安全，设计单位在现场不同位置选取了多个样品做浸出实验。根据实验结果，样品浸出液全部未超出上述表中的规定，但硫磺矿炉的衬砌pH值小于2，矿炉周边部分矿渣（约9万m^3）的pH值小于6属危险废物，因此在库底清理时，上述矿炉全部拆除外运处理，同时周边pH值小于6的9万m^3也全部外运处理。

第二篇

水利工程施工

水利工程施工是将工程规划设计变为现实工程的过程，是水利工程建设的重要阶段。本篇分为土石方工程、混凝土工程和灌浆工程等三部分。

7 土石方工程

本章包括开挖和锚固与支护两部分内容，涉及5项技术标准，强制性条文共16条，详见表7-1。

表7-1　　土石方工程施工部分涉及技术标准汇总表

序号	标准名称	标准编号	强条数
1	疏浚与吹填工程技术规范	SL 17—2014	4
2	水工预应力锚固施工规范	SL 46—94	1
3	水工建筑物岩石基础开挖工程施工技术规范	SD 47—94	2
4	水利水电工程锚喷支护技术规范	SL 377—2007	1
5	水工建筑物地下开挖工程施工规范	SL 378—2007	8

7-1 开　　挖

7-1-1 《水工建筑物岩石基础开挖工程施工技术规范》SL 47—94

a)　1.0.8　严禁在设计建基面、设计边坡附近采用洞室爆破法或药壶爆破法施工。

〔**摘编说明**〕

洞室爆破和药壶爆破均属集中药包爆破性质，岩体内爆破点稀少，药量集中，同时起爆药量大，爆破对紧邻爆区岩体的破坏范围较大，因此在设计建基面、设计边坡附近严禁采用洞室爆破法或药壶爆破法施工。与之相比，钻孔爆破药量分散，起爆药量易于分段控制，爆破的各种有害效应小，对设计建基面、设计边坡的不利影响小。SL 47—94《水工建筑物岩石基础开挖工程施工技术规范》在建基面和设计边坡保护方面，对钻孔爆破提出了一系列要求，如：

(1) 对钻孔直径的要求。最大钻孔直径不宜大于150mm，临近设计建基面、设计边坡的爆破钻孔直径不大于110mm，以此控制装药直径和单孔药量，减小爆破有害效应。

(2) 对单段起爆药量的要求。“梯段爆破的最大一段起爆药量，不得大于500kg；邻近设计建基面和设计边坡时，不得大于300kg”。

（3）对开挖方式的规定。设计边坡轮廓面开挖，应采用预裂爆破或光面爆破；紧邻水平建基面的开挖，应优先采用预留岩体保护层的开挖方法，通过试验论证并经主管部门批准后，才可采用有特殊措施的梯段爆破法。

〖检查要点和方法〗

检查开挖施工措施计划和爆破作业措施计划。开挖施工前，施工单位应制定开挖施工措施计划和爆破作业措施计划，提交监理单位审批。监理单位应重点对设计建基面、设计边坡附近是否采用洞室爆破或药壶爆破，钻孔爆破参数是否符合规范要求进行审核，并按批准的措施计划监督实施。

b）　2.1.2　未经安全技术论证和主管部门批准，严禁采用自下而上的开挖方式。

〖摘编说明〗

开挖顺序的规定，目的是为了保证施工安全。上下同时开挖，易造成施工安全事故，在较狭窄河床地段施工时尤为突出。对于较宽阔的施工场地，以及可以避开施工干扰的工程部位，可以采用上下同时开挖，但必须有技术及安全保障措施。而自下而上开挖，极易造成施工安全事故，应严禁采用，特殊情况下如采用，须经安全技术论证并经主管部门批准。

〖检查要点和方法〗

检查开挖施工措施计划。开挖施工前，施工单位应制定开挖施工措施计划，报监理单位审批；监理单位应重点对开挖程序进行审核，发现自下而上开挖方式应予以禁止。确因特殊需要采取自下而上开挖，施工单位应进行专项安全技术论证，同时报监理单位、施工企业技术部门和主管部门审批；监理单位应重点对安全措施的可靠性进行审查，必要时可要求施工单位组织专家组进行论证审查，对批准的安全技术措施应采取旁站监理监督实施。

7－1－2　《水工建筑物地下开挖工程施工规范》SL 378—2007

a）　5.2.2　地下洞室洞口削坡应自上而下分层进行，严禁上下垂直作业。进洞前，应做好开挖及其影响范围内的危石清理和坡顶排水，按设计要求进行边坡加固。

〖摘编说明〗

洞口边坡的稳定安全是保证洞室施工安全、施工进度的重点，设计、监理及施工单位均应高度重视。在洞口削坡施工中，应严格按照自上而下的程序进行，严禁上下垂直作业，以避免边坡塌方和滚落的石块造成人员伤害及设备损坏。开挖过程中及时进行坡面加固并做好坡顶排水，以保证洞口边坡稳定。

〖检查要点和方法〗

检查开挖、支护施工方案及安全保障措施。洞口施工前，施工单位应制定开挖、支护施工方案及安全保障措施；监理单位应检查削坡施工方案是否“自上而下”，监督施工方案落实，巡视检查边坡加固是否按设计要求及时实施，危石清理是否彻底等。

〖案例分析〗

某水电站工程，导流隧洞进口处岸坡高约110m，坡角56°～67°，导流隧洞洞顶以上约20m山腰处有宽4.5m的盘山道路，为防止危石落至洞口，在盘山路外沿设置了临时防护网。隧洞开挖第三个循环出渣过程中，天降小雨，岸坡局部岩体滑落，部分岩块越过防护网落至洞口，造成一人重伤，施工设备受损。

事故原因分析认为，岸坡局部岩体稳定性差，加之爆破震动和降雨影响，是岩石滑落的主要原因；盘山道路以上岸坡危石未进行清理，防护网拦截高度不够，则是造成此次事故的重要原因。

b） 5.5.5 当特大断面洞室设有拱座，采用先拱后墙法开挖时，应注意保护和加固拱座岩体。拱脚下部的岩体开挖，应符合下列条件：

1 拱脚下部开挖面至拱脚线最低点的距离不应小于1.5m。

2 顶拱混凝土衬砌强度不应低于设计强度的75%。

〖摘编说明〗

先拱后墙开挖特大断面洞室（或大断面隧洞）的开挖与支护程序为：顶拱开挖→顶拱支护→下部开挖。拱座对顶拱衬砌起支撑作用，拱座部位的开挖质量和围岩稳定性至关重要，开挖过程中应注意对拱座的保护，并应及时进行支护加固。为使拱座不受或少受下部开挖爆破的破坏，拱脚下部开挖面至拱脚线最低点的预留距离不小于1.5m；下部开挖时，顶拱混凝土强度要求达到设计强度的75%，以防止下部开挖爆破对顶拱混凝土造成破坏。

〖检查要点和方法〗

检查开挖措施计划。施工单位在开挖措施计划中，应明确开挖分层分区及施工程序，明确拱座开挖保护措施和支护加固施工方案；监理单位应对开挖保护措施的有效性和可靠性，以及支护加固施工方案的合理性进行审查，核查拱脚下部开挖分层顶面是否满足至拱脚线最低点的距离不小于1.5m，并监督施工单位按批准的开挖措施计划进行施工。下部开挖时，顶拱混凝土强度的检验，应以在混凝土浇筑地点制备并与结构实体同条件养护的试件强度为依据，施工单位应按有关规范要求进行同条件养护试件强度试验，编制试验报告，监理单位应对试验过程进行监督检查，对试验报告进行审核。

c） 11.2.8 对存在有害气体、高温等作业区，必须做专项通风设计，并设置监测装置。

〖摘编说明〗

有害气体和高温作业区，主要指含瓦斯地层和高地温地层地下工程施工作业区。瓦斯在围岩中以游离状态和吸着状态存在，主要成分是烷烃，其中甲烷占绝大多数，另有少量的乙烷、丙烷和丁烷，此外一般还含有硫化氢、二氧化碳、氮等；瓦斯达到一定浓度时，能使人因缺氧而窒息，并能发生燃烧或爆炸。作业区温度过高，会导致人体会出现一系列不良生理反应，使施工作业无法正常进行，乃至引起身体病变，失去作业能力。因此，规范对含瓦斯地层和高温作业区通风有特殊要求，必须进行专项通风设计，并应设置监测装置，发现问题及时采取措施。SL 378—2007《水工建筑物地下开挖工程施工规范》对地下洞室开挖施工过程中有害气体含量和洞室内温度规定如下：

（1）空气中有害气体容许含量见表7-2。

表7-2　空气中有害气体的允许含量

名　称	允许浓度/%		附　注
	按体积	按重量	
二氧化碳（CO_2）	0.5	—	一氧化碳的允许含量与作业时间：允许含量为50mg/m^3时，作业时间不宜超过1h；允许含量为100mg/m^3时，作业时间不宜超过0.5h；允许含量为200mg/m^3时，作业时间不宜超过20min；反复作业的间隔时间应在2h以上
甲烷（CH_4）	1	—	
一氧化碳（CO）	0.00240	30	
氮氧化合物换算成二氧化氮（NO_2）	0.00025	5	
二氧化硫（SO_2）	0.00050	15	
硫化氢（H_2S）	0.00066	10	
醛类（丙烯醛）	—	0.3	

（2）“开挖施工时，地下洞室内平均温度不应高于28℃”。

〖检查要点和方法〗

检查专项通风设计。对存在有害气体、高温等作业区的地下工程，施工单位必须针对有害气体、高温等做专项通风设计，包括监测装置的设置，发现超标现象的处理措施等。监理单位应重点对通风设计、监测项目内容、监测装置布置和监测方法等是否符合相关规范规定进行审查，并监督实施。

〖案例分析〗

某单位进行某水电站压力管道斜段的施工，1月10日，在导井内作业时，遇到古煤井采空区，出现过塌方，经过20多天的工作，基本处理完毕。2月4日早上，5名施工人员准备进洞，填堵余下排柴。8时15分，洞外供风系统向洞内供风。9时许，5人乘坐装好木枋的爬罐上升到高45m的塌方段填堵背枋。10时55分，一声巨响，发生了瓦斯爆炸事故。11时5分左右，其中2名人员面目全非地走出洞外，抢险队在导井的爬罐平台上找到3人的尸体。

事故原因分析认为，洞内瓦斯浓度高，施工人员洞内作业不慎产生火花，引燃瓦斯发生爆炸是事故的直接原因。另外，没有行之有效的瓦斯治理措施，有关人员缺乏对洞内瓦斯情况的了解和有瓦斯洞内的作业经验；洞内通风设施欠佳，通风不良，监测设施和监测工作不完善。

d)　12.3.7　洞内供电线路的布设应符合下列规定：

3　电力起爆主线应与照明及动力线分两侧架设。

〖摘编说明〗

在照明及动力线附近，存在一定强度的电磁场，如果在其附近架设电力起爆线，尤其与之平行布置，会在起爆网路中产生感应电流，当感应电流超过一定数值后，可引起电雷管爆炸，造成早爆事故；此外，由于泄漏或感应等原因会在输电线路外产生杂散电流，虽然交流杂散电流一般较弱，但如果电力起爆线与输电线路距离过近，其杂散电流也有导致早爆的可能。因此，电力起爆主线应与照明及动力线分两侧架设，尽可能加大两者之间的距离。

〔检查要点和方法〕

检查施工单位制定的地下工程开挖措施计划及钻孔和爆破措施中，是否将电力起爆主线与照明及动力线分两侧架设，并对其实施结果进行检查。

e）　12.4.5　洞内电、气焊作业区，应设有防火设施和消防设备。

〔摘编说明〕

电焊焊接过程中温度高达6000℃以上，容易使焊件接触的可燃物着火，同时在焊接过程中掉落和飞溅的焊渣接触到木、棉等可燃物时极易引发火灾；此外，由于电焊功率大，焊接电流的巨大波动和使用环境的恶劣会导致其电气控制系统产生各类故障，也可能导致火灾发生。气焊所使用的乙炔、氧气、液化石油气均属于易着火危险物质，而操作过程中的回火、四处飞溅的火星是危险的着火源，这些均是构成火灾事故发生的不安全因素。因此，洞内电、气焊作业区，应设有防火设施和消防设备。

〔检查要点和方法〕

检查洞内电、气焊作业区是否按规范要求设有防火设施和消防设备，电气焊设备的安装使用是否符合有关规程规定。

〔案例分析〕

某铁路客运专线太行山隧洞8号斜井，因钢筋焊接引燃防水板，继而引燃排水管、通风管等，致使该斜井处正洞左线发生火灾，造成4人死亡，多人受伤。事故原因分析认为，隧洞防水板为非阻燃物质，焊接火花引起防火板燃烧，防火板、排水管和通风管为化学合成材料，燃烧产生大量有毒气体，而隧洞内通风困难，从而造成人员窒息和伤害；而作业人员防火意识淡薄，焊接作业区未设置有效的防火设施和消防设备，则是引发火灾，导致火势蔓延的重要原因。

f）　13.2.6　当相向开挖的两个工作面相距小于30m或5倍洞径距离爆破时，双方人员均应撤离工作面；相距15m时，应停止一方工作，单向开挖贯通。

g）　13.2.7　竖井或斜井单向自下而上开挖，距贯通面5m时，应自上而下贯通。

〔摘编说明〕

对于一些较长的隧洞开挖，为提高施工进度，经常由两个工作面相向开挖，当两个开挖工作面相距30m放炮时，为防止爆破产生的危害，如爆破振动产生危石塌落、有害气体渗漏等，任何一方爆破时，双方人员均应撤离；当相向开挖的两个工作面相距15m时，为防止钻孔时产生的振动引起对方工作面产生危石塌落，或意外贯穿而产生危害，应进行单向开挖，而停止另一方工作。竖井或斜井单向自下而上开挖，在距离贯穿面5m时，同样为了安全的原因，改为自上而下开挖。

〖检查要点和方法〗

检查地下工程开挖措施计划。施工单位在地下工程开挖措施计划中，应明确平洞相向开挖的两个工作面相距小于30m或5倍洞径距离爆破时，双向开挖施工程序及安全措施，明确竖井开挖程序及贯通开挖方式。监理单位应重点对开挖施工程序及安全措施是否符合本条文规定进行审查，并监督施工单位按批准的开挖措施计划进行施工。

h)　13.2.10　采用电力起爆方法，装炮时距工作面30m以内应断开电源，可在30m以外用投光灯或矿灯照明。

〖摘编说明〗

地下洞室较潮湿，输电线路和电气设备容易产生漏电等事故，采用电爆网路时，杂散电流及工作面部分带电，均可能引起电雷管早爆，因此采用电爆网路，在装药和联网过程中，在距离工作面30m范围以内不得有电源，照明应采用在距离工作面30m以外投光灯照明，或用安全矿灯照明。

〖检查要点和方法〗

检查地下工程开挖措施计划及钻孔和爆破措施。施工单位在地下工程开挖措施计划及钻孔和爆破措施中，应明确在距离爆破工作面30m范围以内的动力、照明电力控制方案及爆破照明措施。监理单位应重点对电力控制方案及爆破照明措施是否符合本条文规定进行审查，并检查其实施情况，包括电力设施的控制和照明设施的配置等。

〖案例分析〗

某铜矿开挖平洞（巷道）连接电雷管主线时，一根掉在铁轨上，另一根与岩壁接触，19个炮孔中的7个炮孔发生早爆，造成一死一伤事故。事故原因分析认为，由于洞内杂散电流的存在，当电爆网路与岩壁、导体接触形成回路时，在电爆网路中产生电流（高于起爆电流）而引发早爆的发生。

7-2　锚固与支护

7-2-1　《水工预应力锚固施工规范》SL 46—94

a)　8.3.2　张拉操作人员未经考核不得上岗；张拉时必须按规定的操作程序进行，严禁违章操作。

〖摘编说明〗

做此规定是因为预锚施工的不安全因素较多，如：

（1）预应力锚杆（索）的安装部位多为不稳定的岩（土）体，包括大型地下洞室可能塌落的部位、不稳定的高陡边坡（自然边坡和人工边坡）等，在加固施工过程中随时可能发生塌方或滑动。

（2）预应力锚杆（索）施工部位地形、地质条件复杂，环境恶劣，场地狭小，照明条件不好。

（3）施加的锚固力大，需要较大的钻孔和张拉设备。

（4）预应力锚杆（索）施工工序多而复杂，每一道工序施工时间短，各工序必须有机地结合。

由于上述原因，要求各施工环节必须有足够的安全措施作保证，并由经过考核的专门人员进行张拉施工。

〔检查要点和方法〕

检查施工单位制定的施工措施计划和安全操作规程。监理单位应重点审核其操作程序是否符合相关规程规范要求，安全措施是否可靠；检查张拉操作人员是否经过考核持证上岗；监督张拉施工按规定的操作程序进行。

〔案例分析〕

某洞室采用台阶法开挖，预应力锚索支护。在洞顶安装锚索时，孙某、马某两人站在台阶上向清完孔钻孔里安装锚索。由于钻孔深度超过设计孔深，锚索插入钻孔时被卡在孔内，在处理锚索时，锚索突然掉下，插入孙某的眼睛，经抢救无效死亡。

事故原因分析认为：①死者孙某违反操作规程规定，站在锚索孔正下方向上观察顶部锚索（锚索未锚固），站位不当，行为不规范。②施工人员操作不精心，将设计 6m 深的锚索孔，误打到 7.2m 深。

7－2－2　《水利水电工程锚喷支护技术规范》SL 377—2007

a）　9.1.17　竖井或斜井中的锚喷支护作业应遵守下列安全规定：

1　井口应设置防止杂物落入井中的措施。

2　采用溜筒运送喷射混凝土混合料时，井口溜筒喇叭口周围应封闭严密。

〔摘编说明〕

在竖井或斜井进行锚喷支护作业时，井内场地狭小，井口一旦落下杂物，无法躲避，极易发生伤亡事故。因此，井口应设置防护措施，溜筒喇叭口周围应封闭，防止杂物和混凝土落入井中造成意外事故。

〔检查要点和方法〕

检查井口防护措施及混凝土溜筒喇叭口周围封闭措施。在竖井和斜井锚喷支护作业前，监理单位应对井口防护措施及混凝土溜筒喇叭口周围封闭措施进行检查，检查合格方可施工；施工过程中加强巡视检查，发现问题及时处理。

7－3　疏浚与吹填

7－3－1　《疏浚与吹填工程技术规范》SL 17—2014

a）　5.7.6　对施工作业区存在安全隐患的地方应设置必要的安全护栏和警示标志。

〖摘编说明〗

施工作业区存在安全隐患的地方，现场人员可能坠落或跌摔造成伤亡。设置警示标志应符合国家安全色、图形、符号的标志，目的是提醒人员注意防止事故的发生。

〖检查要点和方法〗

检查施工现场存在安全隐患的地方，有无醒目的警示标志和加盖板、围栏等防护措施。

b)　5.7.7　应制定冲洗带油甲板的环保防护措施及发生油污泄漏事故的急救预案。

〖摘编说明〗

本条强调施工过程中应制定环保措施及发生油污泄漏事故的急救预案，避免发生油污泄漏事故，避免对水环境造成污染。

〖检查要点和方法〗

检查施工方案有无制定环保措施及发生油污泄漏事故的急救预案。

c)　5.7.9　施工船舶应符合下列安全要求：

1　施工船舶必须具有海事、船检部门核发的各类有效证书。

2　施工船舶应按海事部门确定的安全要求，设置必要的安全作业区或警戒区，并设置符合有关规定的标志，以及在明显处昼夜显示规定的号灯、号型。

3　施工船舶严禁超载航行。

4　施工船舶在汛期施工时，应制定汛期施工和安全度汛措施；在严寒封冻地区施工时，应制定船体及排泥管线防冰冻、防冰凌及防滑等冬季施工安全措施。

5　挖泥船的安全工作条件应根据船舶使用说明书和设备状况确定，在缺乏资料时应按表5.7.9的规定执行。当实际工作条件大于表5.7.9中所列数值之一时，应停止施工。

表5.7.9　　挖泥船对自然影响的适应情况表

船舶类型		风（级）		浪高（m）	纵向流速（m/s）	雾（雪）（级）
		内河	沿海			
绞吸式	＞500m^3/h	6	5	0.6	1.6	2
	200～500m^3/h	5	4	0.4	1.5	2
	＜200m^3/h	5	不适合	0.4	1.2	2
链斗式	750m^3/h	6	6	1.0	2.5	2
	＜750m^3/h	5	不适合	0.8	1.8	2
铲斗式	斗容＞4m^3	6	5	0.6	2.0	2
	斗容≤4m^3	6	5	0.6	1.5	2
抓斗式	斗容＞4m^3	6	5	0.6～1.0	2.0	2
	斗容≤4m^3	5	5	0.4～0.8	1.5	2
拖轮拖带泥驳	＞294kW	6	5～6	0.8	1.5	3
	≤294kW	6	不适合	0.8	1.3	3

〖摘编说明〗

本条对施工作业使用的船舶提出的安全要求，避免施工船舶在作业中发生事故。

〖检查要点和方法〗

检查施工船舶的相关内容。监理工程师应检查施工船舶的有效证书、规定的作业区标志、号灯等、超载、汛期施工措施和安全度汛措施、冬季安全施工措施、设备状况及合适的工作条件等。

d) 5.7.13 严禁将各类垃圾和油水混合物直接排入江、河、湖、库中。

〖摘编说明〗

本条禁止将施工中产生的垃圾和油水混合物直接排入水域中，避免对水环境造成污染。

〖检查要点和方法〗

检查施工中有无将垃圾和油水混合物直接排入水域中行为，应严格禁止。

8 混凝土工程

本章涉及3项技术标准，强制性条文共20条，详见表8-1。

表8-1　　混凝土工程部分涉及技术标准汇总表

序号	标准名称	标准编号	强条数
1	水工建筑物滑动模板施工技术规范	SL 32—2014	14
2	水工碾压混凝土施工规范	SL 53—94	4
3	水工混凝土施工规范	SL 677—2014	2

8-0-1　《水工建筑物滑动模板施工技术规范》SL 32—2014

a)　3.3.4　对首次采用的树种，应先进行试验，达到要求后方可使用。

〖摘编说明〗

不同的木材，因为树种、纹理、含水率、使用环境温度等不同，强度相差较大。首次使用的树种（木材）对其在结构中表现的特点无法了解，因此应先进行试验，检验木材的物理力学性能，能满足结构要求的木材方可在实际工程中使用。

〖检查要点和方法〗

检查首次采用的树种（木材），是否进行了试验。

b)　5.2.3　人员进出滑模的通道应安全可靠。

〖摘编说明〗

人员进出的通道应有一定宽度，铺设要固定，要设防护网、临空边缘的保护栏杆才可防止人员翻落，其目的是防止人员坠落。

〖检查要点和方法〗

检查人员进出的通道是否安全可靠。

c)　6.3.3　千斤顶和支承杆的最少数量，应符合下列规定：

1　计算提升力时取6.2.2条中1款、2款、3款之和或1款、2款、6款之和的大值。

2　千斤顶、支承杆的允许承载力及其最少数量计算方法应符合6.2.3条的规定。

〖摘编说明〗

千斤顶和支撑杆是滑模的提升组件，本条款是对其提升力的计算，允许承载力及其最少数量计算方法等做出的规定。

〖检查要点和方法〗

千斤顶和支承杆的最少数量是否满足本规定。

d) **6.4.2 混凝土面板堆石坝面板滑模设计应符合下列规定：**

6 混凝土面板堆石坝滑动模板应具有制动保险装置；采用卷扬机牵引时，卷扬机应设置安全可靠的地锚。

〖摘编说明〗

混凝土面板坝的面板施工，滑模既是混凝土成型装置，又是施工作业的主要场所，滑模平台上和尾部的抹面平台上都有人员作业，如果滑模的牵引钢丝绳、液压千斤顶的拉杆、液压爬钳的卡扣发生断裂，或地锚破坏，滑模就会失控，模板将在十几米至几十米高的斜坡上突然滑落，后果不堪设想。因此，除了地锚、牵引钢丝绳、拉杆、卡扣必须具有规定的安全系数外，还需要采取保证施工安全的保险措施。可利用滑轨、支墩，设置卡钳、倒链，或另外埋设地锚，安装保险用的钢丝绳。

〖检查要点和方法〗

检查是否设有保证安全措施及其可靠性。在滑模投入运行前，监理单位应检查滑模是否按本条文规定设有安全保证措施，其措施是否安全可靠；滑模运行期间，应加强巡视检查。

e) **7.1.4 所有滑模安装都应符合下列规定：**

4 当滑模安装高度达到或超过 2.0m 时，对安装人员必须采取高空作业保护措施。

〖摘编说明〗

为保证作业人员在高空作业时的生命安全，防止跌落事故发生，必须系安全带等高空作业保护措施。

〖检查要点和方法〗

检查作业人员是否系安全带。

f) **7.4.9 陡坡上的滑模施工，应具有保证安全的措施。当牵引机具为卷扬机时，卷扬机应设置安全可靠的地锚；对滑模应设置除牵引钢丝绳以外的防止其自由下滑的保险器具。**

〖摘编说明〗

陡坡上的滑模施工，主要包括溢洪道、大坝溢流面和混凝土面板坝的面板等建筑物的施工，滑模既是混凝土成型装置，又是施工作业的主要场所，滑模平台上和尾部的抹面平台上都有人员作业，如果滑模的卷扬机牵引钢丝绳断裂，滑模就会失控，模板将从陡坡上突然滑落，后果不堪设想。因此，除了牵引钢丝绳必须具有规定的安全系数外，还需要采取保证施工安全的保险措施。可利用滑轨、支墩，设置卡钳、倒链，或另外埋设地锚，安装保险用的钢丝绳。

〖检查要点和方法〗

检查是否设有保证安全措施及其可靠性。在滑模投入运行前，监理单位应检查滑模是否按本条文规定设有安全保证措施，其措施是否安全可靠；滑模运行期间，应加强巡视检查。

g） 8.0.5 每滑升1～3m，应对建筑物的轴线、尺寸、形状、位置及标高进行测量检查，并做好记录（施工记录表格见附录D）。

〔摘编说明〕

滑模在施工过程中模板一直处于移动中，受外力或其他荷载的作用，模板可能产生移位，为及时纠正和处理建筑物体形偏差，保证施工质量，本条规定了滑模施工中测量检查的频度和内容。

〔检查要点和方法〕

检查施工中是否按规定进行测量检查，做好记录。

h） 9.1.3 在滑模施工中应及时掌握当地气象情况，遇到雷雨、六级和六级以上大风时，露天的滑模应停止施工，采取停滑措施。全部人员撤离后，应立即切断通向操作平台的供电电源。

〔摘编说明〕

在滑模施工中，为防雷击和防止大风倾翻平台，造成不必要的人员伤亡。最佳措施是停止滑模施工，撤离人员，平台断电。

〔检查要点和方法〕

检查施工单位编制的作业计划或实施细则、安全生产的有关规定与检查记录等。

i） 9.2.2 在施工的建（构）筑物周围应划出施工危险警戒区，警戒线至建（构）筑物外边线的距离应不小于施工对象高度的1/10，且不小于10m。警戒线应设置围栏和明显的警戒标志，施工区出入口应设专人看守。

〔摘编说明〕

本条规定了滑模施工建（构）筑物周围施工现场警戒防护的要求，防止施工人员和机械设备因滑模施工坠物等造成人员伤亡和财物损失。

〔检查要点和方法〕

检查滑模施工危险警戒区划定等是否符合相应规程的安全规定；检查警戒线是否有围栏和明显标志，出入口是否有专人看守。

〔案例分析〕

某水电站工程引水发电洞取水口平面尺寸28.62m×(11～17)m(长×宽)，总高度为57.4m，设分层取水口。闸室混凝土浇筑采用滑模施工，在闸室施工危险警戒区设置红白相间的围栏和彩旗警戒标志，在出口有专人值守。施工安全得以保证，效果良好。

j） 9.2.3 危险警戒区内的建筑物出入口、地面通道及机械操作场所，应搭设高度不小于2.5m的安全防护棚。

〔摘编说明〕

在危险警戒区内的建筑物出入口、地面通道及机械操作场所，为保证进出设备及人员的安全，防止坠物等造成人员伤亡和财物损失，故要求必须搭设高度不小于 2.5m 的安全防护棚。

〔检查要点和方法〕

检查危险警戒区内的建筑物出入口、地面通道及机械操作场所是否按规定搭设安全防护棚。

k) 9.2.4 当滑模施工进行立体交叉作业时，在上、下工作面之间应搭设安全隔离棚。

〔摘编说明〕

当滑模施工必须进行立体交叉作业时，应搭设安全隔离棚，目的是避免上、下工作面施工物品坠落造成的损伤事故。

〔检查要点和方法〕

检查施工措施是否安全可靠。

l) 9.4.2 施工升降机应有可靠的安全保护装置，运输人员的提升设备的钢丝绳的安全系数不应小于 12，同时，应设置两套互相独立的防坠落保护装置，形成并联的保险。极限开关也应设置两套。

〔摘编说明〕

施工升降机一旦失控，就会造成人员财产损失，停工停产。因此可靠的安全保护装置非常重要。

〔检查要点和方法〕

检查施工防护设施是否满足本条规定。

m) 9.5.2 滑模施工现场的场地和操作平台上应分别设置配电装置。附着在操作平台上的垂直运输设备应有上下两套紧急断电装置。总开关和集中控制开关应有明显标志。

〔摘编说明〕

本条对滑模施工现场的场地和操作平台上设置配电装置做出的规定，便于紧急情况下快速关闭电源。

〔检查要点和方法〕

检查滑模施工的配电装置是否满足本条规定。

n) 9.7.1 露天施工，滑模应有可靠的防雷接地装置，防雷接地应单独设置，不应与保护接地混合。

〔摘编说明〕

滑模露天施工时，就有可能会遭受雷击，造成设备损坏及人身伤害事故，应设置可靠地防雷接地装置。

〔检查要点和方法〕

检查滑模露天施工时是否有可靠的防雷接地装置。

8-0-2　《水工碾压混凝土施工规范》SL 53—94

a）　1.0.3　施工前应通过现场碾压试验验证碾压混凝土配合比的适应性，并确定其施工工艺参数。

〔摘编说明〕

碾压混凝土配合比设计和室内试验虽然有一些规律可循，但由于碾压混凝土具有水灰比低、干硬的特点，使试验室在拌制、振动密实等所采用的方法，与现场生产中的拌和、摊铺、碾压等所采用的方法差别较大，所达到的效果也可能存在较大差异。因此，试验室所确定的配合比，应通过现场碾压试验验证其适应性，包括可拌性、抗分离性、可碾压性等，同时通过现场取样，验证各种力学指标是否满足设计要求；并且通过现场试验确定施工工艺参数，如碾压层厚度、激振力、碾压行走速度、碾压遍数等。

〔检查要点和方法〕

检查包括配合比设计内容的现场碾压试验报告。碾压混凝土施工前，施工单位应进行现场工艺性试验，将试验报告提交监理单位审批。监理单位应重点对试验过程进行监理，对配合比的适应性及施工参数能否达到施工图要求的混凝土各项技术指标进行检查审核。

b）　4.5.5　每层碾压作业结束后，应及时按网格布点检测混凝土的压实容重。所测容重低于规定指标时，应立即重复检测，并查找原因，采取处理措施。

〔摘编说明〕

容重是水工结构设计的基本指标，直接关系到大坝工程的安全，对于碾压混凝土，只有达到规定容重指标，才能具备相应的力学强度，满足结构设计的需要。因此，压实容重的检测是评定碾压混凝土质量的主要指标。当现场所测容重低于规定指标时，对达不到要求的部位，应立即重新测定，并查找原因，如，摊铺厚度是否超过规定，拌和物材料有无变化，振动碾性能、振频、振幅、激振力是否存在问题等，针对不同的原因，采取相应的措施，确保碾压密实。

〔检查要点和方法〕

检查每层碾压作业结束后压实容重检测情况及检测结果，容重低于规定指标时的复检情况及其处理措施。监理单位应对现场取样进行监督，对检测结果进行审核，合格后方可进行上层铺筑；不合格部位的处理措施通过审批后，方可实施。

c）　4.5.6　连续上升铺筑的碾压混凝土，层间允许间隔时间（系指下层混凝土拌和物拌和加水时起到上层混凝土碾压完毕为止），应控制在混凝土初凝时间以内。

〔摘编说明〕

连续上升铺筑时，如下层初凝后上层仍未完成碾压，由于初凝使下层混凝土表面硬度增加，上层碾压时其骨料难以嵌入下层而架空，且初凝后胶结效果不好，造成层间结合不良；另外，上层振动碾压将会对下层已经初凝的混凝土造成扰动破坏，使其丧失部分胶凝作用，降低混凝土强度。因此，必须控制施工层间间隔时间不超过混凝土初凝时间，即应在下层初凝前完成上一层混凝土的铺筑碾压。

〖检查要点和方法〗

检查层间间隔时间控制过程，包括每层开仓、闭仓记录及现场初凝时间测定情况等。施工过程中，应做好每层开仓、闭仓记录，严格控制层间间隔在允许间隔时间之内，并按有关规定进行现场初凝时间测定，发现下层被覆盖之前已经初凝，应采取层面处理措施，并核定层间允许间隔时间。监理单位及施工单位质量检查人员应加强监督检查。

d）　4.7.1　施工缝及冷缝必须进行层面处理，处理合格后方能继续施工。

〖摘编说明〗

施工缝是根据施工要求而设置的缝，冷缝是由于停工或不能连续施工而形成的。施工缝和冷缝处理不当，形成薄弱环节，会降低抗剪强度、抗拉强度和抗渗性能，影响工程的整体性和稳定性，因此必须认真处理。

首先，去掉混凝土表面乳皮是非常必要的，碾压混凝土一般采用冲毛、刷毛等方法清除缝面的浮浆及松动骨料（以露出砂粒、小石为准），其目的是为了增大混凝土表面的粗糙度，提高层面黏接能力。层面清理合格后，再均匀刮铺1.0～1.5cm厚的砂浆层（砂浆强度等级比混凝土高一级），然后立即在其上摊铺混凝土，并应在砂浆初凝前碾压完毕，防止所铺砂浆失水干燥或初凝。

〖检查要点和方法〗

检查施工缝及冷缝表面处理结果。监理单位应重点检查处理后的层面是否去除了表面乳皮、浮浆及松动骨料，表面粗糙度及层面清理是否符合要求，检查合格后方可继续施工。

8-0-3　《水工混凝土施工规范》SL 677—2014

a）　3.6.1　拆除模板的期限，应遵守下列规定：

1　不承重的侧面模板，混凝土强度达到2.5MPa以上，保证其表面及棱角不因拆模而损坏时，方可拆除。

2　钢筋混凝土结构的承重模板，混凝土达到下列强度后（按混凝土设计强度标准值的百分率计），方可拆除。

1）悬臂板、梁：跨度$l\leqslant 2$m，75%；跨度$l>2$m，100%。

2）其他梁、板、拱：跨度$l\leqslant 2$m，50%；2m＜跨度$l\leqslant 8$m，75%；跨度$l>8$m，100%。

〖摘编说明〗

混凝土悬臂结构、梁、板、拱、孔洞顶部等架空结构，在浇筑及等待强度期间，混凝土结构自重及加载在其上的其他荷载，由支撑混凝土结构的模板（即承重模板）承担，在混凝土结构强度还不能承受其自身重量及其他荷载之前拆除模板，将会导致混凝土开裂或破坏。因此，为保证混凝土结构安全，承重模板应在混凝土结构达到规范规定的强度后方可拆除；如若提前拆除，必须经过计算及试验复核。

模板拆除期限，即混凝土达到允许拆模强度的时间，与混凝土配合比、水泥品种，以及混凝土养护方式、养护环境等多种因素有关，一般需通过浇筑现场制备和养护试件的强度试验确定。

〖检查要点和方法〗

检查混凝土现场强度试验报告。承重模板拆模期限应按本条文规定的混凝土强度确定，混凝土强度的检验，应以在混凝土浇筑地点制备并与结构实体同条件养护的试件强度为依据，施工单位应按有关规范要求进行同条件养护试件强度试验，编制试验报告，监理单位应对试验过程进行监督检查，对试验报告进行审核。若提前拆模，施工单位必须通过计算确定拆模所需的混凝土强度，并按上述方法对混凝土强度进行检验，监理单位应对其计算及试验成果进行审核。

b)　10.4.6　各种预埋铁件应待混凝土达到设计要求的强度，并经安全验收合格后，方可启用。

〖摘编说明〗

预埋混凝土未达到设计强度要求提前启用，混凝土容易开裂和破坏，导致预埋铁件易拔出或连接不牢，造成设备损坏或人员伤亡。

〖检查要点和方法〗

检查与预埋混凝土结构实体同条件养护的试件强度，安全验收合格。

9 灌 浆 工 程

涉及1项技术标准，强制性条文共1条，详见表9-1。

表9-1　　防渗墙与灌浆工程施工部分涉及技术标准汇总表

序号	标 准 名 称	标准编号	强条数
1	水工建筑物水泥灌浆施工技术规范	SL 62—2014	1

9-0-1 《水工建筑物水泥灌浆施工技术规范》SL 62—2014

a) 8.1.1 接缝灌浆应在库水位低于灌区底部高程的条件下进行。蓄水前应完成蓄水初期最低库水位以下各灌区的接缝灌浆及其验收工作。

〖摘编说明〗

接缝灌浆属充填性灌浆，灌浆时缝内不应存在渗水和渗压；水库蓄水以后，水面以下的接缝灌浆区受到挤压应力和渗水压力的影响，灌浆难度增加，灌浆效果较差，甚至无法达到灌浆的目的；因此，在蓄水前应完成最低库水位以下接缝灌浆区的灌浆；蓄水后，应在库水位低于灌区底部高程时再进行接缝灌浆。

〖检查要点和方法〗

检查灌浆措施计划。施工单位在灌浆措施计划中，应明确坝体接缝灌浆施工进度计划，蓄水后对水位的控制要求及措施。监理单位应审核其灌浆措施计划是否满足本条文规定；蓄水前，检查最低库水位以下各灌区的接缝灌浆及其验收工作是否全部完成；蓄水后，监督灌浆作业在库水位低于灌区底部高程时进行。

第三篇

劳 动 安 全 与 卫 生

劳动安全与卫生是水利水电工程建设和运行管理中一项重要工作。本篇分为劳动安全和卫生两部分。

10 劳 动 安 全

本章涉及20项技术标准，强制性条文共181条，详见表10-1。

表10-1　劳动安全部分涉及技术标准汇总表

序号	标　准　名　称	标准编号	强条数
1	灌溉与排水工程设计标准	GB 50288—2018	2
2	水利水电工程劳动安全与工业卫生设计规范	GB 50706—2011	8
3	小型水电站施工安全标准	GB 51304—2018	12
4	农田排水工程技术规范	SL 4—2013	1
5	水工建筑物滑动模板施工技术规范	SL 32—2014	4
6	水利水电工程坑探规程	SL 166—2010	16
7	核子水分-密度仪现场测试规程	SL 275—2014	3
8	水利水电工程钻探规程	SL 291—2003	18
9	村镇供水工程技术规范	SL 310—2019	1
10	水利血防技术规范	SL 318—2011	5
11	水工建筑物地下开挖工程施工规范	SL 378—2007	7
12	水利水电工程施工通用安全技术规程	SL 398—2007	35
13	水利水电工程土建施工安全技术规程	SL 399—2007	24
14	水利水电工程机电设备安装安全技术规程	SL 400—2016	10
15	水利水电工程施工作业人员安全操作规程	SL 401—2007	8
16	水利水电工程鱼道设计导则	SL 609—2013	1
17	水利水电地下工程施工组织设计规范	SL 642—2013	1
18	水利水电工程调压室设计规范	SL 655—2014	1
19	预应力钢筒混凝土管道技术规范	SL 702—2015	2
20	水利水电工程施工安全防护设施技术规范	SL 714—2015	22

本章内容涉及工程勘探、土建工程施工、金属结构与机电设备安装等劳动安全要求。2014年修订的《中华人民共和国安全生产法》、2003年颁布的《建设工程安全生产管理条例》等，为工程安全生产进一步规范化、法制化提供了法律依据。

10-0-1 《灌溉与排水工程设计标准》GB 50288—2018

a) 20.4.2 1级～4级渠（沟）道和渠道设计水深大于1.5m的5级渠道跌水、倒虹吸、渡槽、隧洞等主要建筑物进、出口及穿越人口聚居区应设置安全警示牌、防护栏杆等防护设施。

〖摘编说明〗

设置设置安全警示牌、防护栏杆等防护设施，防止人员跌落溺水，确保安全。

〖检查要点及方法〗

检查安全警示牌、防护栏杆的设置是否符合要求。

b) 20.4.3 设置踏步或人行道的渡槽、水闸等建筑物应设防护栏杆，建筑物进人孔、闸孔、检修井等位置应设安全井盖。

〖摘编说明〗

防止人员跌落发生危险，确保人身安全。

〖检查要点及方法〗

检查防护栏杆、安全井盖的设置是否符合要求。

10-0-2 《水利水电工程劳动安全与工业卫生设计规范》GB 50706—2011

a) 4.2.2 采用开敞式高压配电装置的独立开关站，其场地四周应设置高度不低于2.2m的围墙。

〖摘编说明〗

在水利水电工程中，采用开敞式配电装置的独立开关站一般与厂房或其他主体建筑物具有一定的距离，为了防止外界无关人员随意进出开关站，发生触电或损坏设备等事故，要求在开关站的四周设置围墙，围墙高度不低于2.2m，可以有效防止外人翻越围墙进入。

〖检查要点和方法〗

检查其场地四周是否设置了围墙及高度是否满足要求。

b) 4.5.7 机械排水系统的排水管管口高程低于下游校核洪水位时，必须在排水管道上装设逆止阀。

〖摘编说明〗

出水口高程低于下游校核洪水位的排水管道上装设逆止阀，可有效地防止下游洪水倒灌厂房。

〔检查要点和方法〕

检查出水口高程低于下游校核洪水位的排水管道上是否装设逆止阀。

c) 4.2.6 地网分期建成的工程，应校核分期投产接地装置的接触电位差和跨步电位差，其数值应满足人身安全的要求。

〔摘编说明〕

由于某些水利水电工程需要分期建设，分期投产，接地网不能一次全部完成，需随主体建筑物的分期建设分期实施。为了保证工程分期投运整个阶段接地装置满足人身安全要求，对分期实施的接地网，应校核分期投产整个阶段已形成的接地装置的接触电位差和跨步电位差，其值应满足人身安全的要求。校核采用的接地短路电流值应为工程分期投产整个阶段的接电网可能出现的最大值，并测试接触电位差和跨步电位差。

〔检查要点和方法〕

检查是否已对分期投产接地装置的接触电位差和跨步电位差进行校验，且其数值满足人身安全的要求。

d) 4.2.9 在中性点直接接地的低压电力网中，零线应在电源处接地。

〔摘编说明〕

低压配电网中的零线（中性线）是不允许中断的，零线（中性线）设在电源处时能有效地避免任意线路切除或负载侧配电装置检修，造成低压配电网中其他部分失地运行，能保证系统正常运行、人身及设备安全。水电工程中的低压电网一般是在厂（站）用变压器低压侧的中性点处接地。

〔检查要点和方法〕

检查零线（中性线）在电源处是否接地。

e) 4.2.11 安全电压供电电路中的电源变压器，严禁采用自耦变压器。

〔摘编说明〕

安全电压供电电路的电源变压器，应保证在正常或故障的情况下，触及其输出电压（二次电压）时，其值均不应大于规定的安全电压值。由于自耦变压器的一次、二次两个绕组具有公共部分，使得其一次输入和二次输出在电路上有相连通部分，当绕组短路时，二次电压可能会达到一次电压值，危及人身安全。故此，规定安全电压供电电路中的电源变压器不允许采用自耦变压器。

〔检查要点和方法〕

检查安全电压供电电路中的电源变压器是否违规采用了自耦变压器。

f) 4.2.13 独立避雷针、装有避雷针或避雷线的构架，以及装有避雷针的照明灯塔上的照明灯电源线，均应采用直接埋入地下的带金属外皮的电缆或穿入埋地金属管的绝缘导线，且埋入地中长度不应小于10m。装有避雷针（线）的构架物上，严禁架设通信线、广播线和低压线。

〔摘编说明〕

若照明灯电源线与避雷针或避雷线相距较近，当避雷针（线）遭雷击时，照明灯电源线的电缆金属外皮或穿线金属管上会因雷电感应造成感应电流及出现很高的电位，为防止人身和设备发生危险，照明灯电源线应采用金属外皮电缆或将导线穿入金属管中，并埋入地中长度在10m以上时，可使雷电感应电流有效泄放入地及高电位衰减到安全值以下。类同上述原因，要求严禁在避雷针（线）的构架物上架设通信线、广播线和低压线，以保证人身和设备安全。

〔检查要点和方法〕

检查是否采用了带金属外皮的电缆、并且是否直接埋入地下或穿入金属管的导线，电缆外皮或金属管埋入地中长度在10m以上。在装有避雷针（线）的构架物上是否架设通信线、广播线和低压线。

g）　4.2.16　易发生爆炸、火灾造成人身伤亡的场所应装设应急照明。

〔摘编说明〕

在水利水电工程中，易发生爆炸、火灾的危险场所，主要指厂内油库及油处理室、油浸变压器室、蓄电池室等。这些场所，为避免正常照明系统停电或故障导致次生事故发生时便于人员顺利撤出，或事故时便于工作人员应急操作，应装设应急照明。

〔检查要点和方法〕

检查是否装设了应急照明及工作正常。

h）　4.5.8　防洪防淹设施应设置不少于2个的独立电源供电，且任意一电源均应能满足工作负荷的要求。

〔摘编说明〕

由于防洪防淹设施事关设施及相关范围内人民生命财产的安全，影响重大，一旦供电电源出问题，所造成事故的后果极为严重，因此必须要求供电电源可靠，对供电电源数量提出明确要求。

〔检查要点和方法〕

检查电源数、独立性及其容量是否满足要求。

10－0－3　《小型水电站施工安全标准》GB 51304—2018

a）　2.1.9　危险作业场所、易燃易爆有毒危险品存放场所、库房、变配电场所以及禁止烟火场所等应设置相应的禁止、指示、警示标志。

〔摘编说明〕

上述场所设置相应的禁止、指示、警示标志以警示提醒作业人员的安全意识和安全行为，以保安全。

〔检查要点和方法〕

检测上述场所相应的禁止、指示、警示标志的设置情况，如不按要求设置应立即整改。

b) 2.5.1 爆破、高边坡、隧洞、水上（下）、高处、多层交叉施工、大件运输、大型施工设备安装及拆除等危险作业应有专项安全技术措施，并应设专人进行安全监护。

〔摘编说明〕

爆破、高边坡、隧洞、水上（下）、高处、多层交叉施工、大件运输、大型施工设备安装及拆除等施工作业，将可能造成重大伤亡或财产损失属危险作业。其具体部位应根据水电工程实际生产工序和周边环境决定，各自有其独特的特性和技术性能要求，要保障其安全施工作业应事先针对各自特定条件和相关的规程、规范做出专项安全技术措施和应急预案，作业过程中应有专人进行安全监护。

〔检查要点和方法〕

审查施工方案或作业指导书有无安全技术措施及应急预案，检查其安全技术措施是否结合工程实际和符合相关规程、规范的要求；检查作业过程中有无专人负责安全监护工作。

c) 2.5.2 高处作业的安全防护应符合下列规定：

1 高处作业前，应检查排架、脚手板、通道、马道、梯子等设施符合安全要求方可作业。高处作业使用的脚手架平台应铺设固定脚手板，临空边缘应设高度不低于1.2m的防护栏杆。

〔摘编说明〕

排架、脚手板、通道、隧道、马道、梯子等设施是施工管理人员进出的通道或作业的平台，JGJ 80《建筑施工高处作业安全技术规程》对高处作业作出的安全操作规定，排架支撑应稳固不晃动，脚手板、通道、隧道、马道、梯子应有一定宽度，铺设要固定，要设防护网、帘，临空边缘的保护栏杆高度不低于1.2m才可防止人员翻落。

〔检查要点和方法〕

高处作业前，应有专职安全员对照安全规定和要求逐一检查，符合安全要求后，方准许施工人员进出作业。

4 高处临边、临空作业应设置安全网，安全网距工作面的最大高度不应超过3.0m，水平投影宽度不应小于2.0m。安全网应挂设牢固，随工作面升高而升高。

〔摘编说明〕

安全网距工作面过高会导致人员坠落后冲击力过大而可能使安全网破损失去保护作用，安全网水平投影面积过小导致安全网防护面积过小而可能失去保护作用。因此，做出本规定。

〔检查要点和方法〕

检测实际安全网距工作面距离和其水平投影面积是否符合本规定值，以及安全网是否挂牢，是否随工作面升高而升高的要求。

8 高处作业时，应对下方易燃、易爆物品进行清理和采取相应措施后，方可进行电焊、气焊等动火作业，并应配备消防器材和专人监护。

〖摘编说明〗

高处作业电焊、气焊等动火作业，会有焊渣火星坠落。如作业下方有易燃易爆物品，掉落的焊渣火星会引发火灾或爆炸事故，危及人身和财物安全，所以作此规定，以保安全施工。

〖检查要点和方法〗

检查高处作业下方的易燃易爆物品是否已清理干净或采取相应的安全措施是否安全可靠；检查应配备的消防器材和监护人员是否已落实到位。

d)　2.5.3　施工现场的井、洞、坑、沟、口等危险处应设置明显的警示标志，并应采取加盖板或设置围栏等防护措施。

〖摘编说明〗

施工现场的井、洞、坑、沟、口等危险处，现场人员可能坠落或跌摔造成伤亡。设置警示标志应符合国家安全色、图形、符号的标志，目的是提醒人员注意防止事故的发生。

〖检查要点和方法〗

检查施工现场的井、洞、坑、沟、口等危险处，有无醒目的警示标志，是否设置有盖板和围栏等防护。

e)　3.3.4　当砂石料料堆起拱堵塞时，严禁人员直接站在料堆上进行处理。应根据料物粒径、堆料体积、堵塞原因采取相应措施进行处理。

〖摘编说明〗

砂石料仓因潮湿而起拱的现象经常发生，作业人员直接站在料堆上处理，破拱后人员随料堆塌陷，易发生淹溺窒息事故，本条对此提出规定。处理方法可采取挖除料堆，高压水冲，小型爆破及机械破拱等。

〖检查要点和方法〗

检查施工企业的对起拱堵塞砂石料堆处理方案，以及方案中是否有严禁作业人员直接在料堆上处理的规定。

f)　3.3.9　设备检修时应切断电源，在电源启动柜或设备配电室悬挂“有人检修，禁止合闸”的警示标志。

g)　3.3.10　在破碎机腔内检查时，应有人在机外监护，并且保证设备的安全锁机构处于锁定位置。

〖摘编说明〗

以上两条是对破碎机械设备维修、检查时，防止他人不知情而操作机械设备运转，危及维修、检查人员的人身安全。

〖检查要点和方法〗

对施工企业现场设备检修作业制度进行检查，上述两项检修是否有符合条文规定的制度作保障，是否有机外监护的证据文件。

h） 3.4.2 混凝土拌和应符合下列规定：

4 搅拌机运行中，不应使用工具伸入滚筒内掏挖。需要人工清理时，应先停机。需要进入搅拌筒内工作时，筒外应有人监护。

〖摘编说明〗

这是对搅拌机在运行中和需要清理时的安全操作的规定。

〖检查要点和方法〗

检查施工单位签发的安全手册有无其相关内容，当搅拌机维修时，应检查安全监护人员是否到位，以及检查监护人员监护证据。

i） 3.6.1 闸门安装应符合下列规定：

8 底水封（或防撞装置）安装时，门体应处于全关（或全开）状态，启闭机应挂停机牌，并应派专人值守，严禁启动。

〖摘编说明〗

人字门底水封和防撞装置安装时，门体已经与启闭机连接，需要操作门体配合，由于操作控制室离现场较远，视线完全被遮挡，操作不慎容易产生挤压伤事故，因此在门体底部进行施工时，要求在挂牌停机状态下进行，机旁应有专人值守监护。

〖检查要点和方法〗

检查施工单位签发的安装施工作业书有无其相关内容，以及检查值守监护证据。

j） 3.6.13 检查机组内部不应少于3人，并应配带手电筒，进入钢管、蜗壳和发电机风洞内部时，必须留1人在进入口处守候。

〖摘编说明〗

为确保进入机组内部人员的安全，在进入钢管、蜗壳和发电机风洞内部时，除配备正常的检修照明设施外，还应随身携带手电筒作为应急照明，3人以上也是为了一旦发生意外可以相互帮助自救，在进人口留一人守候承担观察情况，发现问题及时通知。

〖检查要点和方法〗

检查安装施工作业书、施工记录和证据。

k） 3.7.5 进行电气试验时，应符合下列规定：

3 耐电压试验时，应有专人指挥，升压操作应有监护人监护。操作人员应穿绝缘鞋。现场应设临时围栏，挂警示标志，并应派专人警戒。

〖摘编说明〗

因进行耐压试验时有较高的电压及临时电源的存在，会危及操作人员的生命安全。为保证操作人员的安全，要求其应穿绝缘鞋。另外，为防止触电事故发生，要求必须设置安全警戒线及专人警戒。

〖检查要点和方法〗

检查安装施工作业书、作业安全装备配置情况、施工记录和证据。检查操作人员是否穿绝缘鞋。现场是否设临时围栏，挂警示标志及是否设专人警戒。检查是否有专人指挥、操作是否有监护人监护。

l)　3.7.7　导叶进行动作试验时，应事先通告相关人员，确保通讯通畅可靠，在进入水轮机室、蜗壳处悬挂警示标志，并有专人监护，严禁靠近导叶。

〖摘编说明〗

导叶进行动作试验时，一般为机旁操作，应及时通知导叶附近的安装人员，撤离导叶附近，避免被导叶夹挤，造成人身伤害事故。因此，应在水轮机室、蜗壳进人门处悬挂警示标志，严禁进入导叶附近，应有可靠的信号联系，并有专人监护，一旦发生意外可以及时施救并报警。

〖检查要点和方法〗

检查警示标志、通信可靠性、专人监护。

10-0-4　《农田排水工程技术规范》SL 4—2013

a)　4.2.2　明沟工程可采用机械开挖或人工开挖，并应遵守下列规定：

3　挖掘机等机械在电力架空线下作业时应保持规定的安全距离或采取安全措施。

〖摘编说明〗

为防止发生触电事故，挖掘机、起重机等机械在电力架空线下作业时应保持规定的安全距离或采取安全措施。当安全距离无法满足规定时，应与电力部门协商，采取临时停电等措施，确保施工安全。

〖检查要点及方法〗

检查施工作业安全规定及安全措施。

10-0-5　《水工建筑物滑动模板施工技术规范》SL 32—2014

a)　9.3.2　操作平台及悬挂脚手架上的铺板应严密、平整、固定可靠并防滑；操作平台上的孔洞应设盖板或防护栏杆，操作平台上孔洞盖板的打开与关闭应是可控和可靠的。

〖摘编说明〗

滑模施工操作平台及悬挂脚手架上的铺板应严密、平整、固定可靠并防滑，施工人员行走或操作时不易滑落。强调孔洞盖板的打开与关闭的可控性和可靠性，从而不会因为非主观原因和人的无意识动作被打开。

〖检查要点和方法〗

检查施工平台是否严密、平整、固定可靠并防滑，孔洞是否设盖板或防护栏。

b)　9.3.3　操作平台及悬挂脚手架边缘应设防护栏杆，其高度应不小于120cm，横挡间距应不大于35cm，底部应设高度不小于30cm的挡板且应封闭密实。在防护栏杆外侧应挂安全网封闭。

〔摘编说明〕

本条规定滑模施工操作平台及悬挂脚手架边缘应设防护栏杆等要求，目的强调施工人员的安全保护。

〔检查要点和方法〕

检查施工防护设施是否满足本条规定。

c) 9.4.5 人货两用的施工升降机在使用时，严禁人货混装。

〔摘编说明〕

避免人货混装，在极端情况下可以使乘员免受货物引起的附加伤害。

〔检查要点和方法〕

检查人货两用的施工升降机的使用规定和操作规程。

d) 9.10.5 拆除滑模时，应采取防止操作人员坠落的措施，对空心筒类构筑物，应在顶端设置安全行走平台。

〔摘编说明〕

拆除模板时，正拆除的模板，其固定件处于松动待拆状态，极不稳固，故应有防止操作人员坠落的措施或安全行走平台，以保安全。

〔检查要点和方法〕

检查滑模拆模施工方案或拆除现场有无防止操作人员坠落的措施或安全行走平台。

10-0-6 《水利水电工程坑探规程》SL 166—2010

a) 6.4.3 爆破材料使用应符合下列规定：

1 导火线外表有折伤、扭破、粗细不均，燃烧速度超过标准速度5s/m，耐水时间低于2h及受潮、变质，不应使用。

2 电雷管脚线断损、绝缘、接触不良，康铜丝电桥大于0.3Ω、镍铬丝电桥大于0.8Ω及受潮、变质，不应使用。

3 炸药受潮变质、低温冻结变硬、高温分解渗油、不应使用。

4 1号、2号硝铵炸药适用于一般岩石，严禁在有瓦斯、煤尘及有可燃和爆炸性气体的探硐中使用。

〔摘编说明〕

本条规定了探洞施工中不得使用的不合格爆破材料，包括导火线、电雷管、炸药等。

(1) 导火线分为普通型和缓燃型。普通导火线燃烧速度100～125s/m，缓燃导火线燃烧速度180～215s/m。本条规定的“燃烧速度超过标准速度5s/m”，指的是同厂、同型号、同批次生产的导火线，实际燃烧速度与标准燃烧速度的差值不能超过5s/m。根据GB 9108—1995《工业导火索》的规定：普通型导火索优级品的批燃烧时间极差不大于 10s，一级品不大于 15s；缓燃型导火索不大于 25s。

导火线燃烧速度过慢，可能导致误判为瞎炮；燃烧速度过快，不能保证作业人员有充裕的时间撤至安全地点。两种情况都对作业人员生命安全构成威胁。

（2）电雷管通电后，桥丝电阻产生热量点燃引火药头，引火药头迸发出的火焰激发雷管爆炸。桥丝是一个电阻丝，制作材料分康铜丝和镍铬丝，康铜丝电桥的电阻一般为 0.7～1.0Ω，镍铬丝电桥的电阻一般为 2.5～3.0Ω。GB 6722—1986《爆破安全规程》规定，用于同一爆破网路的电雷管应为同厂同型号产品，康铜桥丝雷管的电阻值差不得超过 0.3Ω、镍铬桥丝雷管的电阻值差不得超过 0.8Ω。GB 6722—2011《爆破安全规程》将上述规定改为“同一起爆网路，应使用同厂、同批、同型号的电雷管；电雷管的电阻值差不得大于产品说明书的规定”。

（3）1 号、2 号硝铵炸药主要用于无瓦斯和（或）粉尘爆炸危险、无水的中硬岩石的爆破。

〖检查要点和方法〗

（1）检查有关爆破的安全规定和对爆破材料的检查记录等。

（2）爆破材料的控制参数应符合相关行业现行标准的要求。

b)　6.4.4　爆破材料加工应遵守下列规定：

1　爆破材料加工应在专设的加工房进行。加工房应干燥通风、严禁烟火，配备消防器具。加工房与居民点及重要建筑物的距离不应小于 500m。

2　作业人员应穿棉质工作服。防水处理用的蜡锅应放置室外，其距离不小于 10m。

3　导火线、雷管加工应遵守下列规定：

1）导火线长度应根据炮眼数量、深度、点炮时间及躲炮行走时间总和的 2 倍确定，最短不少于 1.2m。

2）雷管中如有杂物，应用手指轻轻弹出，不应用口吹。导火线切口应整齐垂直插入管中与加强帽接触，用雷管钳钳紧，不应用克丝钳或其他方式卡紧。纸雷管用缠纸或缠线等紧固。

4　起爆药卷加工应遵守下列规定：

1）加工量不应超过当天需用量，加工后要妥善保管。

2）加工时用直径约 7mm 竹签或木签插入药卷 70mm 后将雷管插入，严禁使用金属棍操作。

3）雷管插入药卷后，火雷管应用扎线将药包扎紧，电雷管应用脚线扎紧。

4）在有水炮眼中使用硝铵炸药时，起爆药包或药卷应进行防水处理。水深在 2m 以内可用石蜡或沥青进行防水处理，其化蜡温度不大于 80℃，浸蜡时间不大于 2s；水深大于 2m 时，可用乳胶套进行隔水处理。

〖摘编说明〗

本条规定了爆破材料加工过程中应遵守的内容，目的是避免爆破材料加工过程中发生意外，造成施工人员的伤亡。

（1）加工房可以在施工场地附近临时修建或利用废弃的民房、窑洞，但要满足安全规定。

（2）规定作业人员穿棉质工作服是防止意外烧伤。蜡锅易燃，所以应放置室外。

（3）导火线的长度应保证作业人员有充裕的时间躲避到安全地方。

（4）在任何情况下，都不应用嘴去吹雷管插口的杂物，由于起爆药受潮就会丧失火焰敏感度，加强帽上沾水就会导致拒爆；硬物在起爆药上偶然划下痕迹，可能引起爆炸。

（5）起爆药卷的制作应在装药前进行，不能事先制成成品备用。

〔检查要点和方法〕

（1）检查施工单位爆破材料加工房是否符合要求，查阅爆破材料加工的有关管理规定。

（2）爆破材料加工应符合相关行业现行标准的要求。

c)　**6.4.5　装炮及炮眼堵塞应遵守下列规定：**

1　装药前用吹砂管将炮眼中岩粉吹净，清除堵塞的岩块及岩屑，并用炮棍探明炮眼深度、角度是否符合要求。

2　装药长度宜为炮眼长度的1/2～2/3，掏槽眼可多装10%～20%，紧密堵塞。

3　炮棍应用直径小于药卷直径6mm的竹、木质材料制成，端部应平齐，严禁使用金属棍。

4　起爆药卷宜装在由外向里的第二节药卷位置，也可采用双向起爆及反向起爆等方法。

5　炮眼堵塞物宜用黏土（塑性指数以13为佳），为增加摩擦阻力，黏土中可渗入5%～10%粒径约1mm的砂，不应用碎石堵塞。炮眼堵塞长度宜为炮眼深度的1/3～1/2，但不少于200mm。

〔摘编说明〕

本条规定了装炮及炮眼堵塞的一般要求。

（1）由于各类炮眼的位置、作用不同，故而分配的药量也有所不同。掏槽眼位于爆破面中部，爆破困难，因而要多装10%～20%，辅助眼、周边眼则次之。

（2）炮棍严禁使用金属棍是避免因炸药与金属棍摩擦而产生爆炸事故。塑料以及其他可能产生静电的材料也不得作为炮棍使用。GB 6722—2011《爆破安全规程》规定“炮孔装药应使用木质或竹制炮棍”。

〔检查要点和方法〕

检查施工单位装炮及炮眼堵塞的有关管理规定和操作细则。

d)　**6.4.6　起爆作业应遵守下列规定：**

1　火雷管起爆应遵守下列规定：

1）安全导火线长度根据点炮需用时间而定，宜为最短火线的1/3。安全导火线燃尽或中途熄灭时，应立即离开工作面，不应继续点炮。

2）应使用电石灯或导火线，按爆发顺序点炮。每炮间隔时间应为2s左右。

3）点炮后应仔细听记响炮数目是否与装炮数目相符。最后一炮响后应至少隔15min，待炮烟吹散后再进入工作面检查爆破效果。

2　电雷管起爆应遵守下列规定：

1）雷雨天气严禁使用电雷管起爆。

2）有涌水或有瓦斯的工作面应使用电雷管或导爆管起爆，严禁使用火雷管。

3）应根据爆发顺序采用延期雷管。杂散电流超过30mA时，严禁使用普通电雷管。

4）起爆线路应保持良好绝缘，断面应保持并联电流要求，电压应满足雷管串联要求，母线断面不应小于2.5mm^2。

5）爆破线路应与照明动力线路分开架设，中途不应交叉，各工作面应有单独的电力起爆网。爆破线路及起爆网应由爆破员亲自架设，每次放炮前应采用电桥进行安全检查。

6）探硐较深时应采用分段连接，分段加设短路开关。

7）采用电力线路起爆，若发生拒爆应首先切断电源，合上短路闸刀，待即发雷管过2min或延期雷管过5min后，方可进入工作面进行检查。

〖摘编说明〗

炸药用雷管起爆的方法分为火雷管起爆和电雷管起爆。

（1）火雷管起爆，爆破工都是在装药附近点燃导火线，点燃的导火线过多、导火线不够长、人员撤到掩蔽所有困难等均可导致早爆而发生危险。

（2）漏电、感应电流、静电和雷电等各种与起爆电流无关的电流为杂散电流，它对电雷管作用，可能使炸药发生早爆。

〖检查要点和方法〗

检查施工单位爆破施工的设计报告等，设计是否满足起爆作业的规定。

e）　6.4.7　瞎炮处理应遵守下列规定：

1　用掏勺轻轻掏出炮泥，到达预定标志应立即停止，装入起爆药引爆。严禁采用强行拉导火线或雷管脚线的办法处理。

2　采用上述方法处理无效时，可在瞎炮旁约400mm处平行凿眼，装药起爆处理。

3　当班瞎炮应由当班炮工亲自处理。瞎炮未经处理，不应进行正常作业。

4　严禁使用压缩空气吹出炮眼中的炮泥和炸药雷管。

〖摘编说明〗

瞎炮是指在爆破作业过程中，由于种种原因导致拒爆（电雷管和炸药都不爆炸）或残爆（电雷管爆炸，炸药不完全爆炸或不爆炸）。瞎炮的存在，给现场作业人员的人身安全带来极大危害。

如果遇到瞎炮，首先应仔细分析，查明原因；然后采取有效处理措施，加以消除。

〖检查要点和方法〗

检查施工单位爆破施工的设计报告或操作规则等，对瞎炮处理作业的规定是否满足要求。检查瞎炮处理的过程记录。

f)　**6.4.9　露天爆破尚应符合下列规定：**

1　相邻地区同时放炮，应统一指挥，统一信号，统一时间。

3　应控制爆破安全距离。炮眼直径应为42mm以内，平地水平距离应为200m，山地水平距离应为300m。

〔摘编说明〕

露天爆破一般用于洞口开挖和施工场地平整。露天爆破的安全生产不仅需要考虑施工人员的安全，还需要考虑临近建筑物、居民、行人、车辆等的安全。

GB 6722—2011《爆破安全规程》规定的爆破安全距离有：爆破振动安全允许距离，爆破空气冲击波安全允许距离，爆破作业噪声控制标准，水中冲击波及涌浪安全允许距离。

〔检查要点和方法〕

检查施工单位编制的作业计划或实施细则、安全生产的有关规定与检查记录等。

g)　**6.6.1　支护应符合下列规定：**

2　支护前应检查硐壁、硐顶岩体稳定性，松动岩石应挖除。

5　支护应一次架好。靠近工作面的支护应采取加固和保护措施，及时修复放炮打坏的支护。

6　使用中的探硐，应经常检查支护的牢固性、安全性，及时加固、更换变形移位及腐朽折断的支护。

7　恢复或加固、加深旧硐时，应首先检查支护，必要时进行更换。

8　破碎松散岩（土）体应及时进行支护。必要时可采用超前临时支护。

〔摘编说明〕

支护是探洞施工中一项重要的工作，其目的是保证隧洞围岩稳定，满足洞内施工与作业安全的需要，做到及时支护，并应根据洞周岩体稳定情况采取合理的措施。

（1）放炮后，应先检查已有支护情况，发现有放炮打坏的支护应及时修复。

（2）恢复或加深旧洞要谨慎从事，应首先勘查现场，制定技术措施后方可施工。

〔检查要点和方法〕

检查施工单位编制的作业计划或实施细则、安全生产的有关规定与检查记录等。

h)　**6.7.1　通风应符合下列规定：**

2　开挖工作面的氧气体积应不低于18%。

4　有瓦斯（CH_4）和其他有害气体探硐工作面，人均供新鲜空气量不应低于$5m^3/min$，通风风速不应低于0.25m/s。

5　硐深超过300m时，应进行专门通风设计。按同时在硐内工作的总人数计，每人每分钟供风量不应少于$4m^3/min$，工作面回风风流中，氧气、瓦斯、二氧化碳和其他有害气体含量应符合本条第2款及6.8.2条的规定。

〔摘编说明〕

通风的目的是为改善施工环境，保护施工作业人员的身体健康。SL 378—2007《水工建筑物地下开挖工程施工技术规范》对地下洞室开挖施工过程中，有详细规定。

〔检查要点和方法〕

检查施工单位编制的作业计划或实施细则、安全生产的有关规定与检查记录等。

i) **6.8.2 有害气体、粉尘、噪声监测及施工保健应符合下列规定：**

1 有害气体、粉尘、噪声卫生安全标准应符合下列规定：

1）工作面有害气体限量（按体积计）应符合表6.8.2的规定。

表6.8.2 地下硐室有害气体最大允许浓度

名 称	符 号	最大允许（体积）浓度（%）
一氧化碳	CO	0.00240
二氧化碳	CO_2	0.50
氮氧化物	$[NO]$	0.00025
二氧化硫	SO_2	0.00050
瓦斯	CH_4	1.0
硫化氢	H_2S	0.00066
氨	NH_3	0.00400

2）工作面空气粉尘含量不应大于$2mg/m^3$。

2 有害气体及粉尘监测应符合下列规定：

3）在有瓦斯或其他有害气体的探硐施工，应对瓦斯或其他有害气体突出的断层带、老窿、破碎带等部位每班至少监测两次，发现浓度不断升高，应加密监测。当有害气体超限时，应立即撤离工作人员或采取防护措施。

5）长期停止施工的探硐恢复生产时，首先应检查氧气、二氧化碳、瓦斯和其他有害气体浓度。如不符合规定，应通风排放有害气体，达到标准后方可进硐施工。

4 施工保健应符合下列规定：

2）硐内噪声大于90dB（A）时，应采取消音或其他防护措施。

3）凿岩作业，应配带防护面罩及防护耳塞。

〔摘编说明〕

本条主要根据SL 378—2007《水工建筑物地下开挖工程施工技术规范》制定。这就要求施工单位配备合格的粉尘和有害气体测试仪器，并能够进行有效测量。在平洞内施工过程中，当有害气体及可燃性气体含量超过规定时，加强通风是处理的有效措施。有害气体浓度降低到低于标准值后才能正常开始相关工作。

(1) 初次施工的探洞，从岩性和区域构造分析存在有害气体不大时，仍需进行监测。当掘进一定深度后，经监测确认不存在有害气体时，经项目负责人批准可取消后期监测。

（2）从地质构造及岩性判定，并经实测确认存在有害气体，但监测结果未超标的情况下，每班仍要至少监测两次。

〖检查要点和方法〗

检查施工单位编制的作业计划或实施细则、安全生产的有关规定与检查记录等。

〖案例分析〗

在某抽水蓄能电站下库勘探平洞中，就曾发生过因未注意有害气体问题，而造成人员死亡的事故。

j） 6.8.3 放射性监测及施工保健应符合下列规定：

1 在火成岩地区、新构造活动部位等施工作业，应进行γ射线和放射性气体测试，判定是否存在放射性危害。

2 井、硐内施工人员的个人内外照射剂量大于年限值 1mSv/a 时，应根据国家有关标准的规定，进行氡及其子体和γ辐射的个人剂量监测及辐射环境监测，必要时采取防护措施。

〖摘编说明〗

本条主要根据 GB 15848—2009《铀矿地质勘查辐射防护和环境保护规定》制定。放射性对人体的危害是众所周知的，当在有放射性危害的探洞中施工时，要采取有效的防护措施。

〖检查要点和方法〗

检查施工单位编制的作业计划或实施细则、安全生产的有关规定与检测、检查记录等。对存在放射性的探洞，还要检查放射性防护措施是否有效。

k） 6.8.4 救护装备应符合下列下规定：

1 在有瓦斯地区掘进探硐时，应按工作人员总数的110%配备自救器或送风面盔。低瓦斯地区宜用过滤式自救器，高瓦斯地区宜配用化学氧自救器。

2 施工单位应配备氧气呼吸器。

3 自救设备应定期进行气密检查。

〖摘编说明〗

救护装备是在发生有害气体、停电、停风、塌方等突发事件时，施工作业人员用于自救逃生使用的装备，可起到保护施工作业人员生命安全、有效减少人员伤亡的作用，是探洞施工中必不可少的。

〖检查要点和方法〗

检查施工单位编制的作业计划或实施细则、安全生产的有关规定与检查记录等。检查探洞施工中救护装备的配备及使用情况。

l） 6.10.3 河底平硐施工尚应符合下列规定：

3 应打超前眼，深度不小于 3m。

6　导井与河底平硐连接处应设置安全硐或躲避室。

7　应对围岩变形和地下水进行监测。

8　应配置备用电源，或采取其他措施，在突发涌水或停电时能将井、硐内工作人员和设备提升到安全地点。

〖摘编说明〗

河底平洞施工时，应采取有效措施防止平洞与河水贯通，并应有应急预案，保护施工作业人员的生命安全。

（1）打超前眼的目的是探明开挖面即将开挖岩体的完整性、围岩稳定性，有无断裂或破碎带、强岩溶带、强透水地层等，避免造成围岩失稳或涌水等重大事故。

（2）备用水泵要定期启动运转和维护保养，以备急需时能正常工作。

（3）备用电源的启动与运行性能要可靠，专人负责，确保随时启动以应急需。

〖检查要点和方法〗

（1）检查施工单位编制的作业计划或实施细则、安全生产的有关规定与检查记录等。

（2）检查河底平洞施工中安全洞或躲避室的设置、围岩变形与地下水监测情况、突发事件的应急预案与抢险器材准备情况。

m）　7.2.11　提升作业应符合下列规定：

1　提升钢绳安全系数应大于8，并应随时检查钢绳有无断股及损坏。

2　检查提升系统（钢绳、吊钩、吊环等）牢固程度，连接部件的安全系数应大于8。

3　提升速度应小于1m/s，升降人员时应减速50%。

〖摘编说明〗

本条是对竖井施工中提升作业有关安全方面的规定，需要注意以下几个方面：

（1）起重卷扬机选择应满足几个要求：有足够的起重能力；卷筒有足够的容量；有两速以上的变速范围。

（2）钢丝绳、吊钩、吊桶、罐笼要安全可靠，要定期检查，及时修理与更换配件。

〖检查要点和方法〗

检查施工单位编制的作业计划或实施细则、安全生产的有关规定与检查记录等。

n）　7.2.12　排水应符合下列规定：

1　涌水量大时可设活动水泵吊盘，吊盘内可装一台或多台水泵。吊盘与出渣桶不应互相干扰。

2　水泵排水能力应大于预测涌水量的一倍，备用水泵比例应为1∶1，并设有备用电源。

〖摘编说明〗

在富水的地层中开挖竖井，排水常常成为影响竖井开挖成败的因素之一，同时，也是保证施工人员施工安全的重要措施。备用水泵的要求是为了在突发涌水事件出现时，能及时采取措施，防止事故的发生。

本条规定是属于常用泵从井内向井外排水。遇涌水量特大，井内排水不能满足要求时，可在井外钻凿降水井来解决。

〖检查要点和方法〗

检查施工单位编制的作业计划或实施细则、安全生产的有关规定与检查记录等。检查备用水泵的配置情况。

o） 7.3.8 提升应符合下列规定：

2 每隔5～10m宜设安全硐，提升机运行时，作业人员应进入安全硐内躲避。

3 斜井中应设挡车器，矿车应带有安全装置。

5 井口应设挡车栏杆，矿车上来应先关好挡车栏杆才准摘钩。空车下放应先将矿车挂钩挂好后再打开挡车栏杆，送下矿车。处理掉道矿车，矿车下方严禁站人。

〖摘编说明〗

斜井开挖的提升工序是施工中能否做到安全生产的一个重要环节，需用专用提升设备，不得使用其他代用机械。

〖检查要点和方法〗

检查施工单位编制的作业计划或实施细则、安全生产的有关规定与检查记录、培训记录等。检查安全洞、挡车器、挡车栏杆等的设置情况。

p） 8.0.5 坑探工程施工应遵守下列规定：

3 工地机房、库房、宿舍等设施，不应修建在洪水位以下、危岩下以及山洪暴发所危及的冲洪积扇上。

4 爆破作业应确定安全警戒范围，设立明显的安全标志，必要时要有专人把守。

〖摘编说明〗

坑探工程施工还要注意施工与人员的安全问题，防止洪水、危岩、滑坡、泥石流等危及施工人员的生命安全。

爆破作业应设立安全警戒范围，防止对行人、车辆造成危害。

〖检查要点和方法〗

检查施工单位编制的作业计划或实施细则、安全生产的有关规定与检查记录等。检查警戒范围和安全标志的设立、专人把守等情况。

10-0-7 《核子水分-密度仪现场测试规程》SL 275—2014

a）第1部分 7.1.2 现场测试技术要求：

f） 现场测试中的仪器使用、维护保养和保管中有关辐射防护安全要求应按附录B的规定执行。

b）附录B（规范性附录） 辐射安全

B.1　凡使用核子水分-密度仪的单位均应取得“许可证”，操作人员应经培训并取得上岗证书。

B.2　由专业人员负责仪器的使用、维护保养和保管，但不得拆装仪器内放射源。

B.3　仪器工作时，应在仪器放置地点3m范围设置明显放射性标志和警戒线，无关人员应退至警戒线外。

B.4　仪器非工作期间，应将仪器手柄置于安全位置。核子水分-密度仪应装箱上锁，放在符合辐射安全规定的专门地方，并由专人保管。

B.5　仪器操作人员在使用仪器时，应佩戴射线剂量计，监测和记录操作人员所受射线剂量，并建立个人辐射剂量记录档案。

B.6　每隔6个月按相关规定对仪器进行放射源泄漏检查，检查结果不符合要求的仪器不得再投入使用。

c）第2部分　7.1.2　现场测试技术要求：

f）　现场测试中的仪器使用、维护保养和保管应执行本标准第1部分附录B的规定。

〖摘编说明〗

本条规定了核子水分/密度仪现场测试的技术要求。对仪器使用人员，使用、维护保管、仪器放置，使用仪器时辐射剂量监测记录，以及仪器放射源检查做出了规定。在仪器使用和保管中应严格执行防止放射伤及他人，同时保护使用者。

〖检查要点和方法〗

检查核子水分/密度仪使用单位“许可证”，操作人员上岗证书。检查仪器的使用、保养维护和保管是否满足规定要求。检查操作人员的个人辐射剂量记录档案。检查保管仪器放射源核泄漏情况检测记录档案等。

〖案例分析〗

2014年4月9日，天津某检测公司携带放射源来到南京，为南京某石化公司预制场进行管道探伤。5月7日凌晨作业完成后，将放射源回收时，按照规定，探伤作业完成后，操作人员应该使用专业的射线扫描仪器对现场进行扫描，以确保放射源没有遗留。经调查，这步重要的程序没有进行，这就是造成这次核辐射事故的主要原因。加上晚上施工，天黑光线不好，放射源又小，因此掉在地上没有看见。直到8日中午，按照工作程序，检测公司的工人将现场放射源照射的胶片冲洗出来，但发现曝光异常，于是通知设备生产企业来检修设备。直到这时，事发已经近12小时，仍没有人发现放射源不见了。8日下午6点，生产企业检修技术人员赶到。检修结果把所有人都吓坏了。当晚，工人报警。

南京环保部门查询了该公司放射源的购买到保存以及施工一套手续，每个环节都符合规定。从事放射源工作的技术人员也是在天津培训取得资质后才上岗的。同时，探伤作业也是安排在夜间进行。唯一的纰漏出在管理不够，工作人员在放射源操作和保管过程中违反相关规定，导致放射源铱-192丢失。

据媒体报道，本次放射源丢失，造成一名工人受辐射，住院治疗。另外寻找丢失放射源耗费大量人力物力。因此使用单位和操作人员应严格遵守技术规程，防止放射伤及他人。

发生本次事故的主要原因是管理不够，工作人员在放射源操作和保管过程中违反相关规定。

10-0-8　《水利水电工程钻探规程》SL 291—2003

a)　3.3.2　钻探设备安装和拆迁应遵守下列规定：

2　竖立和拆卸钻架应在机长统一指挥下进行。立放钻架时，左右两边设置牵引绷绳以防翻倒，严禁钻架自由摔落。滑车应设置保护装置。轻型钻架的整体搬迁，应在平坦地区进行，高压电线下严禁整体搬迁。

〖摘编说明〗

钻探设备安装和拆迁是保证钻探能正常运行和影响生产安全的一个重要方面，该条规定主要可以从以下3个方面理解和执行：

(1) 钻场在竖立和拆卸时，人员集中在很小的范围内，上下左右立体作业，最易引发事故，所以必须在机长统一指挥下进行。

(2) 钻架滑车，过去因为过度磨损而意外脱落或损坏的情况时有发生，而安装之后又不好上油和检查，所以，在立架之前要特别注意检查加油。滑车的防护装置一般采用绳子或链条与钻架、架腿相连，中间留有一段距离，使卷扬机操作者留有紧急处理时间。

(3) 在平坦地区，轻型钻架可以整体搬迁。但在地面崎岖时，抬架人员受力不均，容易引起人员伤亡或钻架倾倒；钻场在输电高压线下时，若钻架顶部离输电线较近，高压电容易击穿空间使人体与地面接通造成触电事故；因此，这两种情况严格禁止钻架整体搬迁。

〖检查要点和方法〗

检查施工单位编制的作业计划或实施细则、安全生产的有关规定与检查记录等。

b)　4.3.4　爆破药包的包装必须由持证专业人员在距离钻场50m以外安全范围进行作业。

c)　4.3.5　药包与孔口安全距离：在水下作业应大于3m，干孔作业应大于5m。

〖摘编说明〗

孔内爆破是覆盖层钻进时的一种辅助手段，配合其他钻进方法，利于穿透大直径的孤石和漂石，也用于事故处理。孔内爆破必须保证安全生产，特别是施工人员人身安全。

〖检查要点和方法〗

检查施工单位编制的作业计划或实施细则、安全生产的有关规定与检查记录、爆破人员的资格证书等。

d) **4.5.2 滑坡地段钻进应遵守下列规定:**

4 对有危险的滑坡体应设专人观察滑坡体的动态，如发现有滑动迹象时，立即将机组撤离至安全地区。

〖摘编说明〗

在有危险的滑坡体上进行钻探，由于在钻探施工过程中增加的荷载、人工扰动和钻探冲洗液等的影响，滑坡体可能失稳而对作业人员的安全构成威胁，因此需要对滑坡体进行动态观察，一有滑动迹象立即采取措施，保证施工人员的安全。

〖检查要点和方法〗

检查施工单位编制的作业计划或实施细则、安全生产的有关规定与检查记录、滑坡体动态观察记录等。

e) **8.3.1 在河谷狭窄、水深流急处钻探，可架设钢索桥，钢索桥的设计应遵守下列规定:**

1 钢索桥应有专门设计文件，并应经上级机关批准后才能施工。

2 有关安全规定应随钢索桥设计书一并呈报，批准后执行。

3 钢索桥钻场的最低点应高于施钻期间最高水位3m，还应符合当地航运要求。

4 钢索桥栏杆高应为1.2m。

5 钢索桥上方应架设安全绳，装设紧急撤退吊斗一台，最大载重量为10kN。吊斗由岸上牵引驱动。

f) **8.3.2 架设钢索桥应遵守下列规定:**

4 风速在5级以上或雨、雪、雾天气，禁止施工架设。

g) **8.3.3 钢索桥钻探时设备安装应遵守下列规定:**

5 禁止在5级大风和重雾、雨雪天气进行安装。

h) **8.3.4 钢索桥钻探应遵守下列规定:**

1 每天应有专人检查索桥桩基、钢丝绳卡子等安全情况。

〖摘编说明〗

在河谷狭窄、水深流急处进行钻探施工，钢索桥是保证施工顺利进行和安全的重要保障。因此，应对铁索桥进行专门的设计，并制定有关的安全规定。铁索桥的高度要考虑到施工过程中洪水的影响。如为通航河流，还应考虑通航的需要。

〖检查要点和方法〗

检查铁索桥设计文件和有关的安全规定、上级机关的批准文件以及施工过程中的安全生产检查记录等。

i) **8.4.1 冰上钻探应在封冻期进行，透明冰层厚度应不小于0.3m。冰上钻探期间，应掌握水文气象动态，设专人负责观测冰层安全情况。**

〖摘编说明〗

本条仅适用于非车装钻机施工，对于车装钻机施工应进行一些调查研究，确定冰层厚度和施工期。

河水结冰时，应等待冰层到一定厚度时，才能在冰上进行钻探，本条规定的透明冰层厚度是指冰层中间没有空气夹层时的厚度。

冰上钻探，接近解冻时最危险，这时冰层的厚度虽大，但由于气温开始升高，冰内形成细小裂隙，应事先注意开江和冰层发生碎裂的可能。事前一定要注意气象与水文预报，随时做好撤离准备，一旦发现情况异常，应及时撤离。

〔**检查要点和方法**〕

检查施工单位编制的作业计划或实施细则、冰上钻探安全生产的有关规定与检查记录等。

j）　8.5.5　近海钻探应遵守下列规定：

5　风力大于5级时，钻船和平台不得搬迁和定位。浪高大于1m或钻船横摆角大于3°时，应停止作业。

6　风力6级、浪高1.5m时，钻船应停止作业，拔出套管避风；风力5级或浪高0.8m时，船只不得靠近平台接送工作人员，人员应通过悬吊装置上、下平台。

〔**摘编说明**〕

近海钻探，风浪是威胁作业人员安全的主要自然因素。规定风力大于5级和浪高大于0.8m时，船只不允许停靠平台，主要是因为海上平台的海底支持面积很小，自身稳定性有一定限度。

〔**检查要点和方法**〕

检查施工单位编制的作业计划或实施细则、近海钻探安全生产的有关规定与检查记录等。

k）　13.2.1　钻场工作人员应遵守下列安全规定：

2　在钻塔上工作时，必须系牢安全带。

3　钻场设备安装之后，机长必须进行安全检查，确认安装合格，方可开钻。

〔**摘编说明**〕

钻探工作环境艰险，生产过程繁复，没有熟练的操作技术和安全意识就难以顺利完成任务。在钻塔上工作，属于高空作业（3m以上），所以要系安全带，以防失足落下。

〔**检查要点和方法**〕

检查施工单位编制的作业计划或实施细则、钻塔上作业安全生产的有关规定与检查记录等。

l）　13.2.4　孔内事故处理应遵守下列安全规定：

3　使用千斤顶起拔钻具时，千斤顶卡瓦应栓绑牢固，并挂好提引器，严防钻杆顶断后窜起或卡瓦飞出伤人。

〔**摘编说明**〕

孔内事故处理是钻探工作中一项细致工作，需要工作人员胆大心细，严格按照规定操作，避免造成人员伤亡。

〖检查要点和方法〗

检查施工单位编制的作业计划或实施细则、安全生产的有关规定与检查记录等。

m）　13.3.1　井下排水取芯应遵守下列安全规定：

1　当井下采用潜水泵排水，或井壁不稳、照明不佳时，工作人员严禁在井下作业。使用的电缆必须有良好的绝缘。

4　禁止井下与井口同时作业。

5　井下作业必须戴好安全帽和系好安全带。

6　在井下取芯作业，严禁人和物同时吊起。

〖摘编说明〗

大口径钻探可用以代替竖井开挖，其钻进方法有取芯钻进和全断面钻进。坚硬和半坚硬岩层中的取芯钻进，是回转钻进的一种，断取岩芯常采用楔断法或液压顶断法，这都涉及工作人员需在井下安全作业的问题。

井下有人时，排水不得采用潜水泵进行，是因为潜水泵电机没入水中容易漏电，而且潜水泵工作时，电机周围会在水中形成感应电动势，有时它的电压非常高，对井下工作人员形成一种威胁，甚至造成触电事故。系好安全带，还包括将安全带引出井口，在万一发生异常情况时，可以由井口人员将井下人员提出井外。井下取芯，下井时应该先下物后下人；出井时应先吊人，后吊物。

〖检查要点和方法〗

检查施工单位编制的作业计划或实施细则、安全生产的有关规定与检查记录等。

n）　13.3.2　升降钻具应遵守下列安全规定：

3　提放钻具时，提引器的快卡子应安全可靠；重物放倒摘掉快卡子时，应立即用绳子拉住钩子，以防摆动伤人。

〖检查要点和方法〗

检查施工单位编制的作业计划或实施细则、安全生产的有关规定与检查记录等。

o）　13.3.3　井口安全应遵守下列规定：

3　井下有人员作业时，井口应设专人看守，所用工具等，一律用系绳或由吊桶运送，不得向井下投放。

〖摘编说明〗

该款所指设专人看守，主要是防止闲人和牲畜进入井口周围造成意外伤害事故。

〖检查要点和方法〗

检查施工单位编制的作业计划或实施细则、安全生产的有关规定与检查记录等。

p）　13.4.1　水上钻探应遵守下列安全规定：

11　遇有重雾视线不清或5级以上大风时，禁止抛锚、起锚和移动钻船、渡船等。

〖摘编说明〗

水上钻探是在江河湖海水面上作业的一种钻探工作，是水利水电工程勘察钻探的一项重要内容。水上钻探能否顺利、安全进行，既与设备及辅助设备有关，同时也与当地的水文、气象、航运以及水库的运行条件有关。

〖检查要点和方法〗

检查施工单位编制的作业计划或实施细则、安全生产的有关规定与检查记录等。

q）　13.5.3　钻场防风应遵守下列安全规定：

1　高 10m 以上的钻塔，应设安全绷绳。

2　大风超过 6 级时，应增设绷绳或落下钻塔篷布。

〖摘编说明〗

该条规定的目的是防止大风吹倒钻架，造成不必要的人员伤亡。安全绳指的是 4 根安全绷绳。此外，大风超过 6 级时，风压很大，如靠绷绳不能确保钻架不倒，最佳措施是落下钻架上篷布，减小风力的影响。

〖检查要点和方法〗

检查施工单位编制的作业计划或实施细则、安全生产的有关规定与检查记录等。

r）　13.5.5　陡坡修建钻场和钻进应遵守下列安全规定：

3　遇 6 级以上大风或雨雪连绵天气应停止施工，复工前进行安全检查。

〖摘编说明〗

在陡坡修建钻场和钻进，恶劣天气时应停止施工，防止人员滑倒或钻架（塔）被风吹倒而伤到人。复工前的安全检查也是非常重要的，检查过程中要排除停工期间形成的安全隐患。

〖检查要点和方法〗

检查施工单位编制的作业计划或实施细则、安全生产的有关规定与检查记录等。

10－0－9　《村镇供水工程技术规范》SL 310—2019

a）　8.0.9　水塔应根据防雷要求设置防雷装置。

〖摘编说明〗

村镇供水工程的水塔一般均高于周围的建筑物，为防止雷击对水塔造成损害，应在水塔的设计中根据防雷要求设置避雷设施。

〖检查要点及方法〗

检查水塔设计文件中是否根据防雷要求设置避雷设施。

10－0－10　《水利血防技术规范》SL 318—2011

a）　5.1.1　从有钉螺水域引水的涵闸（泵站），应因地制宜，修建防螺、灭螺工程设施。

b）　6.1.1　在血吸虫病疫区新建、改建或加固堤防工程时，应结合堤防建设，采取灭螺、防螺措施。

c）　7.1.1　在血吸虫病疫区新建、扩建和改建灌排渠系时，应采取防螺、灭螺措施。

d） 8.0.1 在血吸虫病疫区整治河湖时，应采取防螺、灭螺措施。

e） 9.0.1 在血吸虫病疫区新建、扩建和改建饮水工程时，应采取水利血防措施，防止钉螺污染水源和输水通道。

〔摘编说明〕

在有螺河道（渠道）引水涵闸（泵站）修建控制性的防螺、灭螺工程，可以有效地防止钉螺向无螺区扩散，控制血吸虫病的流行，避免因为修建水利工程造成血吸虫病扩散，从源头上切断传染、扩散的渠道与流行的可能。

〔检查要点和方法〕

确定的血吸虫病病疫区及其可能扩散影响地区的范围是否合理；水利血防措施规划内容是否全面，措施是否得当。

10-0-11 《水工建筑物地下开挖工程施工规范》 SL 378—2007

a） 8.4.2 竖井吊罐及斜井运输车牵引绳，应有断绳保险装置。

〔摘编说明〕

若竖井吊罐或斜井运输车的牵引绳发生断绳，吊罐失控下坠或斜井运输车失控下滑，造成设备损毁，甚至人员伤亡，因此竖井吊罐及斜井运输车应有断绳保险装置。

〔检查要点和方法〕

检查竖井吊罐及斜井运输车牵引绳断绳保险装置。设备选型时，应选择有断绳保险装置的竖井吊罐和斜井运输车，或施工单位自行设计配置断绳保险装置。设备投入运行前，监理人员应对竖井吊罐和斜井运输车是否安装断绳保险装置，保险装置是否安全可靠进行检查，检查合格方能投入运行。

b） 8.4.11 井口应设阻车器、安全防护栏或安全门。

〔摘编说明〕

井口设阻车器、安全防护栏或安全门，是为了防止人员误入危险区或运输设备冲入井筒，造成设备或人员坠井事故。

〔检查要点和方法〕

检查井口阻车器、安全防护栏或安全门。当井口施工具备安装阻车器、安全护栏或安全门条件时，应及时安装。监理人员应巡视检查井口是否及时安装有阻车器、安全护栏、安全门，并对其安全可靠性及运行状况进行检查。

c） 8.4.12 斜井、竖井自上而下扩大开挖时，应有防止导井堵塞和人员坠落的措施。

〔摘编说明〕

斜井、竖井扩挖过程中，导井一旦堵塞，处理难度较大，应从导井施工和斜井、竖井扩挖施工两个方面采取措施，防止导井堵塞。为防止作业人员坠落，要求从人员进井、施工、出井整个过程采取措施，保证作业人员安全；进入工作面的人员，应首先系好安全带，方可开始施工，一般采取在井壁上设插筋，将安全绳一端固定于插筋上，另一端与作业人员腰部安全带相连，防止人员坠落导井。

〔检查要点和方法〕

检查斜井、竖井专项施工技术措施和安全措施。对于斜井、竖井施工，施工单位应制定专项施工技术措施和安全措施，其中应含有防止导井堵塞的技术措施和防止人员坠落的安全措施。监理单位应重点对下列内容进行审核：导井井壁施工质量保证措施、导井井壁障碍清理措施、扩挖爆破石渣块度控制措施、井底堆渣高度控制措施、防止人员坠落措施等，并按批准的措施计划监督实施。

d)　11.1.1　地下洞室开挖施工过程中，洞内氧气体积不应少于20%，有害气体和粉尘含量应符合表11.1.1的规定标准。

表11.1.1　　空气中有害物质的容许含量

<table>
<tr><th rowspan="2">名　　称</th><th colspan="2">容许浓度</th><th rowspan="2">附　　注</th></tr>
<tr><th>按体积
(%)</th><th>按重量
(mg/m^3)</th></tr>
<tr><td>二氧化碳（CO_2）</td><td>0.5</td><td>—</td><td rowspan="7">一氧化碳的容许含量与作业时间：容许含量为50mg/m^3时，作业时间不宜超过1h；
容许含量为100mg/m^3时，作业时间不宜超过0.5h；
容许含量为200mg/m^3时，作业时间不宜超过20min；
反复作业的间隔时间应在2h以上</td></tr>
<tr><td>甲烷（CH_4）</td><td>1</td><td>—</td></tr>
<tr><td>一氧化碳（CO）</td><td>0.00240</td><td>30</td></tr>
<tr><td>氮氧化合物换算成二氧化氮（NO_2）</td><td>0.00025</td><td>5</td></tr>
<tr><td>二氧化硫（SO_2）</td><td>0.00050</td><td>15</td></tr>
<tr><td>硫化氢（H_2S）</td><td>0.00066</td><td>10</td></tr>
<tr><td>醛类（丙烯醛）</td><td>—</td><td>0.3</td></tr>
<tr><td>含有10%以上游离SiO_2的粉尘</td><td>—</td><td>2</td><td rowspan="3">含有80%以上游离SiO_2的生产粉尘不宜超过1mg/m^3</td></tr>
<tr><td>含有10%以下游离SiO_2水泥粉尘</td><td>—</td><td>6</td></tr>
<tr><td>含有10%以下游离SiO_2的其他粉尘</td><td>—</td><td>10</td></tr>
</table>

〔摘编说明〕

地下洞室开挖施工时，打孔、爆破、燃油设备运行等会产生部分有害气体和粉尘，除对产生源采取一定措施减少排放外，主要依靠通风措施降低洞内有害气体和粉尘含量，改善施工环境，以保护施工作业人员的身体健康。对于含瓦斯地层地下工程施工，应按SL 378—2007其他条文规定，进行专项通风设计。

〔检查要点和方法〕

检查施工通风设计。施工单位应根据开挖施工方案所确定的爆破参数、洞内燃油设备数量、施工人员数量等，进行通风设计，并制订减少有害气体、粉尘排放的措施计划。监理单位应审核其通风设计是否可使洞内空气质量满足本条文规定。开挖施工过程中，施工单位应按计划及监理人员要求，对洞内氧气、各种有害气体及粉尘含量进行检测，发现超标情况及时采取措施。

e)　13.2.4　几个工作面同时爆破时，应有专人统一指挥，确保起爆人员的安全和相邻炮区的安全。

〖摘编说明〗

洞室群相邻几个工作面同时爆破时，各相邻炮区全部安全准爆后，依照顺序向退出方向依次起爆，为此必须有专人统一指挥，以保证各炮区统一行动，确保起爆人员的安全。

〖检查要点和方法〗

检查爆破作业安全措施。洞室群开挖施工前，施工单位应进行开挖规划，制定爆破作业安全措施。监理单位应对相邻工作面同时爆破的组织措施进行重点审查，施工过程中监督落实。

f)　13.2.11　爆破完成后，待有害气体浓度降低至规定标准时，方可进入现场处理哑炮并对爆破面进行检查，清理危石。清理危石应由有施工经验的专职人员负责实施。

〖摘编说明〗

爆破完成后，未经处理的爆破面存在一些未知的危险，在有害气体未达标时进入爆破面，会影响作用人员工作状态，增大危险程度，同时作业人员也会受到有害气体的伤害，因此对哑炮处理、爆破面检查、危石清理等危险工作，必须待有害气体浓度降至规定标准时方可进行。危石清理是一项危险很高的工作，同时危石是否清理彻底，关系到后续作业人员的安全，因此应由有经验的专职人员负责实施。

〖检查要点和方法〗

检查爆破完成后有害气体检测方法及人员入洞控制措施。开挖施工过程中，应对爆破工作面有害气体含量定期检测，爆破药量增加或更换炸药品种，应在爆破前后进行有害气体测定，并应做好检测记录，需要时应及时延长允许进入爆破工作面的时间。监理人员应对有害气体检测情况及允许进入爆破工作面时间的限制方面进行检查监督，对危石清理人员安排进行审核。

g)　13.3.5　竖井和斜井运送施工材料或出渣时应遵守下列规定：

1　严禁人、物混运，当施工人员从爬梯上下竖井时，严禁运输施工材料或出渣。

2　井口应有防止石渣和杂物坠落井中的措施。

〖摘编说明〗

本条规定是为了保护施工人员安全。

〖检查要点和方法〗

检查斜井、竖井专项施工安全措施。对于斜井、竖井施工，施工单位应制定专项施工安全措施，其中应含有井内运输对人员安全的保护措施及井口防止杂物坠落措施。监理单位应对其措施是否满足本条文规定进行审核，并按批准的安全措施监督执行。

10－0－12　《水利水电工程施工通用安全技术规程》SL 398—2007

a)　3.1.4　爆破、高边坡、隧洞、水上（下）、高处、多层交叉施工、大件运输、

大型施工设备安装及拆除等危险作业应有专项安全技术措施，并应设专人进行安全监护。

〖摘编说明〗

爆破、高边坡、隧洞、水上（下）、高处、多层交叉施工、大件运输、大型施工设备安装及拆除等施工作业，将可能造成重大伤亡或财产损失属危险作业。其具体部位应根据水电工程实际生产工序和周边环境决定，各自有其独特的特性和技术性能要求，要保障其安全施工作业应事先针对各自特定条件和相关的规程、规范做出专项安全技术措施和应急预案，作业过程中应有专人进行安全监护。

〖检查要点和方法〗

审查施工方案或作业指导书有无安全技术措施及应急预案，检查其安全技术措施是否结合工程实际和符合相关规程、规范的要求；检查作业过程中有无专人负责安全监护工作。

b) 3.1.8 施工现场的井、洞、坑、沟、口等危险处应设置明显的警示标志，并应采取加盖板或设置围栏等防护措施。

〖摘编说明〗

施工现场的井、洞、坑、沟、口等危险处，现场人员可能坠落或跌摔造成伤亡。设置警示标志应符合国家安全色、图形、符号的标志，目的是提醒人员注意防止事故的发生。

〖检查要点和方法〗

检查施工现场的井、洞、坑、沟、口等危险处，有无醒目的警示标志和加盖板和围栏等防护措施。

c) 3.1.11 交通频繁的施工道路、交叉路口应按规定设置警示标志或信号指示灯；开挖、弃渣场地应设专人指挥。

〖摘编说明〗

应根据工程进度计划要求和施工强度确定“交通警示”地点，在交通频繁的施工道路、交叉路口设置警示标志和信号指示灯；开挖、弃渣场地设专人指挥目的是防止交通事故发生。

〖检查要点和方法〗

检查“交通警示”地点设置是否合适，检查设置的警示标志和信号指示灯是否符合规定标准，检查开挖和弃渣场地有无专人指挥作业。

d) 3.1.12 爆破作业应统一指挥，统一信号，专人警戒并划定安全警戒区。爆破后应经爆破人员检查，确认安全后，其他人员方能进入现场。洞挖、通风不良的狭窄场所，应在通风排烟、恢复照明及安全处理后，方可进行其他作业。

〖摘编说明〗

本条规定了爆破作业时施工现场警戒防护的要求，防止施工人员和机械设备因爆破作业时产生飞石、冲击波、炮烟尘等造成人员伤亡和财物损失。爆破后，可能有盲炮、危石等安全隐患，须经爆破人员检查排除，确认安全后，其他人员方可进入现场。洞挖、通风不良的狭窄场所，因爆破后炮烟尘不易排出，须经通风排烟，使其施工现场的氧气含量和烟尘浓度达到规定的安全标准，方可进行其他作业施工。

〖检查要点和方法〗

检查爆破作业方案对统一指挥、统一信号警戒区划定等是否符合相应规程等安全规定，检查爆破后安全处理措施是否符合要求。

e)　3.1.18　施工照明及线路，应遵守下列规定：

3　在存放易燃、易爆物品场所或有瓦斯的巷道内，照明设备应符合防爆要求。

〖摘编说明〗

存放易燃、易爆物品场所或有瓦斯的巷道内，其照明设备若无防爆设施极易因电火花而引起火灾或爆炸，危及人身、设备和财物的安全，此乃是对照明设备的基本安全要求。

〖检查要点和方法〗

检查照明设备应符合防爆要求。

f)　3.5.5　宿舍、办公室、休息室内严禁存放易燃易爆物品，未经许可不得使用电炉。利用电热的车间、办公室及住室，电热设施应有专人负责管理。

〖摘编说明〗

宿舍、办公室、休息室均是人员密集场所，如果放置易燃易爆物品，不符合消防安全规定，电热设备温度过高或线路过热可能会造成火灾，因此必须设专人负责管理，班后或无人停留必须切断电源，防止发生电气火灾。

〖检查要点和方法〗

安全人员定期或不定期进行检查。

g)　3.5.9　油料、炸药、木材等常用的易燃易爆危险品存放使用场所、仓库，应有严格的防火措施和相应的消防措施，严禁使用明火和吸烟。

〖摘编说明〗

油料、炸药、木材等均为易燃易爆的危险品，其存放使用场所、仓库应有严格的防火措施和相应的消防措施，防火措施是为防止火灾、爆炸的发生，如严禁使用明火和吸烟，就是防火措施，相应的消防措施是一旦火灾发生，就要有相应灭火、施救的应急措施、配置一定消防器材和设备，如灭火器、消防栓等等。

〖检查要点和方法〗

检查油料、炸药、木材等常用的易燃易爆危险品存放使用场所、仓库的防火措施和相应的消防措施是否符合相关规程、规范要求的标准，及其落实情况，发现问题立即整改。

h)　3.5.11　施工生产作业区与建筑物之间的防火安全距离，应遵守下列规定：

1 用火作业区距所建的建筑物和其他区域不应小于25m。

2 仓库区、易燃、可燃材料堆集场距所建的建筑物和其他区域不应小于20m。

3 易燃品集中站距所建的建筑物和其他区域不应小于30m。

〖摘编说明〗

本条对施工作业区与建筑物之间的防火安全距离做了基本规定，应严格遵守。

〖检查要点和方法〗

检测施工作业区与建筑物之间的距离是符合该条的规定值。

i) 3.9.4 施工现场作业人员，应遵守以下基本要求：

1 进入施工现场，应按规定穿戴安全帽、工作服、工作鞋等防护用品，正确使用安全绳、安全带等安全防护用具及工具，严禁穿拖鞋、高跟鞋或赤脚进入施工现场。

3 严禁酒后作业。

4 严禁在铁路、公路、洞口、陡坡、高处及水上边缘、滚石坍塌地段、设备运行通道等危险地带停留和休息。

6 起重、挖掘机等施工作业时，非作业人员严禁进入其工作范围内。

7 高处作业时，不应向外、向下抛掷物件。

9 不应随意移动、拆除、损坏安全卫生及环境保护设施和警示标志。

〖摘编说明〗

为了防止施工人员进入施工现场或作业的过程中常见的不安全行为和习惯性违章而做出的安全文明作业规定，以防止安全事故的发生。

〖检查要点和方法〗

应加强安全文明施工教育，提高施工人员的安全意识、自觉遵守，配备专职安全员检查落实条文规定的相关内容。

j) 4.1.5 在建工程（含脚手架）的外侧边缘与外电架空线路的边线之间应保持安全操作距离。最小安全操作距离应不小于表4.1.5的规定。

表4.1.5 在建工程（含脚手架）的外侧边缘与外电架空线路边线之间的最小安全操作距离

外电线路电压（kV）	＜1	1～10	35～110	154～220	330～500
最小安全操作距离（m）	4	6	8	10	15
注：上、下脚手架的斜道严禁搭设在有外电线路的一侧。					

〖摘编说明〗

本条规定主要参照GBJ 232《电气装置工程施工及验收规范》和SDJ 65《电力建设安全工作规程》的规定，因高压电线周围有电磁场，其强度和作用范围随高电线路的等级而异，在其作用范围内将可能发生触电事故。故考虑到土建工程在搭设脚手架时，脚手架杆延伸至架具外的操作因素而确定的最小安全距离。

〖检查要点和方法〗

现场检测最小安全操作距离应符合表4.1.5的要求，否则应立即整改。

k)　4.1.6　施工现场的机动车道与外电架空线路交叉时，架空线路的最低点与路面的垂直距离不应小于表4.1.6的规定。

表4.1.6　施工现场的机动车道与外电架空线路交叉时的最小垂直距离

外电线路电压（kV）	<1	1～10	35
最小垂直距离（m）	6	7	7

〖摘编说明〗

参照GBJ 61《工业与民用35kV以下架空电力线路设计规范》而规定的最小安全距离，因高压电线周围有电磁场，其作用范围随高压线路的等级而异，在其作用范围内，将可能发生触电事故，表4.1.8的规定，以确保车辆、设备及人身安全。

〖检查要点和方法〗

检测架空线路的最低点与路面的垂直距离应不小于表4.1.6的规定值。

l)　5.1.3　高处临边、临空作业应设置安全网，安全网距工作面的最大高度不应超过3.0m，水平投影宽度应不小于2.0m。安全网应挂设牢固，随工作面升高而升高。

〖摘编说明〗

安全网距工作面过高会导致人员坠落后冲击力过大而可能使安全网破损失去保护作用，安全网水平投影面积过小导致安全网防护面积过小而可能失去保护作用。因此，做出本规定。

〖检查要点和方法〗

检测实际安全网距工作面距离和其水平投影面积应符合本规定值的要求。

m)　5.1.12　危险作业场所、机动车道交叉路口、易燃易爆有毒危险物品存放场所、库房、变配电场所以及禁止烟火场所等应设置相应的禁止、指示、警示标志。

〖摘编说明〗

上述场所设置相应的禁止、指示、警示标志以警示提醒人员的安全意识和安全行为，以保安全。

〖检查要点和方法〗

检测上述场所相应的禁止、指示、警示标志的设置情况，如不按要求设置应立即整改。

n)　5.2.2　高处作业下方或附近有煤气、烟尘及其他有害气体，应采取排除或隔离等措施，否则不应施工。

〖摘编说明〗

煤气、烟尘及其他有害气体会导致高处作业人员头晕而导致高处坠落。因此，严禁在缺乏可靠安全措施的情况下，在煤气、烟尘及其他有害气体环境中进行高处作业施工。

〔检查要点和方法〕

检查采用的排除或隔离等措施是否安全可靠。

o) 5.2.3 高处作业前，应检查排架、脚手板、通道、马道、梯子和防护设施，符合安全要求方可作业。高处作业使用的脚手架平台，应铺设固定脚手板，临空边缘应设高度不低于1.2m的防护栏杆。

〔摘编说明〕

参照JGJ 80《建筑施工高处作业安全技术规程》第3.1.1条对高处作业做出的安全操作规定，排架支撑应稳固不晃动，脚手板、通道、隧道、马道、梯子应有一定宽度，铺设要固定，要设防护网、帘，临空边缘的保护栏杆高度不低于1.2m才可防止人员翻落，其目的是防止人员坠落。

〔检查要点和方法〕

高处作业前，应有专职安全员对照安全规定和要求逐一检查，符合安全要求后，方准施工作业。

p) 5.2.6 在带电体附近进行高处作业时，距带电体的最小安全距离，应满足表5.2.6的规定，如遇特殊情况，应采取可靠的安全措施。

表5.2.6 高处作业时与带电体的安全距离

电压等级（kV）	10及以下	20～35	44	60～110	154	220	330
工器具、安装构件、接地线等与带电体的距离（m）	2.0	3.5	3.5	4.0	5.0	5.0	6.0
工作人员的活动范围与带电体的距离（m）	1.7	2.0	2.2	2.5	3.0	4.0	5.0
整体组立杆塔与带电体的距离	应大于倒杆距离（自杆塔边缘到带电体的最近侧为塔高）						

〔摘编说明〕

参照JGJ 80《建筑施工高处作业安全技术规程》相关条文而制定本条文，目的是保障作业人员的人身安全。

〔检查要点和方法〕

按表5.2.6的内容与要求检测。不符合要求时应整改。达标后方可作业施工，当遇特殊情况时，应审查论证所采取的措施是否安全可靠。

q) 5.2.10 高处作业时，应对下方易燃、易爆物品进行清理和采取相应措施后，方可进行电焊、气焊等动火作业，并应配备消防器材和专人监护。

〔摘编说明〕

高处作业电焊、气焊等动火作业，将有焊渣火星坠落，如下方有易燃易爆物品，将会发生火灾或爆炸事故，危及人身和财物安全，所以做此规定，以保安全施工。

〖检查要点和方法〗

检查高处作业下方的易燃易爆物品是否已清理干净或采取相应的安全措施是否安全可靠，检查应配备消防器材和监护人员是否已落实到位。

r)　5.2.21　进行三级、特级、悬空高处作业时，应事先制定专项安全技术措施。施工前，应向所有施工人员进行技术交底。

〖摘编说明〗

三级、特级、悬空高处作业其坠落高度分别定义为15～30m和30m以上；悬空高处作业无立足点或无牢靠立足点条件下进行高处作业，其作业危险性大，为确保作业人员的人身安全，故本条规定应事先制定专项安全技术措施，并要求施工前向所有施工人员进行技术交底。

〖检查要点和方法〗

审查制定的专项安全技术措施的安全可靠性及其可操作性，施工前向参与施工人员进行技术交底会，并考查其施工人员对具体操作细节领会掌握情况。

s)　6.1.4　设备转动、传动的裸露部分，应安设防护装置。

〖摘编说明〗

防止裸露的设备转动、传动部位伤人。

〖检查要点和方法〗

检查是否已安设防护装置，安设的防护装置是否安全可靠。

t)　7.5.19　皮带机械运行中，遇到下列情况应紧急停机：

1　发生人员伤亡事故。

〖摘编说明〗

发生人员伤亡事故，应紧急停机，以防事态发展便于采取施救处置措施。

〖检查要点和方法〗

巡视检查停机锁定是否牢靠。

u)　**8.2.1**　安全距离

1　设置爆破器材库或露天堆放爆破材料时，仓库或药堆至外部各种保护对象的安全距离，应按下列条件确定：

1）外部距离的起算点是：库房的外墙墙根、药堆的边缘线、隧道式洞库的洞口地面中心。

2）爆破器材储存区内有一个以上仓库或药堆时，应按每个仓库或药堆分别核算外部安全距离并取最大值。

2　仓库或药堆与住宅区或村庄边缘的安全距离，应符合下列规定：

1）地面库房或药堆与住宅区或村庄边缘的最小外部距离按表8.2.1－1确定。

表 8.2.1－1　地面库房或药堆与住宅区或村庄边缘的最小外部距离　单位：m

存药量（t）	150～200	100～150	50～100	30～50	20～30	10～20	5～10	≤5
最小外部距离	1000	900	800	700	600	500	400	300

2）隧道式洞库至住宅区或村庄边缘的最小外部距离不应小于表 8.2.1－2 中的规定。

表 8.2.1－2　隧道式洞库至住宅区或村庄边缘的最小外部距离　单位：m

与洞口轴线交角（α）	存药量（t）				
	50～100	30～50	20～30	10～20	≤10
0°至两侧 70°	1500	1250	1100	1000	850
两侧 70°～90°	600	500	450	400	350
两侧 90°～180°	300	250	200	150	120

3）由于保护对象不同，因此在使用当中对表 8.2.1－1、表 8.2.1－2 的数值应加以修正，修正系数见表 8.2.1－3。

表 8.2.1－3　对不同保护对象的最小外部距离修正系数

序号	保护对象	修正系数
1	村庄边缘、住宅边缘、乡镇企业围墙、区域变电站围墙	1.0
2	地县级以下乡镇、通航汽轮的河流航道、铁路支线	0.7～0.8
3	总人数不超过 50 人的零散住户边缘	0.7～0.8
4	国家铁路线、省级及以上公路	0.9～1.0
5	高压送电线路 500kV	2.5～3.0
	220kV	1.5～2.0
	110kV	0.9～1.0
	35kV	0.8～0.9
6	人口不超过 10 万人的城镇规划边缘、工厂企业的围墙、有重要意义的建筑物、铁路车站	2.5～3.0
7	人口大于 10 万人的城镇规划边缘	5.0～6.0
注：上述各项外部距离，适用于平坦地形。依地形条件有利时可适当减少，反之应增加。		

4）炸药库房间（双方均有土堤）的最小允许距离见表 8.2.1－4。

表 8.2.1－4　　炸药库房间（双方均有土堤）的最小允许距离　　单位：m

存药量（t）	炸药品种			
	硝铵类炸药	梯恩梯	黑索金	胶质炸药
150～200	42	—	—	—
100～150	35	100	—	—
80～100	30	90	100	—
50～80	26	80	90	—
30～50	24	70	80	100
20～30	20	60	70	85
10～20	20	50	60	75
5～10	20	40	50	60
≤5	20	35	40	50

注 1：相邻库房储存不同品种炸药时，应分别计算，取其最大值。
注 2：在特殊条件下，库房不设土堤时，本表数字增大的比值为：一方有土堤为 2.0，双方均无土堤为 3.3。
注 3：导爆索按每万米 140kg 黑索金计算。

5）雷管库与炸药库、雷管库与雷管库之间的允许距离见表 8.2.1－5 中的规定。

表 8.2.1－5　　雷管库与炸药库、雷管库与雷管库之间的最小允许距离　　单位：m

库房名称	雷管数量（万发）									
	200	100	80	60	50	40	30	20	10	5
雷管库与炸药库	42	30	27	23	21	19	17	14	10	8
雷管库与雷管库	71	50	45	39	35	32	27	22	16	11

注：当一方设土堤时表中数字应增大比值为 2，双方均无土堤时增大比值为 3.3。

6）无论查表或计算的结果如何，表 8.2.1－4、表 8.2.1－5 所列库房间距均不应小于 35m。

〔摘编说明〕

本条中 1 款是确定爆破器材仓库或药堆至外部各种保护对象的安全距离的计算方法。表 8.2.1－1、表 8.2.1－2 的规定，主要是对库区外部安全距离的规定，它是爆破器材仓库同库区以外的保护对象，如村庄、住宅区、城镇、公路等之间必须保持的最小安全距离的规定。表 8.2.1－3、表 8.2.1－4 的规定，主要是对库间安全距离的规定，是爆破器材之间必须保持的最小安全距离，其目的是万一有一个仓库发生爆炸时，不致引爆相邻的仓库，以避免事态扩大。

〖检查要点和方法〗

按本条 1 款的规定验算检测仓库或药堆至外部各保护对象的安全距离。检测各类最小安全距离与其标准值对比，发现问题立即整改。

v) **8.2.2 库区照明**

5 地下爆破器材库的照明，还应遵守下列规定：

1）应采用防爆型或矿用密闭型电气器材，电源线路应采用铠装电缆。

5）地下库区存在可燃性气体和粉尘爆炸危险时，应使用防爆型移动电灯和防爆手电筒；其他地下库区，应使用蓄电池灯、防爆手电筒或汽油安全灯作为移动式照明。

〖摘编说明〗

主要是防止因电火花、电灯泡烘烤及雷管引爆引燃爆破器材引起事故而制定的，采用铠装电缆，其绝缘性好，不易破损漏电，较安全。地下库区相对潮湿，对用电安全提出了更高的要求。故要求使用蓄电池灯，防爆手电筒或汽油安全灯作为移动式照明。

〖检查要点和方法〗

检查用库区照明电气器材、电源线路的材质是否符合规定要求。

w) **8.3.2 爆破器材装卸应遵守下列规定：**

1 从事爆破器材装卸的人员，应经过有关爆破材料性能的基础教育和熟悉其安全技术知识。装卸爆破器材时，严禁吸烟和携带引火物。

2 搬运装卸作业宜在白天进行，炎热的季节宜在清晨或傍晚进行。如需在夜间装卸爆破器材时，装卸场所应有充足的照明，并只允许使用防爆安全灯照明，禁止使用油灯、电石灯、汽灯、火把等明火照明。

3 装卸爆破器材时，装卸现场应设置警戒岗哨，有专人在场监督。

4 搬运时应谨慎小心，轻搬轻放，不应冲击、撞碰、拉拖、翻滚和投掷。严禁在装有爆破材料的容器上踩踏。

5 人力装卸和搬运爆破器材，每人一次以 25～30kg 为限，搬运者相距不应少于 3m。

6 同一车上不应装运两类性质相抵触的爆破器材，且不应与其货物混装。雷管等起爆器材与炸药不允许同时在同一车箱或同一地点装卸。

7 装卸过程中司机不应离开驾驶室。遇雷电天气，禁止装卸和运输爆破器材。

8 装车后应加盖帆布，并用绳子绑牢，检查无误后方可开车。

〖摘编说明〗

装卸爆破器材的作业活动安全问题，往往是容易被人们所忽视的环节。因此，本条文对爆破器材的装卸做了比较具体的规定。从装卸人员的素质、装卸作业时间、照明灯具、搬运方式、一次搬运限量、气象要求、专人警戒监督等等，都有具体明确的要求。在执行中，可根据实际情况就装卸作业的安全注意事项做进一步补充规定，规范其操作行为，确保万无一失。

〖检查要点和方法〗

按该条文规定的内容巡查现场作业情况，查询作业人员对本条文内容的掌握程度，发现违章操作，令其整改。

x）　8.3.3　爆破器材运输应符合下列规定：

1　运输爆破器材，应遵守下列基本规定：

7）禁止用翻斗车、自卸汽车、拖车、机动三轮车、人力三轮车、摩托车和自行车等运输爆破器材。

8）运输炸药、雷管时，装车高度要低于车箱 10cm。车箱、船底应加软垫。雷管箱不应倒放或立放，层间也应垫软垫。

2　水路运输爆破器材，还应遵守下列规定：

5）严禁使用筏类船只作运输工具。

6）用机动船运输时，应预先切断装爆破器材船仓的电源；地板和垫物应无缝隙，仓口应关闭；与机仓相邻的船仓应设有隔墙。

3　汽车运输爆破器材，还应遵守下列规定：

7）车箱底板、侧板和尾板均不应有空隙，所有空隙应予以严密堵塞。严防所运爆破器材的微粒落在摩擦面上。

〖摘编说明〗

（1）8.3.3 条是对爆破器材运输的基本规定。运输爆破器材的主要人员是车（船）驾驶员和押运员，是保证爆破器材运输安全的关键因素之一，因此对驾驶员、押运员的岗位安全职责的条文制定一定要细、管理要严，并要经常检查落实情况。7）、8）款规定要严格执行，落实到位。

（2）水路运输，因筏类船只，包括木筏、竹筏、橡胶、皮筏等这类运输工具易进水且船行不稳，不能保证运输安全。

（3）汽车运输，车箱底板、侧板和尾板要严密堵塞，防止所运爆破器材的微粒落在摩擦面上，避免因汽车行驶振动摩擦发生引爆事故。汽车在高速公路上行驶时，要特别注意保持车距，并按规定车速行驶。

〖检查要点和方法〗

按上述规定巡视检查现场作业情况，检查作业人员对本条文掌握熟悉程度，凡违反规定，不准驶运。

y）　8.3.4　爆破器材贮存

3　贮存爆破器材的仓库、储存室，应遵守下列规定：

2）库房内贮存的爆破器材数量不应超过设计容量，爆破器材宜单一品种专库存放。库房内严禁存放其他物品。

〖摘编说明〗

本款规定爆破器材宜单一品种专库存放。若受条件限制时，同库存放不同品种的爆破器材，则应符合 GB 6722—2003《爆破安全规程》中表 23 爆破器材同库共放的规定。但雷管类、黑火药类必须单独存放。

〔检查要点和方法〕

照章检查，发现违规立即整改。

z) 8.4.3 爆破工作开始前，应明确规定安全警戒线，制定统一的爆破时间和信号，并在指定地点设安全哨，执勤人员应有红色袖章、红旗和口笛。

〔摘编说明〕

爆破安全警戒范围的设计应根据飞石、地震、空气（或水）冲击波及噪声等有关因素，以及爆破可能诱发的事件等来综合考虑。统一信号是指爆破时所采用的音响和视觉信号的统一。这些都必须在爆破工作开始前确定，并有专人监护实施。

〔检查要点和方法〕

在爆破施工作业前应有专人负责检查其筹划与落实情况。

aa) 8.4.7 往井下吊运爆破材料时，应遵守下列规定：

2 在上下班或人员集中的时间内，不应运输爆破器材，严禁人员与爆破器材同罐吊运。

〔摘编说明〕

竖井或斜井是地下工程人、物、运输及各种管线集中的地方，所以要特别注意安全。其安全规定的主导思想是：①发生意外时减少伤亡和损失；②接触的人少，产生不安全因素可能减少。本条第 2 款的规定就体现这一指导思想。

〔检查要点和方法〕

在上、下班或人员集中的时段内检查，严禁吊运爆破器材。

bb) 8.4.17 地下相向开挖的两端在相距 30m 以内时，装炮前应通知另一端暂停工作，退到安全地点。当相向开挖的两端相距 15m 时，一端应停止掘进，单头贯通。斜井相向开挖，除遵守上述规定外，并应对距贯通尚有 5m 长地段自上端向下打通。

〔摘编说明〕

在执行该规定中，对贯穿爆破必须做到随时互通情报，协助作业，防止发生爆破空气冲击波、飞石等殃及相邻工作面人员。

〔检查要点和方法〕

地下相向施工时，当开挖进入达到规定的距离时，装炮前应通报对方，协调作业。

cc) 8.4.24 地下井挖，洞内空气含沼气或二氧化碳浓度超过 1%时，禁止进行爆破作业。

〔摘编说明〕

地下爆破作业点空气中若存在沼气，易使人中毒，遇火源发生燃炸；若一氧化碳及氮化物等有害气体浓度超标，则造成人员中毒，甚至死亡。

〔检查要点和方法〕

用仪器检测掌子面的各有害气体浓度，如超标应通风排气处理。

dd)　8.5.4　电雷管网路爆破区边缘同高压线最近点之间的距离不应小于表 8.5.4 的规定（亦适用于地下电源）。

表 8.5.4　爆破区边缘同高压线最近点之间的距离

高压电网（kV）	水平安全距离（m）
3～10	20
10～20	50
20～50	100

〔摘编说明〕

高压线附近存在着电磁场，如果在此磁场内敷设电雷管网络，就可能在电爆网络内产生感应电流，当其超过安全允许上限时，就可能引起雷管早爆，因此，电爆网络应尽量远离电源线路。

〔检查要点和方法〕

检测爆破区边缘同高压线（或地下电源）最近点的距离应满足表 5.5.4 的安全距离要求。

ee)　8.5.5　飞石

1　爆破时，个别飞石对被保护对象的安全距离，不应小于表 8.5.5－1 及表 8.5.5－2 规定的数值。

表 8.5.5－1　爆破个别飞散物对人员的最小安全距离

爆破类型和方法			爆破飞散物的最小安全距离（m）
露天岩石爆破	破碎大块岩矿	裸露药包爆破法	400
		浅孔爆破法	300
	浅孔爆破		200（复杂地质条件下或未形成台阶工作面时不小于 300）
	浅孔药壶爆破		300
	蛇穴爆破		300
	深孔爆破		按设计，但不小于 200
	深孔药壶爆破		按设计，但不小于 300
	浅孔孔底扩壶		50
	深孔孔底扩壶		50
	洞室爆破		按设计，但不小于 300

续表

爆 破 类 型 和 方 法			爆破飞散物的最小安全距离（m）
爆破树墩			200
爆破拆除沼泽地的路堤			100
水下爆破	水面无冰时的裸露药包或浅孔、深孔爆破	水深小于 1.5m	与地面爆破相同
		水深大于 6m	不考虑飞石对地面或水面以上人员的影响
		水深 1.5～6m	由设计确定
	水面覆冰时的裸露药包或浅孔、深孔爆破		200
	水底洞室爆破		由设计确定
拆除爆破、城镇浅孔爆破及复杂环境深孔爆破			由设计确定
地震勘探爆破	浅井或地表爆破		按设计，但不小于 100
	在深孔中爆破		按设计，但不小于 30

表 8.5.5－2　　爆破飞石对人员安全距离

序　号	爆破种类及爆破方法			危险区域的最小半径（m）
1	岩基开挖工程	一般钻孔法爆破		不小于 300
		药壶法	扩壶爆破	不小于 50
			药壶爆破	不小于 300
		深孔药壶法	扩壶爆破	不小于 100
			药壶爆破	根据设计定但不小于 300
		深孔法	松动爆破	根据设计定但不小于 300
			抛掷爆破	根据设计定
2	地下开挖工程	平洞开挖爆破	独头的洞内	不小于 200
			有折线的洞内	不小于 100
			相邻的上下洞间	不小于 100
			相邻的平行洞间	不小于 50
			相邻的横洞或横通道间	不小于 50
		井开挖爆破	井深小于 3m	不小于 200
			井深为 3～7m	不小于 100
			井深大于 7m	不小于 50

续表

序　号	爆破种类及爆破方法		危险区域的最小半径（m）
3	裸露药包法爆破		不小于 400
4	用放在坑内的炸药击碎巨石		不小于 400
5	用炸药拔树根的爆破		不小于 200
6	泥沼地上塌落土堤的爆破		不小于 100
7	水下开挖工程	非硬质土壤上爆破	不小于 100
		岩石上爆破	不小于 300
		有冰层覆盖时土壤和岩石爆破	不小于 300

2　洞室爆破个别飞石的安全距离，不应小于表 8.5.5－3 的规定数值。

表 8.5.5－3　　洞室爆破个别飞石安全距离　　单位：m

最小抵抗线	对于人员					对于机械及建筑物				
	n 值					*n* 值				
	1.0	1.5	2.0	2.5	3.0	1.0	1.5	2.0	2.5	3.0
1.5	200	300	350	400	400	100	150	250	300	300
2.0	200	400	500	600	600	100	200	350	400	400
4.0	300	500	700	800	800	150	250	500	550	550
6.0	300	600	800	1000	1000	150	300	550	650	650
8.0	400	600	800	1000	1000	200	300	600	700	700
10.0	500	700	900	1000	1000	250	400	600	700	700
12.0	500	700	900	1200	1200	250	400	700	800	800
15.0	600	800	1000	1200	1200	300	400	800	1000	1000
20.0	700	800	1200	1500	1500	350	400	900	1000	1000
25.0	800	1000	1500	1800	1800	400	500	900	1000	1000
30.0	800	1000	1700	2000	2000	400	500	1000	1200	1200
注：当 n 值小于 1 时，可将抵抗线值修改为 $W_P=\frac{5W}{7}$，再按 $n=1$ 的条件查表。										

〔摘编说明〕

个别飞石对保护对象的安全距离的规定，主要参照 GB 6722—2003 第 6.4.2 条及相关规定制定。

控制飞石的措施有：

（1）药包位置的选择必须避开夹层、裂缝或混凝土结合面等。

（2）装药前必须认真校核各药包的最小抵抗线，严禁盲装药。

（3）确保炮孔的堵塞质量。

（4）采用低爆速炸药，不耦合装药、毫秒延期爆破技术等。

（5）加强对爆破体的安全防护。

（6）设置足够范围的安全警戒区。

〖检查要点和方法〗

审查爆破设计是否合理，检测各保护对象的安全距离，合理确定安全警戒区范围。

ff） 9.1.6 对贮存过易燃易爆及有毒容器、管道进行焊接与切割时，要将易燃物和有毒气体放尽，用水冲洗干净，打开全部管道窗、孔，保持良好通风，方可进行焊接和切割，容器外要有专人监护，定时轮换休息。密封的容器、管道不应焊割。

〖摘编说明〗

储存过易燃易爆的容器、管道中会残留易燃易爆物，焊割前对容器或管道不进行处理或处理不当会产生爆炸；储存过有毒物的容器、管道会残留有毒物，焊割前对容器或管道不进行处理或处理不当，没有保持良好的通风会发生中毒事故。

〖检查要点和方法〗

检查储存容器或管道的清理情况，通风是否良好，规定轮换休息时间，密封的容器、管道不准焊割。

gg） 9.1.8 严禁在贮存易燃易爆的液体、气体、车辆、容器等的库区内从事焊割作业。

〖摘编说明〗

储存易燃易爆的液体、气体、车辆、容器进行焊割，其残留物易发生燃炸，在库区内将可能引发更大的燃爆器材燃炸事故。

〖检查要点和方法〗

巡视检查，严格禁止。

hh） 9.3.7 在坑井或深沟内焊接时，应首先检查有无集聚的可燃气体或一氧化碳气体，如有应排除并保持通风良好。必要时应采取通风除尘措施。

〖摘编说明〗

坑井或深沟内若有集聚的可燃气体（如沼气）或一氧化碳气体，如进行焊接作业可能引起爆炸火灾或中毒，应排除并保持通风良好。

〖检查要点和方法〗

施焊前应检查坑井或沟内的有害气体的浓度。

ii） 11.4.8 放射性射源的贮藏库房，应遵守下列规定：

2 放射性同位素不应与易燃、易爆、腐蚀性物品放在一起，其贮存场所应采取有效的防火、防盗、防泄漏的安全防护措施，并指定专人负责保管。贮存、领取、使用、归还放射性同位素时应进行登记、检查，做到账物相符。

〖摘编说明〗

这是对放射源装置贮藏库房的安全管理制定了相关规定。目的是为了防止因使用、归还、保管不妥等原因，而发生放射源装置丢失、被盗等事故的发生，仓库常用屏蔽防护材料见表10-1。

表10-1 各种射线常用的吸收屏蔽材料表

射线种类	材 料 名 称
α射线	空气、铅箱
β射线	铅板、铁板、有机玻璃、塑料、木材
γ射线	铅层、铁层、铅橡皮、铅玻璃、混凝土、岩石、砖、土地、水
中子流	水、石蜡、硼酸

〖检查要点和方法〗

检查贮藏库房有无有效的防火、防盗、防泄漏的安全防护措施。检查各类射线物是否单独存储，检查贮存、领取、使用、归还的台账是否与账物相符。

10-0-13 《水利水电工程土建施工安全技术规程》SL 399—2007

a) 1.0.9 作业人员上岗前，应按规定穿戴防护用品。施工负责人和安全检查员应随时检查劳动防护用品的穿戴情况，不按规定穿戴防护用品的人员不应上岗。

〖摘编说明〗

防护用品的穿戴有一定方法和要求，才能起到它应有的防护作用，所以本条规定作业人员上岗前，应按规定穿戴防护用品，这里强调的是上岗前和按规定进行穿戴，否则不准上岗。施工负责人和安全员应随时检查劳动防护用品穿戴情况，是为防止作业人员安全意识淡薄或因某种原因而不按规定穿戴防护用品而发生不必要的安全事故。

〖检查要点和方法〗

检查施工单位编制的作业指导书中有无安全防护用品的使用细则规定；检查施工责任人及安全员对作业人员上岗前和作业过程中对防护用品穿戴情况的检查记录和处置情况。

b) 3.2.1 有边坡的挖土作业应遵守下列规定：

3 施工过程当中应密切关注作业部位和周边边坡、山体的稳定情况，一旦发现裂痕、滑动、流土等现象，应停止作业，撤出现场作业人员。

〖摘编说明〗

本款是根据边坡开挖可能发生滑坡安全事故而做的对策措施。要求在土方开挖施工过程中应密切关注作业部位和周边边坡、山体的稳定情况，采取必要的巡查等监控措施，一旦发生裂痕、滑动、流土等现象，应停止作业，先撤出现场作业人员，再做研究处理。

〖检查要点和方法〗

检查施工单位施工方案（或作业指导书）有无对边坡或山体失稳的监控方案和应对措施。在开挖作业中检查是否有专人巡查监控。

c) 3.3.4 开挖过程中，如出现整体裂缝或滑动迹象时，应立即停止施工，将人员、设备尽快撤离工作面，视开裂或滑动程度采取不同的应急措施。

〖摘编说明〗

在土方暗挖过程中，如出现整体裂缝和滑动迹象，这将是大面积塌方、冒顶的前兆，所以本条规定停止施工，人员、设备尽快撤离工作面的紧急处理措施。仍后再对其具体情况研究应急处理措施。

〖检查要点和方法〗

检查施工单位方案中有无对出现整体裂缝或滑动迹象的监控方案和相应的应对措施。在开挖过程中检查监控方案和实施落实情况，当险情发生时应负责令停工撤离，待险情得到妥善处理，并经有关参建方的相关人员验收签认后，方可批复施工。

d) 3.5.1 洞室开挖作业应遵守下列规定：

7 暗挖作业中，在遇到不良地质构造或易发生塌方地段、有害气体逸出及地下涌水等突发事件，应即令停工，作业人员撤至安全地点。

〖摘编说明〗

本条是对石方暗挖作业中，对遇到不良地质构造（如断层、破碎带）或易发生塌方地段（不利的节理裂隙密集带，软弱夹层等）、有害气体逸出及地下涌水等突发事件，所做停工、撤离的紧急处理措施。

〖检查要点和方法〗

检查施工单位施工方案中有无对不良地质构造或易发生塌方地段、有害气体逸出及地下涌水等突发事件的监控方案和相应的应对措施。在开挖施工过程中检查其监控方案和其应对措施的落实实施情况。

e) 3.5.3 竖井提升作业应遵守下列规定：

2 施工期间采用吊桶升降人员与物料时应遵守下列规定：

8）装有物料的吊桶不应乘人。

〖摘编说明〗

竖井提升和运输的安全是首要问题，应予高度重视，严格按规定的要求执行，一旦发生安全事故，将涉及人身安全，停工停产。

〖检查要点和方法〗

检查施工单位编制的施工安全有无相关内容；检查竖井口有无安全员专门检查人、物分乘吊运。

f) 3.5.6 不良地质地段开挖作业应遵守下列规定：

3 当出现围岩不稳定、涌水及发生塌方情况时，所有作业人员应立即撤至安全地带。

〖摘编说明〗

不良地质地段开挖作业应严格按施工技术方案实施，一旦出现围岩不稳定、涌水及发生塌方情况时，所有作业人员必须立即撤至安全地带，确保人身安全，这是第一位的。

〔检查要点和方法〕

检查施工单位对不良地质地段的施工技术方案及其应对险情的应急措施。检查施工过程中其落实情况。

g)　3.5.12　施工安全监测应遵守下列规定：

10　当监测中发现测值总量或增长速率达到或超过设计警戒值时，则认为不安全，应报警。

〔摘编说明〕

第3.5.12条规定了洞室开挖施工过程中，对洞室围岩及地面岩体与土体的监测的布置、监测重点及初步判别提出了基本原则和要求，其10款当监测中发现测值总量或增长速率达到和超过允许警戒值时，则认为不安全，将会发生安全事故，应及时报警，这就要求监测人员应有高度责任心，按规定频率观测，分析处理观测数据，一旦发现异常，要及时报警，向相关人员反映，以便及时研究处理措施，确保工程和人身安全。

〔检查要点和方法〕

检查是否及时按规定频率观测，分析处理观测数据，检查观测总量和增长速率是否达到和超过允许警戒值，检查报警系统安全可靠情况。

h)　3.6.1　现场运送运输爆破器材应遵守下列规定：

4　用人工搬运爆破器材时应遵守下列规定：

2）严禁一人同时携带雷管和炸药；雷管和炸药应分别放在专用背包（木箱）内，不应放在衣袋里。

〔摘编说明〕

雷管为引爆装置，与炸药一起混装运输，易发生爆炸。所以严禁一人同时携带雷管和炸药。雷管在衣袋里，因人走动摩擦易起火引爆雷管，所以雷管和炸药应分别放在专用背包（木箱）内搬运。

〔检查要点和方法〕

检查施工单位编制的安全手册是否有其内容，检查安全员对雷管和炸药装运检查记录是否符合规定。

i)　3.6.3　洞室爆破应满足下列基本要求：

5　参加爆破工程施工的临时作业人员，应经过爆破安全教育培训，经口试或笔试合格后，方可参加装药填塞作业。但装起爆体及敷设爆破网路的作业，应由持证爆破员或爆破工程技术人员操作。

8　不应在洞室内和施工现场改装起爆体和起爆器材。

〔摘编说明〕

爆破工程施工是一种危险性高技术性强的工种，所以其作业人员均应经爆破安全教育培训并经考试合格经相关资质机关（县级公安机关）颁发的安全作业证才可上岗作业。参建装药填塞作业的临时作业人员，也须关经过爆破安全教育培训，经考试合格后，方可准予参与。这里强调装起爆体及敷设爆破网络的作业，必须由持证爆破员和持证爆破工程技术人员操作，据有关资料对280起爆破事故统计分析表明，人的因素造成的事故占91.7%，所以该款就是强调爆破工程施工作业人员必须按“施工资质证”安排相应的爆破工作。

改装引爆体和起爆器材，易发生爆破安全事故，所以该款不应在人员较集中和事故发生危害严重的洞室和施工现场改装起爆体和起爆器材。

〖检查要点和方法〗

检查爆破施工作业人员必须持有相应资质单位签发的上岗证，才准上岗从事爆破施工作业，检查在洞室和施工现场不准有改装起爆体和起爆器材作业施工。

j)　3.6.5　洞室爆破现场混制炸药应遵守下列规定：

13　混制场内严禁吸烟，严禁存在明火；同时，严禁将火柴、打火机等带入加工场。

〖摘编说明〗

该款是混制炸药场内安全作业的最起码的要求，应严格执行。

〖检查要点和方法〗

检查爆破现场应有严禁吸烟、明火的明显标志，加强对施工人员的安全教育自觉遵守，并要有安全员专职检查，对进入爆破现场的作业人员收缴火柴、打火机、香烟等。

k)　4.2.7　制浆及输送应遵守下列规定：

2　当人进入搅拌槽内之前，应切断电源，开关箱应加锁，并挂上“有人操作，严禁合闸!”的警示标志。

〖摘编说明〗

这是对制浆搅拌机、制浆泵的正确使用进行了规定，避免因设备不正确使用而造成人身安全事故。

〖检查要点和方法〗

检查是否已切断电源、开关箱是否加锁封闭，检查“有人操作，严禁合闸!”的警示标志是否醒目明显。

l)　5.1.4　当砂石料料堆起拱堵塞时，严禁人员直接站在料堆上进行处理。应根据料物粒径、堆料体积、堵塞原因采取相应措施进行处理。

〖摘编说明〗

砂石料仓因潮湿而起拱的现象经常发生，作业人员直接站在料堆上处理，破拱后人员随料堆塌陷，易发生淹溺窒息事故，本条对此做出规定。处理方法可采取挖除料堆、高压水冲、小型爆破及机械破拱等。

〖检查要点和方法〗

检查起拱堵塞砂石料堆处理方案，严禁作业人员直接在料堆上处理。

m）　5.4.7　设备检修时应切断电源，在电源启动柜或设备配电室悬挂“有人检修，不许合闸”的警示标志。

n）　5.4.8　在破碎机腔内检查时，应有人在机外监护，并且保证设备的安全锁机构处于锁定位置。

〖摘编说明〗

以上两条是对破碎机械设备维修、检查时，防止他人不知情而操作机械设备运转，危及维修、检查人员的人身安全。

〖检查要点和方法〗

检查是否已切断电源，并挂有明显的“有人检修，不许合闸”的警示标志，在破碎机腔内检查时，检查机外应有人监护，检查安全锁机物是否已处于锁定位置。

o）　6.2.1　木模板施工作业时应遵守下列规定：

10　高处拆模时，应有专人指挥，并标出危险区；应实行安全警戒，暂停交通。

11　拆除模板时，严禁操作人员站在正拆除的模板上。

〖摘编说明〗

高空拆模，木板极易坠落伤人，所以要标出危险区，实行安全警戒，暂停交通，并应有专人指挥，以保安全。拆除模板时，正拆除的模板，其固定件处于松动待拆状态，极不稳固，故严禁操作人员站在其上，以保安全。

〖检查要点和方法〗

检查高处拆模时有无现场指挥管理人员，检查安全警戒区和断截交通的范围和警示标志。

p）　6.3.1　钢筋加工应遵守下列规定：

8　冷拉时，沿线两侧各2m范围为特别危险区，人员和车辆不应进入。

〖摘编说明〗

钢筋冷拉作业过程中，可能会出钢筋脱出夹具或断裂等情况而伤及人员和车辆，故本款规定沿线两侧各2m范围为特别危险区，禁示人员和车辆不得进入。

〖检查要点和方法〗

检查冷拉作业危险区警示标志和安全管理人员到位情况。

q）　6.5.1　螺旋输送机应符合下列安全技术要求：

6　处理故障或维修之前，应切断电源，并悬挂警示标志。

〖摘编说明〗

这是处理螺旋输送机故障或维修之前，切断电源并悬挂警示标志，为防止他人不知情而误操作，使螺旋输送机运转而危及维修作业人员的人身安全。

〖检查要点和方法〗

检查电源是否已切断和警示标志是否醒目明显。

r)　**6.5.4　片冰机的安全技术要求：**

3　片冰机运转过程中，各孔盖、调刀门不应随意打开。因观察片冰机工作情况而应打开孔盖、调刀门时，严禁观察人员将手、头伸进孔及门内。

6　参加片冰机调整、检修工作的人员，不应少于3人，一人负责调整、检修，一人负责组织指挥（若调整、检修人员在片冰机内，指挥人员应在片冰机顶部），另一人负责控制片冰机电源开关，应做到指挥准确，操作无误。

7　工作人员从片冰机进人孔进、出之前和在调整、检修工作的过程中，应关闭片冰机的电源开关，悬挂"严禁合闸"的警示标志，这期间片冰机电源开关控制人员不应擅离工作岗位。

〔摘编说明〕

该3款的规定是对片冰机在运转过程中，为观察片冰机工作情况和片冰机调整、检修工作人员的人身安全而制定的安全保障措施。片冰机运转过程中如观察人员将手、头伸进孔及门内，将可能发生伤亡事故。片冰机调整、检修工作时，一定要再停机状态下进行，所以要关闭电源开关，悬挂"严禁合闸"的警示标志，以防他人不知情而误操作。并规定参加片冰机调整、检修的人员不应少于3人，一人在机内调整、检修，一人在片冰机顶部指挥，一人控制片冰机电源开关，以确保安全作业。

〔检查要点和方法〕

检查操作人员持有的安全手册有无其他相关内容；检查片冰机运转或调试、维修时是否规定配置安全管理人员监守其岗位及悬挂"严禁合闸"警示标志等。

s)　**6.5.6　混凝土拌和楼（站）的技术安全要求：**

9　检修时，应切断相应的电源、气路，并挂上"有人工作，不准合闸"的警示标志。

10　进入料仓（斗）、拌和筒内工作，外面应设专人监护。检修时应挂"正在修理，严禁开动"的警示标志。非检修人员不应乱动气、电控制元件。

〔摘编说明〕

混凝土拌和楼（站）在检修时，应切断相应的电源、气路，并挂上"有人工作，不准合闸"警示标志，以防他人不知情而误操作，伤及检修人员。进入料仓（斗）、拌和洞内工作，外面应设专人监护，严防非检修人员乱动气、电控制元件，严禁开动运转设备，确保安全作业。

〔检查要点和方法〕

检查施工单位签发的安全手册有无其相关内容；检查电源、气路是否已切断；检查有无"有人工作，不准合闸""正在修理，严禁开动"的警示标志；检查安全监护人员是否到位等。

t)　**6.7.5　采用核子水分/密度仪进行无损检测时应遵守下列规定：**

1　操作者在操作前应接受有关核子水分/密度仪安全知识的培训和训练，只有合格者方可进行操作。应给操作者配备防护铅衣、裤、鞋、帽、手套等防护用品。操作者应

在胸前配戴胶片计量仪，每1～2月更换一次。胶片计量仪一旦显示操作者达到或超过了允许的辐射值，应即停止操作。

3 应派专人负责保管核子水分/密度仪，并应设立专台档案。每隔半年应把仪器送有关单位进行核泄露情况检测，仪器储存处应牢固地张贴“放射性仪器”的警示标志。

4 核子水分/密度仪受到破坏，或者发生放射性泄漏，应立即让周围的人离开，并远离出事场所，直到核专家将现场清除干净。

〔摘编说明〕

核子水分/密度仪是有放射源的无损检测仪器，国际原子能管理委员会规定的最大允许职业累计值为50mSv/h，非职业累积值目前还未统一规定，但据有关职业病防护所介绍，不应超过5mSv/h（包括本地照射），若每周吸收约1mSv就可以休假。上述说明，旨在提供一个参考依据，第1款是针对个人提出的安全防护规定，只有正确使用，才能保护自己。第3款、第4款是针对核子水分/密度仪保管提出的规定，旨在加强管理，防止放射伤及他人。

〔检查要点和方法〕

检查核子水分/密度仪操作者岗前安全知识培训、训练记录和上岗证；检查操作者的防护用品是否齐全；检查胶片计量仪更换时间是否符合规定；检查保管专台档案及其核泄漏情况检测记录。

u) 7.1.6 骨（填）料加热、筛分及储存应遵守下列规定：

2 加热后的骨料温度高约200℃，进行二次筛分时，作业人员应采取防高温、防烫伤的安全措施；卸料口处应加装挡板，以免骨料溅出。

〔摘编说明〕

加热后的骨料温度高达200℃，所以规定二次筛分作业人员需采取防高温、防烫伤的安全措施，以保护作业人员的安全。

〔检查要点和方法〕

检查施工单位的安全措施及其落实情况；检查缺料口装挡板安装是否牢靠，高度是否满足要求。

v) 7.1.10 搅拌机运行中，不应使用工具伸入滚筒内掏挖或清理。需要清理时应停机。如需人员进入搅拌鼓内工作时，鼓外要有人监护。

〔摘编说明〕

这是对搅拌机在运行中和需要清理时的安全操作的规定。

〔检查要点和方法〕

检查施工单位签发的安全手册有无其相关内容；当搅拌机维修时，应检查安全监护人员是否到位。

w) 7.2.6 沥青混凝土碾压作业应遵守下列规定：

6 机械由坝顶下放至斜坡时，应有安全措施，并建立安全制度。对牵引机械和钢

丝绳刹车等，应经常检查、维修。

〖摘编说明〗

本款规定了沥青混凝土碾压机械由坝顶下放至斜坡时，要有安全措施和相应的安全制度，以规范沥青混凝土碾压机械下放的运行方式，使之安全可靠。规定了对牵引机械、钢丝绳刹车等应经常检查、维修，以保其安全运行。

〖检查要点和方法〗

检查施工单位技术安全措施（或作业指导书）有无其安全措施和安全制度，及其施工过程中落实运行情况。检查牵引机械和钢丝绳刹车的检查、维修记录。

x） 7.2.7 心墙钢模宜应采用机械拆模，采用人工拆除时，作业人员应有防高温、防烫伤、防毒气的安全防护装置。钢模拆除出后应将表面粘附物清除干净，用柴油清洗时，不应接近明火。

〖摘编说明〗

由于沥青混凝土的特性所致心墙钢模拆模时，模板温度仍较高，热沥青有毒气体散发，所以本条规定心墙钢模应采用机械拆模，采用人工拆除时，作业人员应有防高温、防烫伤、防毒气的安全防护装置。用柴油清除时，不得接近明火，以防发生火情。

〖检查要点和方法〗

审查施工单位的施工作业措施时，建议沥青混凝土心墙钢模宜采用机械拆除；当用人工拆模时，检查作业人员的防高温、防烫伤。放毒气的安全防护装置是否齐全完备，用柴油的作业面附近不得有明火。

10-0-14 《水利水电工程机电设备安装安全技术规程》SL 400—2016

a） 5.12.1 蝴蝶阀和球阀安装应符合下列规定：

5 蝴蝶阀和球阀动作试验前，应检查钢管内和活门附近有无障碍物及人员。试验时应在进人门处挂“禁止入内”警示标志，并设专人监护。

〖摘编说明〗

为避免有异物卡阻活门损坏阀门密封或造成人身伤害，阀动作试验前，应检查钢管内和活门附近有无障碍物，不应有人在内工作。试验时应在进人门处挂“禁止入内”警示标志，并应设专人监护，一旦发生意外可以及时施救并报警。

〖检查要点和方法〗

试验程序、警示标志、专人监护。

6 进入蝴蝶阀和球阀、钢管内检查或工作时，应关闭油源，投入机械锁锭，并挂上“有人工作，禁止操作”警示标志，并设专人监护。

〖摘编说明〗

为避免误操作，确保进入阀门或钢管内的人员的安全，在进入蝴蝶阀和球阀、钢管内检查或工作时，应关闭油源，投入机械锁锭，并应挂上“有人工作，禁止操作”警示标志，并应设专人监护。

〖检查要点和方法〗

油源、锁锭、警示标志、专人监护。

b）　**6.5.1　转子支架组装和焊接应符合下列规定：**

1　转子支架组焊场地应通风良好，配备灭火器材。

〖摘编说明〗

为确保工作人员安全，组焊场地应通风良好，周围不应有火种，并现场配备灭火器材。

〖检查要点和方法〗

通风、灭火器材。

c）　**6.8.9　有绝缘要求的导轴瓦或上端轴，安装前后应对绝缘进行检查。试验时应对试验场所进行安全防护，设置安全警戒线和警示标志。**

〖摘编说明〗

由于轴瓦的绝缘好坏关系到机组的安全运行，因此必须对其进行检查。因试验时有较高的电压及临时电源，会危及人员的生命安全，为防止触电事故发生，因而要求必须设置安全警戒线和警示标志。

〖检查要点和方法〗

看是否有检查记录，必要时可询问有关人员。看现场是否设置了安全警戒线和警示标志。

d）　**8.3.5　附件安装及电气试验应符合下列规定：**

9　现场高压试验区应设遮栏，并悬挂警示标志，设置警戒线，派专人监护。

〖摘编说明〗

因进行电气试验时有较高的电压，会危及人员的生命安全，为防止触电事故发生，因而要求必须设置遮栏、并悬挂警示标志，设警戒线，派专人看护。

〖检查要点和方法〗

看现场是否设置了遮栏安全警戒线和警示标志，是否有专人看护。

e）　**8.7.4　开关柜安装应符合下列规定：**

4　硬母线安装应符合下列规定：

6）在高空安装硬母线时，工作人员必须系好安全带，并设置安全警戒线及警示标志。

〖摘编说明〗

为保证工作人员在高空作业时生命安全，防止跌落事故发生，须系安全带。由于高空作业人员受环境条件及空间限制，在作业时有可能掉落物品危机下方人员安全，故本条要求设置安全警戒线及警示标志。

〖检查要点和方法〗

看工作人员是否系安全带，是否设置了安全警戒线及警示标志。

f) **8.10.3 电缆头制作应符合下列规定：**

6 现场高压试验区应设围栏，悬挂警示标志，并设专人监护。

g) **8.11.2 高压试验应符合下列规定：**

1 进行高压试验时，在试验地点和高压联线所通过的地段均应设围栏或采取其他安全措施，严防触电，必要时应派专人看守。

〖摘编说明〗

因电气试验区会有较高的电压及临时电源的存在，会危及人员的生命安全，为防止触电事故发生，保证人员安全，故做本条要求。

为保证试验的正确及人员安全，要求了检查无误后方可进行试验及未经监护人同意不得任意拆线。雷雨时进行高压试验有可能会引发雷击，造成人员伤害及设备损坏。

〖检查要点和方法〗

看试验区是否设置了围栏、拉警戒线并悬挂警示标志，将有关路口和有可能进入试验区域的通道临时封闭及安排专人看守。

h) **8.12.1 试验区应设围栏或拉警戒线，悬挂警示标志，将有关路口和有可能进入试验区域的通道临时封闭，并安排专人看守。**

〖摘编说明〗

因电气试验区会有较高的电压及临时电源的存在，会危及人员的生命安全，为防止触电事故发生，保证人员安全，故做本条要求。

为保证试验的正确及人员安全，要求了检查无误后方可进行试验及未经监护人同意不得任意拆线。雷雨时进行高压试验有可能会引发雷击，造成人员伤害及设备损坏。

〖检查要点和方法〗

看试验区是否设置了围栏、拉警戒线并悬挂警示标志，将有关路口和有可能进入试验区域的通道临时封闭及安排专人看守。

i) **9.2.1 引水及尾水系统检查应符合下列规定：**

2 检查应有3人以上参加，并应配备通信及便携式照明器具。进入引水及尾水流道、压力管道、尾水管、蜗壳内部时，应留一人在入口处守候。

〖摘编说明〗

为确保进入引水及尾水内部检查人员的安全，在进入钢管、蜗壳和发电机风洞内部时，除配备正常的检修照明设施外，还应随身携带手电筒作为应急照明，3人以上也是为了一旦发生意外可以相互帮助自救，在进人口留一人守候承担观察情况，发现问题及时通知的责任。

〖检查要点和方法〗

检查记录。

j）　10.4.2　桥机试验区域应设置警戒线，并设置明显的警示标志，非工作人员不得进入。试验时桥机下面严禁有人逗留。

〔摘编说明〕

为防止非工作人员进入试验区域带来安全隐患，在桥机试验区域应设警戒线，并布置明显警示标志，非工作人员严禁上桥机。试验时桥机下面严禁有人逗留。

〔检查要点和方法〕

试验记录、警戒线、警示标志。

10－0－15　《水利水电工程施工作业人员安全操作规程》SL 401—2007

a）　2.0.9　严禁人员在吊物下通过和停留。

〔摘编说明〕

为防止吊钩脱落和吊物散落伤人。

〔检查要点和方法〕

检查吊钩安全防护装置是否安全可靠，吊物应捆绑稳牢，检查是否有专人指挥吊运，以及禁止人员通行的警示标志。

b）　2.0.10　易燃、易爆等危险场所严禁吸烟和明火作业。不应在有毒、粉尘生产场所进食。

〔摘编说明〕

易燃、易爆等维修场所有吸烟和明火作业会引火灾和爆炸危及人员生命和财产安全。在有毒、粉尘生产场所进食会损害作业人员的身体健康。

〔检查要点和方法〕

设置显目的警示标志，有安全员检查。

c）　2.0.12　洞内作业前，应检查有害气体的浓度，当有害气体的浓度超过规定标准时，应及时排除。

〔摘编说明〕

洞室施工作业要求洞内氧气体积不应少于20%，有害气体和粉尘浓度应符合SL 378—2007《水工建筑物地下开挖工程施工规范》表11.1.1容积值的规定，如经检测超标不得进行洞内施工作业，并应及时采用通风等措施排除，符合规定标准方可进行施工。

〔检查要点和方法〕

检查施工单位的洞内施工技术方案的通风系统是否满足要求，和安全作业措施是否落实到位，检查洞内氧气和有害气体、粉尘的检测记录是否达标。

d）　2.0.16　检查、修理机械电气设备时，应停电并挂标志牌，标志牌应谁挂谁取。应在检查确认无人操作后方可合闸。严禁机械在运转时加油、擦拭或修理作业。

〔摘编说明〕

检查修理机械电气设备时，只有在断电条件下进行，才能确保作业人员的安全。要求停电并挂牌标志，并要有专人谁挂谁取，这样以确保作业人员在停电状态下作业。机械在运转时加油、擦拭或修理作业极易发生安全事故；危及人身安全，应严格禁止。

〔检查要点和方法〕

检查是否已断电源和有专人负责挂、取“有人作业，严禁合闸”的标志牌，检查有无安全人员巡视检查机械运转时的违规作业行为。

e)　2.0.20　严禁非电气人员安装、检修电气设备。严禁在电线上挂晒衣服及其他物品。

〔摘编说明〕

电气设备的安装、检修是一项专业技术性强的工作，不懂得电气工作原理和掌握特定专业技能的人进行安装和检修，将会造成电气设备的损坏和人身安全事故，还将造成经济损失和部落的社会影响。在电线上挂晒衣服和其他物品将可能发生触电等事故，应严格禁止。

〔检查要点和方法〕

检查电气设备安装、检修人员的上岗证件，严格执行持证上岗制度。加强安全用电教育。悬挂“勿晒衣挂物”的警示标志。

f)　2.0.26　非特种设备操作人员，严禁安装、维修和动用特种设备。

〔摘编说明〕

特种设备有其特定的技术特性和操作标准，技术性强、难度大、操作技能要求高，非经特种技能培训并经考试合格的人员对特种设备进行安装、维修和动用，不但会损坏其设备，还将危及操作者的人身安全，故必须遵守此规定。

〔检查要点和方法〕

严格执行持证上岗制度，检查操作人员的上岗证件是否与所操作设备相对应。

g)　3.7.13　进行停电作业时，应首先拉开刀闸开关，取走熔断器（管），挂上“有人作业，严禁合闸！”的警示标志，并留人监护。

〔摘编说明〕

这是对停电作业时，保障作业人员安全的基本规定，必须遵照执行。

〔检查要点和方法〕

检查是否已拉开刀闸开关，取走熔断器（管），已挂上“有人作业，严禁合闸”的警示牌，检查有无专人留守监护。

h)　4.2.1　塔式起重机司机应经过专业培训，并经考试合格取得特种作业人员操作证书后，方可上岗操作。

〔摘编说明〕

塔式起重机起吊重物在空中移动并提放至预定地点，其安全性、准确性要求较高，难度较大，技术性强，属特殊工种，所以本条规定其作业人员应经过专业培训，经考试合格取得的特种作业人员操作证书后，方可上岗操作。

〔检查要点和方法〕

检查上岗证件是否与塔式起重机专业相符。

10－0－16　《水利水电工程鱼道设计导则》SL 609—2013

a)　7.1.3　电栅周围一定区域内应设明显警示标志，电极阵上应装红色指示灯。严禁在电栅周围捕鱼、围观、游泳、驶船等。

〔摘编说明〕

电栅是利用鱼对电场产生反应，并本能的避离电场这一特性，实现对鱼进行拦截和诱导。电栅多采用脉冲电源，脉冲供电电源为220V交流电，为避免发生人身触电的安全事故，必须在电栅周围设置警示标志，严禁在电栅周围捕鱼、围观、游泳、驶船等。

〔检查要点和方法〕

检查电栅周围是否设置警示标志。检查电极阵是否设置红色指示灯。

10－0－17　《水利水电地下工程施工组织设计规范》SL 642—2013

a)　7.2.3　下列地区不应设置施工临时设施：

1　严重不良地质区或滑坡体危害区。

2　泥石流、山洪、沙暴或雪崩可能危害区。

5　受爆破或其他因素影响严重的区域。

〔摘编说明〕

在这些地区布置临时设施，会给工程施工带来危害，使人员生命受到威胁，身体受到伤害，因此应避开在这类地区设置临建工程。

〔检查要点和方法〕

检查施工总布置设计。设计人员应充分掌握施工区可能遭受地质灾害、山洪威胁等自然灾害区，以及受施工严重影响区域的情况，按规范要求进行施工总布置设计。设计审查部门应对各施工布置区所处的地形、地质、水文、气象、施工等环境条件是否安全，是否符合本条文规定进行重点审查。

10－0－18　《水利水电工程调压室设计规范》SL 655—2014

a)　8.3.6　调压室安全防护应符合下列规定：

1　埋藏式调压室的井口周边，应设置安全防护设施。

2　半埋藏式调压室和地面式调压室应设置井口安全防护设施。

3　调压室内的钢爬梯，应设置护笼。

〔摘编说明〕

为防止人员或动物落入调压井造成伤害，必须在井口周边设置安全防护措施（设置围栏）。为防止进入调压井的工作人员发生跌落事故，调压室内的钢爬梯，必须设置护笼。

〔检查要点和方法〕

检查设计文件中对调压井井口是否设置了安全防护措施，井内的钢爬梯是否设置了护笼。

10-0-19 《预应力钢筒混凝土管道技术规范》SL 702—2015

a) 11.1.3 管道水压试验应有安全防护措施，作业人员应按相关安全作业规程进行操作。

b) 11.3.9 水压试验应符合下列规定：

3 管道水压试验过程中，后背顶撑、管道两端严禁站人。

〔摘编说明〕

管道（线）安装完成后，应进行管道功能性试验。管道功能性试验包括接口水压试验、管道闭水试验和管道水压试验。管道水压试验是对压力输水管道工程的设计、施工及安装进行综合验证。因此，进行水压试验是必要的。

〔检查要点和方法〕

（1）检查是否制定水压试验安全防护措施、相关安全作业规程。

（2）试验过程中，后背顶撑、管道两端严禁站人。

10-0-20 《水利水电工程施工安全防护设施技术规范》SL 714—2015

a) 3.2.10 电梯井、闸门井、门槽、电缆竖井等的井口应设有临时防护盖板或设置围栏，在门槽、闸门井、电梯井等井道口（内）安装作业，应根据作业面情况，在其下方井道内设置可靠的水平安全网作隔离防护层。

〔摘编说明〕

水利水电工程工地中因电缆井、电梯井和闸门门槽无防护盖板措施导致的坠落事故时有发生。因此，对施工部位已到高程和正在施工中的电梯井、闸门槽、电缆竖井及管路等井口设置临时防护盖板或设置围栏和根据安装作业面情况，在作业面下方设置可靠的水平安全网作临时隔离防护层，以防止人员坠落和落物伤人事故的发生是非常必要的。

〔检查要点和方法〕

检查施工现场电梯井、闸门井、门槽、电缆竖井等井口危险处，有无设置临时防护盖板或设置围栏。检查井道口（内）安装作业下方井道内是否根据作业面情况设置有可靠的水平安全网作隔离防护层。

b)　3.3.6　排架、井架、施工用电梯、大坝廊道、隧洞等出入口和上部有施工作业的通道，应设有防护棚，其长度应超过可能坠落范围，宽度不应小于通道的宽度。当可能坠落的高度超过 24m 时，应设双层防护棚。

〖摘编说明〗

本条是为了保护作业人员免遭上部高处作业可能坠物的伤害。当出入口附近有人作业，或在出入口处可能聚集较多人员时，应增加防护棚的宽度，长度应超过可能坠落范围。防护棚长度小于可能坠落范围时，可能失去保护作用。坠落高度过高时会导致物体坠落后冲击力过大而可能使防护棚破损失去保护作用，设双层防护棚，分解坠落后冲击力，减轻对下方人员的伤害。

〖检查要点和方法〗

检查防护棚长度、宽度是否满足保护范围要求，检查按照距施工作业面的高度设置防护棚是否满足本规定的要求。

c)　3.5.3　各种施工设备、机具传动与转动的露出部分，如传动带、开式齿轮、电锯、砂轮、接近于行走面的联轴节、转轴、皮带轮和飞轮等必须安设拆装方便、网孔尺寸符合安全要求的封闭的钢防护网罩或防护挡板或防护栏杆等安全防护装置。

〖摘编说明〗

许多施工机械设备及加工机械设备的传动与转动部件的部分甚至全部裸露在外，人体某部分只要接触这些裸露的运动部件就会受到伤害。为防止这类发生频率很高的事故发生，本条规定必须安装钢防护罩将运行部件的裸露部分全部罩住，或设置防护挡板，或设置安全防护栏杆，以阻止人体进入危险区。

〖检查要点和方法〗

检查各种施工设备、机具传动与转动的露出部分是否安设安全防护装置。

d)　3.7.3　施工现场的配电箱、开关箱等安装使用应符合下列规定：

6　配电箱、开关箱应装设在干燥、通风及常温场所，设置防雨、防尘和防砸设施。不应装设在有瓦斯、烟气、蒸气、液体及其他有害介质环境中，不应装设在易受外来固体物撞击、强烈振动、液体浸溅及热源烘烤的场所。

〖摘编说明〗

为防止施工现场配电箱、开关箱产生漏电等事故，应针对不同施工环境状况采用不同防护等级的配电设备及防护设施。

〖检查要点和方法〗

（1）检查配电箱、开关箱设备是否满足施工环境的防护要求。

（2）检查是否设置防雨、防尘和防砸设施。

e)　3.7.4　施工用电线路架设使用应符合下列要求：

7　线路穿越道路或易受机械损伤的场所时必须设有套管防护。管内不得有接头，其管口应密封。

〖摘编说明〗

在线路穿越道路或易受机械损伤的场所时线路容易遭受损坏，导致施工断电或人员触电事故。因此必须设有套管防护。线路接头易发生故障，管内接头故障修复困难，所以避免管内有线路接头。

〖检查要点和方法〗

检查线路穿越道路或易受机械损伤的场所时是否设有套管防护。套管及内部线路是否满足本条要求。

f)　3.10.10　载人提升机械应设置下列安全装置，并保持灵敏可靠：

1　上限位装置（上限位开关）。

2　上极限限位装置（越程开关）。

3　下限位装置（下限位开关）。

4　断绳保护装置。

5　限速保护装置。

6　超载保护装置。

〖摘编说明〗

载人提升机械一旦失控，就会造成人身伤亡事故，因此，可靠的安全保护装置非常重要。

〖检查要点和方法〗

检查载人提升机械的安全装置是否满足本条规定。

g)　3.12.5　在有毒有害气体可能泄漏的作业场所，应配置必要的防毒护具，以备急用，并应及时检查、维护、更换，保证其始终处在良好的待用状态。

〖摘编说明〗

有毒有害气体泄漏时，对周围人员可能造成伤害，当有毒有害气体浓度超标时，须穿戴防毒护具，因此在有毒有害气体可能泄漏的作业场所，应配置必要的防毒护具，并应保证其始终处在良好的待用状态。

〖检查要点和方法〗

检查有毒有害气体可能泄漏的作业场所，是否配置必要的防毒护具，其状态是否良好。

h)　4.1.4　皮带栈桥供料线运输应符合下列安全规定：

9　供料线下方及布料皮带覆盖范围内的主要人行通道，上部必须搭设牢固的防护棚，转梯顶部设置必要防护，在该范围内不应设置非施工必需的各类机房、仓库。

〖摘编说明〗

供料线下方及布料皮带覆盖范围内，运输的施工材料可能掉落砸伤下方通过的行人，造成人员伤害，须搭设牢固的防护棚，转梯顶部设置必要防护；非施工必需的各类机房、仓库设置在该范围以外，避免损失。

〔检查要点和方法〕

检查该范围内的主要人行通道是否满足本规定的要求；检查该范围内有无非施工必需的各类机房、仓库。

i)　4.2.4　起重机械安装运行应符合下列规定：

1　起重机械应配备荷载、变幅等指示装置和荷载、力矩、高度、行程等限位、限制及连锁装置。

〔摘编说明〕

本条目的是确保起重机械运行安全，操作人员随时了解机械设备的状态，限位、限制及连锁装置可有效避免设备过载、超高及越位等失误，防止起吊过程中发生伤害事故和设备倾覆事故。

〔检查要点和方法〕

(1) 检查起重机械是否配备荷载、变幅等指示装置。

(2) 检查起重机械是否配备荷载、力矩、高度、行程等限位、限制及连锁装置。

〔案例分析〕

1998年6月22日，某工程局第二工程处安排在某电站1号主变排架柱基础出渣。晚上20时许，25号高架门机在将渣斗从出渣位置吊出20多m后，突然停机，司机进行简单检查后继续操作，在向右回转时，门机慢速倾斜随后瞬间倾倒，发生巨大声响，现场断电。25号高架门机严重损坏。事故造成2人死亡，直接经济损失5万余元。

直接原因：25号高架门机吊斗总重16t，已超出该工作幅度的起吊重量。在门机变幅对钩过程中，变幅限位已经动作，现场无人对吊重提出质疑。操作司机在吊起20多m感到设备异常时停机检查，未发现问题。

间接原因：门机起吊重量不清，设备使用条件不明；门机没有力矩限位装置；作业人员不了解设备性能和起吊重量。

主要原因：①违章作业。彼此沟通不够，在不清楚起重重量的情况下盲目作业，造成设备倾覆。②设备限位装置不全。不能直观给出操作司机提醒。

j)　4.2.5　门式、塔式、桥式起重机械安装运行应符合下列规定：

4　桥式起重机供电滑线应有鲜明的对比颜色和警示标志。扶梯、走道与滑线间和大车滑线端的端梁下应设有符合要求的防护板或防护网。

〔摘编说明〕

桥式起重机供电滑线设有鲜明的对比颜色和警示标志是为了引起附近人员注意，防止无意触碰和损坏。设置滑线防护板或防护网是为了防止触电事故。

〔检查要点和方法〕

检查桥式起重机供电滑线是否设有鲜明的对比颜色和警示标志。滑线防护板或防护网的设置是否符合本规定。

k） 4.3.2 缆机安装运行应符合下列规定：

1 设有从地面通向缆机各机械电气室、检修小车和控制操作室等处所的通道、楼梯或扶梯。所有转动和传动外露部位应装设有防护网罩，并涂上安全色。

〔摘编说明〕

为保证缆机安装运行时作业人员安全，设置由地面通向各机械电气室、检修小车和控制操作室等处所的通道、楼梯或扶梯。并对可能引起人员伤害的所有转动和传动外露部位设置防护网罩，并涂上安全色。

〔检查要点和方法〕

检查缆机是否设有由地面通向各机械电气室、检修小车和控制操作室等处所的通道、楼梯或扶梯。检查所有转动和传动外露部位是否装设有涂有安全色的防护网罩。

l） 6.1.1 灌浆作业应符合下列要求：

3 交叉作业场所，各通道应保持畅通，危险出入口、井口、临边部位应设有警告标志或钢防护设施。

〔摘编说明〕

为防止在交叉作业及廊道出入口处高处坠物伤害、在边坡作业中平台坍塌伤亡及平台临边坠落伤亡等事故的发生，在上述位置设置警告标志或钢防护设施。

〔检查要点和方法〕

检查交叉作业场所，各通道是否畅通；检查危险出入口、井口、临边部位是否设有警告标志或钢防护设施。

m） 7.1.14 皮带机安装运行应符合下列规定：

4 皮带的前后均应设置事故开关，当皮带长度大于100m时，在皮带的中部还应增设事故开关，事故开关应安装在醒目、易操作的位置，并设有明显标志。

〔摘编说明〕

皮带机是砂石料输送的主要方式，皮带机事故主要发生在运行中机械滚筒对人员的伤害，重点在机头、机尾部分。为在皮带机发生事故时，尽快停机，减少损失设置事故开关。

〔检查要点和方法〕

检查皮带机设置的事故开关是否满足本规定要求。

n） 7.2.1 制冷系统车间应符合下列规定：

7 氨压机车间还应符合下列规定：

1）控制盘柜与氨压机应分开隔离布置，并符合防火防爆要求。

2）所有照明、开关、取暖设施等应采用防爆电器。

3）设有固定式氨气报警仪。

4）配备有便携式氨气检测仪。

5）设置应急疏散通道并明确标识。

〔摘编说明〕

制冷系统设备大多为压力容器，且介质（氨）为有毒、易爆物质。资料表明，在充氨工作场所，当空气中含氨量达到0.5%～0.8%（按体积计算），停留30min后，会引起人员中毒；当空气中含氨量达到16%～25%，遇明火可引起爆炸。本条规定主要防止爆炸和急性中毒事故的发生。

〔检查要点和方法〕

检查制冷系统氨压机车间是否符合本条规定。

o） 8.1.2 木材加工机械安装运行应符合下列规定：

3 应配备有锯片防护罩、排屑罩、皮带防护罩等安全防护装置，锯片防护罩底部与工件的间距不应大于20mm，在机床停止工作时防护罩应全部遮盖住锯片。

〔摘编说明〕

为防止木材加工机械锯片等相关加工设备、传动设备的机械伤害和木料飞出伤害事故发生，需要配备安全防护装置。

〔检查要点和方法〕

检查木材加工机械锯片等相关设备的安全防护装置是否符合本条规定。

p） 10.1.2 进入施工生产区域人员应正确穿戴安全防护用品。进行2m（含2m）以上高空作业应佩戴安全带并在其上方固定物处可靠栓挂，3.2m以上高空作业时，其下方应铺设安全网。安全防护用品使用前应认真检查，不应使用不合格的安全防护用品。

〔摘编说明〕

（1）为了保证进入施工现场或作业区域的人员做出的安全作业规定。

（2）3.2m以上高空作业除作业人员的安全带要可靠拴挂外，其下方还要铺设安全网，起到双保险作用，是为了保证作业人员在高空作业时生命安全，防止跌落事故发生所做的规定。

（3）对安全防护用品在每次使用前要对照有关标准进行检查所做出的规定。

〔检查要点和方法〕

检查进入施工现场或作业区域的人员安全防护用品穿戴是否正确；检查高空作业人员的保护措施是否符合规定；检查安全防护用品是否合格。

〔案例分析〕

1996年2月11日14时，某水电站河槽公路，某工程局立模板工人陈某正在安装模板。陈某站在混凝土仓外部，一手拿钉锤，一手用扒钉撬两块钢模板的U形扣孔，在用力过程中扒钉从U形孔中脱出，人体重心后仰，从高程864m坠落至高程852m，坠落高度12m，头部严重受伤，失血过多死亡。

直接原因：高空作业未系安全带，违反高空作业安全操作规程。

间接原因：施工现场安全管理缺陷，未设施工安全网。

主要原因：在立模过程中违章作业，未系安全带。

q） 10.1.7 焊接作业安全防护应符合下列要求：

10 高处焊割作业点的周围及下方地面上火星所及的范围内，应彻底清除可燃、易爆物品，并配置足够的灭火器材。

〖摘编说明〗

电焊焊接过程中温度高达6000℃以上，容易使焊件接触的可燃物着火，同时在焊接过程中掉落和飞溅的焊渣接触到木、棉等可燃物时极易引发火灾。因此，高处焊割作业点的周围及下方地面上火星所及的范围内，应彻底清除可燃、易爆物品，并配置足够的灭火消防器材。

〖检查要点和方法〗

检查高处焊割作业点的周围及下方地面上是否按规范要求清理干净，是否配备足够的灭火器材。

r） 10.1.11 金属加工设备防护罩、挡屑板、隔离围栏等安全设施应齐全、有效。有火花溅出或有可能飞出物的设备应设有挡板或保护罩。

〖摘编说明〗

为防止金属加工设备及相关附属设备的机械伤害和有火花溅出或有可能飞出物的设备伤害事故发生，需要配备安全设施。

〖检查要点和方法〗

金属加工设备的安全设施是否符合本条规定。

s） 11.1.2 机组安装现场对预留进人孔、排水孔、吊物孔、放空阀、排水阀、预留管道口等孔洞应加防护栏杆或盖板封闭。

〖摘编说明〗

机组安装现场预留进人孔、排水孔、吊物孔、放空阀、排水阀、预留管道口等孔洞，可能造成安装作业人员高处坠落或落物造成伤亡。设置防护栏杆或盖板封闭，保护作业人员安全。

〖检查要点和方法〗

检查机组安装现场预留孔洞处，有无设置防护栏杆或盖板封闭。

t） 11.1.7 尾水管、蜗壳内和水轮机过流面进行环氧砂浆作业时，应有相应的防火、防毒设施并设置安全防护栏杆和警告标志。

〖摘编说明〗

环氧树脂、定子、转子所使用的油漆及机组全面喷刷用漆，毒性较大，挥发快，且施工部位狭小封闭易造成中毒和火灾事故，故规定必须设置通风、消防、防毒和隔离设施。

〖检查要点和方法〗

检查尾水管、蜗壳内和水轮机过流面进行环氧砂浆作业面是否有防火、防毒设施及安全防护栏杆和警告标志。

u) 11.2.6 高压试验现场应设围栏，拉安全绳，并悬挂警告标志。高压试验设备外壳应接地良好（含试验仪器），接地电阻不得大于4Ω。

〖摘编说明〗

因高压试验时有较高的电压，会危及现场人员的生命安全，为防止触电事故发生，因而要求必须设置围栏或安全隔离绳，并悬挂警告标志。为保证试验有关人员的安全，要求被试验设备外壳应接地良好。

〖检查要点和方法〗

检查现场是否设置了安全警戒线和警示标志，是否有专人看护。高压试验设备是否按要求接地。

v) 11.3.1 水轮发电机组整个运行区域与施工区域之间必须设安全隔离围栏，在围栏入口处应设专人看守，并挂“非运行人员免进”的标志牌，在高压带电设备上均应挂“高压危险”“请勿合闸”等标志牌。

〖摘编说明〗

本条为防止非运行人员进入运行区域干扰发电机组正常运行，并防止可能发生高压触电及其他电气事故。

〖检查要点和方法〗

检查水轮发电机组整个运行区域与施工区域之间是否设置安全隔离围栏及有关标志牌。

11　卫　　生

本章涉及5项技术标准，强制性条文共18条，详见表11－1，内容涉及生产生活环境中的噪声、粉尘和有害物质等的控制及人员健康的保护，血防工作防疫和饮水安全等。

表11－1　　　　　　　　　　工业卫生部分涉及技术标准汇总表

序号	标　准　名　称	标准编号	强条数
1	水利水电工程劳动安全与工业卫生设计规范	GB 50706—2011	7
2	水利水电工程施工组织设计规范	SL 303—2017	1
3	水利血防技术规范	SL 318—2011	4
4	水利水电工程施工通用安全技术规程	SL 398—2007	5
5	水利水电地下工程施工组织设计规范	SL 642—2013	1

11－0－1　《水利水电工程劳动安全与工业卫生设计规范》GB 50706—2011

a)　5.6.1　六氟化硫气体绝缘电气设备的配电装置室及检修室，必须装设机械排风装置，其室内空气中六氟化硫气体含量不应超过6.0g/m³，室内空气不应再循环，且不得排至其他房间内。室内地面孔、洞应采取封堵措施。

〔**摘编说明**〕

纯六氟化硫气体是无毒、无味、不燃并具有优良冷却性能，绝缘强度大大高于传统的绝缘气体。但在电弧的作用下，六氟化硫会发生分解，形成有毒的低氟化合物，如SF_2、S_2F_2、SF_4、S_2F_{10}等，若由于密封不严或大修解体，六氟化硫（低氟化合物）气体在空气中的含量超过6.0g/m³，会对工作人员造成伤害，因此，应采取相应的机械排风措施，室内空气不应再循环，且不得排至其他房间内。

室内空气中六氟化硫气体含量不应超过6.0g/m³是现行国家职业卫生标准GBZ 2.1—2007《工业场所有害因素职业接触限值》中规定的平均容许浓度。

由于六氟化硫气体密度比空气大，泄漏后会沉淀在地面，考虑到室内工作人员巡视检修时头低下的位置一般在0.3m以上，因而，通常设计的排风管道的吸风口的顶部距地面的高度应在0.3m以下，同理，若室内地面孔、洞未采取封堵措施，就可能泄漏到其下面的房间，因此，室内地面孔、洞应采取封堵措施。

〔检查要点和方法〕

检查配电装置室及检修室是否设置机械排风装置、吸风口/排风口位置是否合理、室内空气是否再循环，是否排至其他房间，有无六氟化硫浓度监测措施（一般采用气相色谱法）、室内地面孔、洞是否采取封堵措施。

b)　5.6.7　水厂的液氯瓶、联氨贮存罐应分别存放在无阳光直接照射的单独房间内。加氯（氨）间和氯（氨）库应设置泄漏检测仪及报警装置，并应在临近的单独房间内设置漏氯（氨）气自动吸收装置。

c)　5.6.8　水厂加氯（氨）间和氯（氨）库，应设置根据氯（氨）气泄漏量自动开启的通风系统。照明和通风设备的开关应设置在室外。加氯（氨）间和氯（氨）库外部应备有防毒面具、抢救设施和工具箱。

〔摘编说明〕

液氯汽化后即为氯气，氯气是一种黄绿色气体，有剧毒，对人的呼吸器官有强烈的刺激性，会使人中毒、窒息、甚至死亡；液氨汽化后即为氨气，氨气也是有毒气体且可燃，阳光直射将有助于液氯和液氨的汽化，因此应分别存放在无阳光直接照射的单独的房间内，同时还应采取防暴措施。

按照现行国家职业卫生标准 GBZ 2.1—2007《工业场所有害因素职业接触限值》中规定，室内空气中氯气浓度不允许超过 1mg/m^3、氨气平均容许浓度不允许超过 20mg/m^3。为了防止泄漏对工作人员造成伤害，加氯（氨）间和氯（氨）库应设置泄漏检测仪及报警装置，并应在临近的单独房间内设置漏氯（氨）气自动吸收装置。

当室内空气中氯气浓度大于或等于 1mg/m^{3}时，自动开启通风装置，当氯气浓度大于或等于 5mg/m^{3}时，自动报警并关闭通风装置，当氯气浓度大于或等于 10mg/m^{3}时，自动开启漏氯吸收装置。漏氯检测仪的测量范围应为 1～15mg/m^3。

工作人员进入浓度超标的房间时，须佩戴防毒面具，并配备必要的抢救设施和工具箱。

〔检查要点和方法〕

检查液氯瓶、联氨贮存罐存放房间是否满足要求，是否设置泄漏检测仪及报警装置，临近的单独房间内是否设置漏氯（氨）气自动吸收装置，是否设置根据氯（氨）气泄漏量自动开启的通风系统。照明和通风设备的开关是否设置在室外，防毒面具、抢救设施和工具箱是否完善。

d)　5.7.1　工程使用的砂、石、砖、水泥、商品混凝土、预制构件和新型墙体材料等无机非金属建筑主体材料，其放射性指标限值应符合表 5.7.1 的规定。

表 5.7.1　无机非金属建筑主体材料放射性指标限值

测定项目	限值
内照射指数 I_{Ra}	≤1.0
外射指数 I_r	≤1.0

e) 5.7.2 工程使用的石材、建筑卫生陶瓷、石膏板、吊顶材料、无机瓷质砖粘接剂等无机非金属装修材料，其放射性指标限值应符合表5.7.2的规定。

表5.7.2 无机非金属装修材料放射性指标限值

测定项目	限值
内照射指数 I_{Ra}	≤1.0
外射指数 I_r	≤1.3

〔摘编说明〕

建筑材料中所含的长寿命天然放射性核素会放射γ射线，直接对室内构成外照射危害，γ射线放射性危害的大小与建筑材料中所含放射性同位素的比活度直接相关，还与建筑物空间大小、几何形状、放射性同位素在建筑材料中分布的均匀性有关。表5.7.1、表5.7.2中对主体材料和装修材料放射性指标的限量是根据国家标准GB 50325《民用建筑工程室内环境污染控制规范》中的规定编制的。

〔检查要点和方法〕

检查建筑主体材料、装修材料的放射性指标是否满足放射性指标的限量的要求，采用国家标准GB 6566《建筑材料放射性核素限量》中规定的方法检测。对采购的成品装修材料，应检查材料生产商提供该制品的放射性指标检验报告等。

f) 5.7.3 工程室内使用的胶合板、细木工板、刨花板、纤维板等人造木板及饰面人造木板，必须测定游离甲醛的含量或游离甲醛的释放量。

〔摘编说明〕

甲醛是一种无色、有强烈刺激气味的有毒气体，易溶于水、醇和醚。甲醛已经被世界卫生组织确定为致癌和致畸形物质，是公认的变态反应源，也是潜在的强致突变物之一。研究表明，甲醛具有强烈的致癌和促癌作用。甲醛对人体健康的影响主要表现在嗅觉异常、刺激、过敏、肺功能异常、肝功能异常和免疫功能异常等方面。

甲醛是人造板材制造中树脂胶的主要材料，工程室内所使用的胶合板、细木工板、刨花板、纤维板等人造木板及饰面人造木板中都不同程度的含有甲醛，会逐渐向周围环境中释放，为了避免给人体造成伤害，对室内使用的人造板材必须进行游离甲醛含量或游离甲醛释放量的测定，不满足国家标准GB 50325《民用建筑工程室内环境污染控制规范》中甲醛释放限量的规定的板材不允许使用。

〔检查要点和方法〕

检查工程室内装修使用的胶合板、细木工板、刨花板、纤维板等人造木板及饰面人造木板等材料，是否有制品的游离甲醛含量或游离甲醛释放量检验报告，及环保标志。

g) 5.9.2 血吸虫病疫区的水利水电工程，应设置血防警示标志。

〔摘编说明〕

按照《血吸虫病防治条例》的规定，建设单位在血吸虫病疫区兴建水利水电工程时，应事先提请省级以上疾病预防控制机构对施工环境进行卫生检查，并要求设立醒目的血防警示标志，以预防、控制血吸虫病对人体的感染。

〔检查要点和方法〕

检查是否设立血防警示标志。

11－0－2　《水利水电工程施工组织设计规范》　SL 303—2017

a)　4.6.12　防尘、防有害气体等综合处理措施应符合下列规定：

4　对含有瓦斯等有害气体的地下工程，应编制专门的防治措施。

〔摘编说明〕

瓦斯等有毒有害气体或易爆易燃或对人体有害，当达到一定浓度时就会产生危害，因此在地下工程的施工过程中，应编制专门的防止措施。要求施工单位配备合格的粉尘和有害气体测试仪器，并能够进行有效测量。施工过程中，当有害气体及可燃性气体含量超过规定时，加强通风是处理的有效措施。有害气体浓度降低到低于标准值后才能正常开始相关工作。

〔检查要点和方法〕

检查施工单位编制的作业计划或实施细则、安全生产的有关规定与检查记录等。

11－0－3　《水利血防技术规范》SL 318—2011

a)　10.0.1　水利血防工程施工，应根据工程所在区域的钉螺分布状况和血吸虫病流行情况，制定有关规定，采取相应的预防措施，避免参建人员被感染。

b)　10.0.4　在血吸虫病疫区施工，应采取措施，改善参建人员的工作和生活环境，同时设立醒目的血防警示标志。

c)　11.0.1　水利血防工程运行管理单位，应制定运行管理规章制度及运行调度方案，采取预防措施，避免人员被感染。

d)　11.0.4　在水利血防工程运行管理区，应采取措施，改善运行管理人员的工作和生活环境，设立醒目的血防警示标志。

〔摘编说明〕

为了避免参建人员和运行管理人员在血吸虫病病疫区感染血吸虫病，采取制定管理办法、规章制度和调度方案；改善工作和生活环境；设立醒目的血防警示标志等措施，切实加强管理，防患于未然。

〔检查要点和方法〕

检查参建和管理单位是否在血吸虫病疫区；是否有相应的预防措施和管理规定；在施工区和工程管理区是否有醒目的血防警示标志。

通过会议或座谈的形式，了解施工和管理单位的血防知识普及程度、预防措施和管理规定执行情况等。通过工程现场查勘，检查血防警示标志和措施实施情况。

11－0－4 《水利水电工程施工通用安全技术规程》SL 398—2007

a） 3.4.2 生产作业场所常见生产性粉尘、有毒物质在空气中允许浓度及限值应符合表3.4.2的规定。

表3.4.2 常见生产性粉尘、有毒物质在空气中允许浓度及限值

序号	有害物质名称			阈限值（mg/m³）		
				最高容许浓度 *Pc－MAC*	时间加权平均容许浓度 *Pc－TWA*	短时间接触容许浓度 *Pc－STEL*
1	矽尘			—	—	—
	总尘	含10%～50%游离 SiO_2		—	1	2
		含50%～80%游离 SiO_2		—	0.7	1.5
		含80%以上游离 SiO_2		—	0.5	1.0
	呼吸尘	含10%～50%游离 SiO_2		—	0.7	1.0
		含50%～80%游离 SiO_2		—	0.3	0.5
		含80%以上游离 SiO_2		—	0.2	0.3
2	石灰石粉尘	总尘		—	8	10
		呼吸尘		—	4	8
3	硅酸盐水泥	总尘（游离 $SiO_2<10\%$）		—	4	6
		呼吸尘（游离 $SiO_2<10\%$）		—	1.5	2
4	电焊烟尘			—	4	6
5	其他粉尘			—	8	10
6	锰及无机化合物（按Mn计）			—	0.15	0.45
7	一氧化碳	非高原		—	20	30
		高原	海拔2000～3000m	20	—	—
			海拔大于3000m	15	—	—
8	氨 Ammonia			—	20	30
9	溶剂汽油			—	300	450
10	丙酮			—	300	450
11	三硝基甲苯（TNT）			—	0.2	0.5

续表

序号	有害物质名称		阈限值（mg/m³）		
			最高容许浓度 *Pc*－*MAC*	时间加权平均容许浓度 *Pc*－*TWA*	短时间接触容许浓度 *Pc*－*STEL*
12	铅及无机化合物（按 Pb 计）	铅尘	0.05	—	—
		铅烟	0.03	—	—
13	四乙基铅（皮、按 Pb 计）		—	0.02	0.06

〖摘编说明〗

本条参照《工作场所空气中粉尘容许浓度》，结合水利水电工程施工特点判定了表 3.4.2，以确保职工在工作中的健康，防止职业病的产生，如尘肺、氨中毒等。

〖检查要点和方法〗

检测作业场所的粉尘、有毒物质在空气中的浓度，如超标应采用强制通风措施通风换气。

b)　3.4.4　生产车间和作业场所工作地点噪声声级卫生限值应符合表 3.4.4 规定。

表 3.4.4　　生产性噪声声级卫生限值

日接触噪声时间（h）	卫生限值［dB(A)］
8	85
4	88
2	91
1	94

c)　3.4.6　施工作业噪声传至有关区域的允许标准见表 3.4.6。

表 3.4.6　　非施工区域的噪声允许标准

类　别	等效声级限值［dB(A)］	
	昼　间	夜　间
以居住、文教机关为主的区域	55	45
居住、商业、工业混杂区及商业中心区	60	50
工业区	65	55
交通干线道路两则	70	55

〖摘编说明〗

以上两条参照《工业噪声卫生标准》和 GB 12348—1990《工业企业厂界噪声

标准》，制定了表 3.4.4、表 3.4.6，以保证施工现场人员和周围居民不受噪声侵扰。

〖检查要点和方法〗

检测生产场所和非施工区的噪声 dB 值，如超标应采取减振隔声措施。

d） 3.4.11 工程建设各单位应建立职业卫生管理规章制度和施工人员职业健康档案，对从事尘、毒、噪声等职业危害的人员应每年进行一次职业体检，对确认职业病的职工应及时给予治疗，并调离原工作岗位。

〖摘编说明〗

本条规定为保证施工作业人员人身健康的权益。

〖检查要点和方法〗

每年定期检查施工作业人员体检健康状态记录，对违反规定的施工单位限期整改。

e） 4.7.1 生活供水水质应符合表 4.7.1 的要求，并应经当地卫生部门检验合格方可使用。生活饮用水源附近不应有污染源。

表 4.7.1　生活饮用水水质标准

编　号		项　目	标　准
感官性状指标	1	色	色度不超过 15 度，并不应呈现其他异色
	2	浑浊度	不超过 3 度，特殊情况不超过 5 度
	3	臭和味	不应有异臭异味
	4	肉眼可见物	不应含有
化学指标	5	pH 值	6.5～6.8
	6	总硬度（以 CaO 计）	不超过 450mg/L
	7	铁	不超过 0.3mg/L
	8	锰	不超过 0.1mg/L
	9	铜	不超过 1.0mg/L
	10	锌	不超过 1.0mg/L
	11	挥发酚类	不超过 0.002mg/L
	12	阴离子合成洗涤剂	不超过 0.3mg/L
毒理学指标	13	氟化物	不超过 1.0mg/L，适宜浓度 0.5～1.0mg/L
	14	氰化物	不超过 0.05mg/L
	15	砷	不超过 0.04mg/L
	16	硒	不超过 0.01mg/L

续表

编　号		项　目	标　准
毒理学指标	17	汞	不超过0.001mg/L
	18	镉	不超过0.01mg/L
	19	铬（六价）	不超过0.05mg/L
	20	铅	不超过0.05mg/L
细菌学指标	21	细菌总数	不超过100个/mL水
	22	大肠菌数	不超过3个/mL水
	23	游离性余氯	在接触30min后不应低于0.3mg/L， 管网末梢水不低于0.05mg/L

〖摘编说明〗

施工区生活饮用水安全是影响施工人员人群健康的重要方面。为保证向工区人员提供符合卫生要求的饮用水，应随时掌握水源及饮用水水质变化动态，必须严格执行生活饮用水水质标准，保证施工人员饮水安全。

施工生活供水水质保证可通过水质冻凝消毒处理，所用的药剂或过滤材料应符合卫生标准，用于生活的饮用水不应含有对人体健康有害的成分；对水质应定期进行化验，确保水质符合标准。泵站（取水点）周围半径不小于100m的水域不应有停靠船只、游泳、捕捞和可能污染水源的活动。

〖检查要点和方法〗

检查的重点内容：检查施工生活供水是否有净水设施；净水设施设计是否合理，设施运转情况；饮用水水质是否符合表4.7.1的要求；检查饮用水源附近是否有污染源；检查施工人员饮水后是否出现不适症状。

常见的违反本条要求的几种情况：未安装净水设施；净水设施设计不合理，或运转不正常无法满足净水要求；监测发现表4.7.1中的一项或多项指标超过限值；水源附近存在污染源；施工人员饮水后出现不适症状。

监督检查是否违反本条的方法：通过环境监理监督承包商做好预防保护、加氯消毒和水质监测等工作，并对水质进行每月一次的定期监测。

〖案例分析〗

该条文涉及水利水电工程施工期环境监理工作，已作为监理工程师对施工区生活废水进行监理的重要依据。

例如：昆明市清水海引水一期工程施工人员生活饮用水保护。施工人员生活用水主要采用地下水水源，经消毒后作为生活用水。为保证生活饮用水水质，承包商要加强对取水、净化、蓄水、输水等设备的管理，建立行之有效的放水、清洗、消毒和检修等制度及操作规程，并按规定对水源水、饮用水定期监测，其供水水质应符合GB 5749—85

《生活饮用水卫生标准》。

11－0－5 《水利水电地下工程施工组织设计规范》SL 642—2013

a) 9.1.1 施工过程中，洞内氧气浓度不应小于20%，有害气体和粉尘含量应符合下列要求：

1 甲烷、一氧化碳、硫化氢含量应满足表9.1.1－1的要求。

表9.1.1－1 空气中有害气体的最高允许浓度

<table>
<tr><th rowspan="2">名　称</th><th colspan="2">最高允许含量</th><th rowspan="2">附　注</th></tr>
<tr><th>%
（按体积计算）</th><th>mg/m^3</th></tr>
<tr><td>甲烷（CH_4）</td><td>≤1.0</td><td>—</td><td></td></tr>
<tr><td>一氧化碳
（CO）</td><td>≤0.0024</td><td>30</td><td>
<table>
<tr><th colspan="2">一氧化碳的最高允许含量与作业时间</th></tr>
<tr><th>作业时间</th><th>最高允许含量
（mg/m^3）</th></tr>
<tr><td><1h</td><td>50</td></tr>
<tr><td><0.5h</td><td>100</td></tr>
<tr><td>15～20min</td><td>200</td></tr>
</table>
</td></tr>
<tr><td>硫化氢（H_2S）</td><td>≤0.00066</td><td>10</td><td>反复作业的间隔时间应在2h以上</td></tr>
</table>

〖摘编说明〗

隧洞施工中产生的有害气体危害极大，当超过一定浓度时极易造成人身伤害事故。

甲烷（CH_4）在自然界分布很广，是天然气、沼气、坑气及煤气的主要成分之一，具有可燃性。对人基本无毒，但浓度过高时，使空气中氧含量明显降低，使人窒息。当空气中甲烷达25%～30%时，可引起头痛、头晕、乏力、注意力不集中、呼吸和心跳加速和供给失调。

一氧化碳（CO）是一种对血液和神经系统毒性很强的污染物。空气中的一氧化碳（CO），通过呼吸系统，进入人体血液内，与血液中的血红蛋白、肌肉中的肌红蛋白、含二价铁的呼吸酶结合，形成可逆性的结合物。一氧化碳与血红蛋白的结合，不仅降低了血球携氧能力，而且还抑制、延缓氧血红蛋白的解析和释放，导致机体组织因缺氧而坏死，严重者则可能危及人的生命。

硫化氢（H_2S）气体是一种具有剧毒的气体，身体吸入少量高浓度硫化氢可短时间内致命。而低浓度的硫化氢也对人体的眼、呼吸系统及中枢神经都有影响。具有易燃性，与空气混合能形成爆炸性混合物，遇明火、高热能引起燃烧爆炸。

洞室施工作业要求洞内氧气体积不应少于20%，有害气体和粉尘浓度应符合表9.1.1－1最高允许浓度的规定，如经检测超标不得进行洞内施工作业，并应及时采用通风等措施排除，符合规定标准方可进行施工。

〖**检查要点和方法**〗

检查施工单位的洞内施工技术方案的通风系统是否满足要求，和安全作业措施是否落实到位，检查洞内氧气和有害气体、粉尘的检测记录是否达标。

第四篇

水 利 工 程 验 收

本篇主要包括水利工程后期检查验收的强制性技术要求，分为质量检查和验收两部分。

12 质 量 检 查

本章涉及《水利水电工程施工质量检验与评定规程》1项技术标准，强制性条文5条。详见表12-1。

表12-1　　质量检查部分涉及技术标准及强条汇总表

序号	标准名称	标准编号	强条数
1	水利水电工程施工质量检验与评定规程	SL 176—2007	5

12-0-1　《水利水电工程施工质量检验与评定规程》SL 176—2007

a)　4.1.11　对涉及工程结构安全的试块、试件及有关材料，应实行见证取样。见证取样资料由施工单位制备，记录应真实齐全，参与见证取样人员应在相关文件上签字。

〔**摘编说明**〕

本条是按《建设工程质量管理条例》第三十一条规定编写的，是为了保证涉及工程结构安全的试块、试件及有关材料的真实性而做的具体规定。

在工程施工过程中，为了控制工程总体或相应部位的施工质量，一般要依据有关技术标准，用特定的方法，对用于工程的材料和构件抽取一定数量的样品，进行检测或试验，并根据其结果来判断其所代表部位的质量。这是控制和判断工程质量水平所采取的重要技术控制措施。试块、试件及有关材料的真实性和代表性，是保证这一技术控制措施有效的前提条件。建设工程施工检测应实行见证取样和送检制度。即施工单位在建设单位或监理单位见证下取样，送至由项目法人确定具有相关资质的质量检测单位进行检测。结构用钢筋及焊接试件、混凝土试块、砌筑砂浆试块、防水材料等项目，实行见证取样及送检制度。见证取样主要是为了保证技术上符合标准的要求，如取样方法、数量、频率、规格等，此外，还要从程序上保证该试块和试件等能真实代表工程或相应部位的质量特性。以求对工程及实物质量做出真实、准确的判断，防止假试块、假试验和假试验报告。

〔**检查要点和方法**〕

查验用于工程结构的原材料、中间产品、构配件等生产厂家的资质是否符合合同约定要求，检查其出厂产品合格证和出厂质量检验资料，查验检测单位的资质必须是经省级以上（含省级）建设行政主管部门进行资质审查和有关部门计量认证的工程质量检测单位。见证人员对见证取样的对象应按相关试验规程、规范的规定，对其取样方法、数量、规格等进行见证，并随之送样至检测试验单位进行实名签认。

b)　4.3.3　施工单位应按《单元工程评定标准》及有关技术标准对水泥、钢材等原材料与中间产品质量进行检验，并报监理单位复核。不合格产品，不得使用。

〔摘编说明〕

施工中对工程使用的水泥、钢材等原材料和中间产品的质量进行严格把关，这也是保证水利工程施工质量的关键性步骤。中间产品是指砂石骨料、石料、混凝土拌和物及混凝土预制件（块）等需加工生产的原材料及半成品。施工单位负有按《单元工程评定标准》及有关技术标准对水泥、钢材等原材料与半成品质量进行全面检验的责任，并要做好检验记录，报监理单位复核。监理单位按相关规定的频次独立抽样进行平行检验复核，经检验不合格的原材料和半成品，不得使用于工程中。

〔检查要点和方法〕

监理单位对施工单位报送的水泥、钢材等原材料和半成品质量检验报告进行检查，检查其进场数量、批号、厂家的合格证、质量检测报告及其抽检试验报告，是否符合“单元工程评定标准”及有关技术标准规定的频次要求和质量标准，同时还应按相关规定的频次抽样，送符合要求资质的第二检测试验单位进行复检，复检合格才可批准其用于工程施工，否则应监督施工单位将不合格的原材料和中间产品清理出场，并见证签认。

c)　4.3.4　水工金属结构、启闭机及机电产品进场后，有关单位应按有关合同进行交货检查和验收。安装前，施工单位应检查产品是否有出厂合格证、设备安装说明书及有关技术文件，对在运输和存放过程中发生的变形、受潮、损坏等问题应做好记录，并进行妥善处理。无出厂合格证或不符合质量标准的产品不得用于工程中。

〔摘编说明〕

水工金属结构、启闭机及机电产品的质量状况将直接影响安装后的工程质量是否合格。因此，上述产品进场后应进行交货验收，条文中列出了交货验收的主要内容及质量要求，交货验收办法应按有关合同约定的有关条文进行。

对水工金属结构、启闭机及机电产品（包括甲方供应的和乙方自己采购的），制造合同签约时，制造单位应具有生产许可证（机电产品为资格证书），供货时施工单位应检查其出厂合格证、设备安装说明书及有关技术文件是否齐全，并按照合同要求进行必要的质量检测。只有具备出厂合格证并经检测质量符合标准的产品才能安装。对在运输或存放过程中发生的变形、受潮、损坏等问题，则应做好记录，同时进行必要的维修和处理，达到合格标准才能安装。没有出厂合格证或不符合质量标准的产品，不能在工程施工中应用。

〔检查要点和方法〕

检查制造单位的生产许可证（资格证书），检查产品出厂合格证、设备安装说明书及其有关技术文件是否齐全，质量检测资料、现场检查实体质量有无损伤等记录是否完备。

d) 4.3.5 施工单位应按《单元工程评定标准》检验工序及单元工程质量，做好书面记录，在自检合格后，填写《水利水电工程施工质量评定表》送监理单位复核。监理单位根据抽检资料核定单元（工序）工程质量等级。发现不合格单元（工序）工程，应要求施工单位及时进行处理，合格后才能进行后续工程施工。对施工中的质量缺陷应书面记录备案，进行必要的统计分析，并在相应单元（工序）工程质量评定表“评定意见”栏内注明。

〖摘编说明〗

水利工程验收评定体系，从“工程项目划分”开始到“质量评定”结束。工程项目评定的划分是从大到小，即按“单位工程—分部工程—单元工程”的顺序进行，有利于从客观上进行项目评定的规划，质量评定是以低层到高层的顺序，按“单元工程—分部工程—单位工程”依次进行，可从微观上按照施工程序把好质量关。单元工程系指水利工程某项目工程中最基本单元的工程体，在施工阶段验收的同时要评出质量等级，可以理解为单元工程的质量评定是重要的基础，是水利工程质量考核的基本单位。施工单位在单元工程的施工质量自检时，应严格按“单元工程评定标准”的要求操作，检验工序和检测数量都应符合规定，及时做好检验记录，并认真填写《水利水电工程施工质量评定表》。

质量缺陷是指还构不成质量事故的质量问题，对单元工程施工出现的质量缺陷，施工单位要详细记录备案（含影像资料），并记入相应单元工程质量评定表的“评定意见”栏内，以便统计分析时应用。而质量事故的界定应按 1999 年颁布的《水利工程质量事故处理暂行规定》（水利部令第 9 号）中的标准划定。

监理单位随单元工程施工过程，应及时做好单元工程质量的抽验工作，并根据其抽验资料记录，核定该单元工程的质量等级。如果没有抽验资料记录，就不能核定单元工程的质量等级。当发现单元工程质量不合格时，应及时通知施工单位按设计要求进行处理，并重新评定其质量等级，达到合格后才能进行后续单元工程的施工。

〖检查要点和方法〗

按“单元工程评定标准”及设计技术要求和相应施工规程、规范的质量控制标准，施工单位检验单元工程各工序质量，合格后，填写《水利水电工程单元工程质量评定表》报监理单位复核。监理按规定的频次进行抽检，并根据抽检的资料核定单元工程质量等级，签署意见、签名盖章。对不合格单元工程令其处理或返工，待重新评定合格后，方可进行下道工序施工。

对单元工程的质量缺陷，应按约定的要求，详细记录其部位、范围、缺陷性质、处理方案并进行备案（含影像资料），并记入相应单元工程质量评定表的“评定意见”栏内，质量缺陷处理结果监理单位应有验收合格的签认记录，作为相应单元工程质量评定的支撑资料。

e) 4.4.5 工程质量事故处理后，应由项目法人委托具有相应资质等级的工程质量检测单位检测后，按照处理方案确定的质量标准，重新进行工程质量评定。

〔摘编说明〕

工程质量事故是指在水利工程建设过程中，由于建设管理、监理、勘测、设计、咨询、施工、材料、设备等原因造成工程质量不符合规程规范和合同规定的质量标准，影响使用寿命和对工程安全运行造成隐患和危害的事件。工程质量事故按直接经济损失的大小，检查、处理事故对工程的影响时间长短和对工程正确使用的影响，分为一般质量事故、较大质量事故、重大质量事故、特大质量事故。按照《水利工程质量事故处理暂行规定》（水利部令第9号）的要求，质量事故的处理及其处理情况应按照管理权限，经过质量评定与验收，方可投入使用或进入下一阶段施工。

发生质量事故，必须针对事故原因提出处理方案，按照管理权限，经有关单位审定后实施，处理方案中对事故处理的质量标准应有明确的规定。质量事故处理后的检验、评定和验收，对保证质量事故发生部位，在今后运行中能按设计工况正常运行十分重要。为保证处理质量，规定由项目法人委托有相应资质的质量检测单位进行检验，旨在使质量事故处理完成后，为重新进行的质量评定和验收提供真实、可靠的依据资料（检验资料）。

〔检查要点和方法〕

根据质量事故处理处理权限，经相应单位审定的处理方案所确定的质量标准，并经由项目法人委托有相应资质的质量检测单位对质量事故按事故处理方案实施后进行质量检测，再按其质量检测成果进行质量评定（只能定为合格）和验收。

13 验　　收

本章涉及 SL 223—2008《水利水电建设工程验收规程》、GB 50599—2010《灌区改造技术规范》、SL 168—2012《小型水电站建设工程验收规程》3 项技术标准，强制性条文共 7 条，详见表 13－1。

表 13－1　　验收部分涉及技术标准及强条汇总表

序号	标　准　名　称	标准编号	强条数
1	灌区改造技术规范	GB 50599—2010	1
2	小型水电站建设工程验收规程	SL 168—2012	1
3	水利水电建设工程验收规程	SL 223—2008	5

13－0－1　《灌区改造技术规范》GB 50599—2010

a)　9.3.2　对隐蔽工程，必须在施工期间进行验收，并应在合格后再进入下一道工序施工。

〖摘编说明〗

隐蔽工程在被覆盖后将难以再进行工程的质量检查，一旦出现质量问题补救措施难度大、造价高。为了保证灌区工程的整体施工质量符合设计要求，条文特别强调隐蔽工程下一道工序施工前，必须在隐蔽工程验收合格后才能进行施工。

〖检查要点和方法〗

在隐蔽工程下一道工序施工前，检查各项隐蔽工程施工程序、施工记录等是否符合相关标准要求，检测结果是否符合设计要求，是否全部验收合格。

13－0－2　《小型水电站建设工程验收规程》SL 168—2012

a)　1.0.6　当工程具备验收条件时，应及时组织验收。未经验收或验收不合格的工程不应交付使用或进行后续工程施工。

13－0－3　《水利水电建设工程验收规程》SL 223—2008

a)　1.0.9　当工程具备验收条件时，应及时组织验收。未经验收或验收不合格的工程不应交付使用或进行后续工程施工。验收工作应相互衔接，不应重复进行。

〔摘编说明〕

工程建设是否具备验收条件，应对照 SL 223—2008 的相关规定确定。当条件具备时，应及时组织验收，否则将影响下一阶段的工程建设进度与质量。

现实中，不按有关规定进行验收就将工程投入使用或进行下阶段施工的实例时有发生，由于隐形的质量缺陷或质量事故造成工程事故，因而给人身生命与财产造成了重大损失。为防止类似事件的出现，及时发现和解决问题，排除工程隐患，本条强调必须要经过验收方可投入使用或进行下阶段施工。

水利水电建设工程验收按验收主持单元可分为法人验收和政府验收。

法人验收应包括分部工程验收、单位工程验收，水电站（泵站）中间机组启动验收；合同工程完工验收等。

政府验收应包括阶段验收、专项验收、竣工验收等。

验收主持单位可根据工程建设需要增设验收的类别和具体要求。水利水电工程建设验收工作是从低层向高层依次进行的，本条规定：验收工作应相互衔接，不应重复进行，就是要求验收主持单位应遵循工程建设的内在联系和不同的施工阶段，分清历次验收的目的和结果，制定严密的验收计划，精心组织，做好验收记录，以防出现重复验收，提高验收工程效率。

由验收主持单位按相关规定组成验收委员会（工作组），按程序对验收大纲进行报批，并邀请验收监督管理机关派员参加，对验收工作实施监督管理。验收结果应交验收监督管理机关备案或签认。工程验收的主要依据为：①国家现行有关法律、法规、规章和技术标准；②有关主管部门的规定；③经批准的工程立项文件、初步设计、调整概算文件；④经批准的设计文件及相应的工程变更文件；⑤施工图纸及主要设备技术说明等；⑥法人验收还应以施工合同为依据。工程验收结论应经 2/3 以上的验收委员会（工作组）成员同意。验收过程中发现的问题，其处理原则应由验收委员会（工作组）协商确定，主任委员（组长）对争议问题有裁决权。若 1/2 以上的委员（组员）不同意裁决意见，法人验收应报请验收监督管理机关决定；政府验收应报请竣工验收主持单位决定。

〔检查要点和方法〕

验收委员会（工作组）通过对工程现场察勘、测试和查阅承包人和监理单位提供的工程施工资料，着重检查：①检查工程是否按照批准的设计进行建设；②检查已完工程设计、施工、设备制造安装等方面的质量及相关资料的收集、整理和归档情况；③检查工程是否具备运行或进行下阶段建设的条件；④检查工程投资控制和资金使用情况；⑤对验收遗留问题提出处理意见；⑥对工程建设做出评价和结论。

b) 6.2.1 枢纽工程导（截）流前，应进行导（截）流验收。

〔摘编说明〕

枢纽工程导（截）流是水利水电工程建设的重要里程碑之一，它标志着主体工程即将进入全面施工阶段，关系到枢纽工程施工的安全。所以，导（截）流前应按设计要求对已完成导（截）流工程质量和导（截）流的准备工作进行全面检查验收。以保证导（截）流工程安全顺利进行和主体工程的施工安全。

〖检查要点和方法〗

验收委员会（工作组）通过对工程现场察勘、测试和查阅承包人和监理单位提供的工程施工资料，着重检查：①检查已完水下工程、隐蔽工程、导（截）流工程是否符合导（截）流设计要求；②检查建设征地、移民搬迁安置和库底清理完成情况；③导（截）流方案的审查意见，检查导（截）流措施和准备工作落实情况；④检查为解决通航等问题而采取的工程措施落实情况；⑤鉴定与截流有关已完工工程质量；⑥对验收中发现的问题提出处理意见；⑦讨论并通过阶段验收鉴定书的情况。

c）　6.3.1　水库下闸蓄水前，应进行下闸蓄水验收。

d）　6.4.1　引（调）排水工程通水前，应进行通水验收。

〖摘编说明〗

水库下闸蓄水和引（调）排水工程通水，标志着水库和引（调）排水工程投入使用，这将关系到整个工程安全和效益的发挥，且与上、下游人民的生产、生活有着密切的关系。因此，在蓄、引水前必须按设计要求对已完工程的质量和准备工作进行全面的检查验收。

水库下闸蓄水和引（调）排水工程通水验收应具备的条件应按 SL 223—2008 第 6.3.2 条和第 6.4.2 条文规定内容逐一检查、落实做出验收结论。

〖检查要点和方法〗

验收委员会（工作组）通过对工程现场察勘、测试和查阅承包人和监理单位提供的工程施工资料。水库下闸蓄水工程着重检查：①检查已完工工程是否满足蓄水的要求；②检查建设征地、移民搬迁安置和库底情况完成情况；③检查迁移库岸处理情况；④检查蓄水准备工作落实情况；⑤鉴定与蓄水有关的已完工程施工质量；⑥对验收中发现的问题提出处理意见；⑦讨论并通过阶段验收鉴定书。引（调）排水工程着重检查：①检查已完工程是否满足通水的要求；②检查建设征地、村民搬迁安置和保障完成情况；③检查通水准备工作落实情况；④鉴定与通水有关的工程施工质量；⑤对验收中发现的问题提出处理意见；⑥讨论并通过阶段鉴定书。

e）　6.5.1　水电站（泵站）每台机组投入运行前，应进行机组启动验收。

〖摘编说明〗

机组启动验收包括电站水轮发电机组或泵站机组。

机组启动验收是对已安装完成的机组的主辅机及电气设备进行全面性的试运行和检查验收。根据工程完成情况，机组可以单台单独验收，也可以多台同用时验收。机组启动运行的主要试验程序和内容应按 GB 8564《水轮发电机组安装技术规范》等标准的有关机组试运行要求进行。试运行过程中，应做好详细记录，这些运行记录是能否通过启动运行的重要依据。

〖**检查要点和方法**〗

验收委员会（工作组）通过对工程现场察勘、测试和查阅承包人和监理单位提供的工程施工资料。着重检查：①审查批准施工单位编制的机组启动试运行试验文件和机组启动试运行操作规程等；②检查机组及相应附属设备安装、调试、试验以及分部试运行情况，决定是否进行充水试验和空载试运行；③检查机组充水试验和空载试运行情况；④检查机组带主变压器与高压配电装置试验和并列及负荷试验情况，决定是否进行机组带负荷连续运行；⑤检查机组带负荷连续运行情况；⑥检查带负荷连续运行结果后消缺处理情况；⑦审查施工单位编写的机组带负荷连续运行情况报告；⑧讨论并通过机组启动验收鉴定书。